水利部示范性高等职业院校建设规划教材
中央财政支持专业特色教材

水工建筑物

（修订版）

主　编　王长运
副主编　杨　勇　邵正荣　陈耀宗
主　审　白继中

黄河水利出版社
·郑州·

内容提要

本书是水利部示范性高等职业院校建设规划教材、中央财政支持专业——水利水电建筑工程专业建设与课程改革教材，是按照教育部颁布的水工建筑物课程标准，结合山西省水利工程建设实践编写完成的。全书共分10个项目，包括重力坝、碾压混凝土重力坝、土石坝、混凝土面板堆石坝、水闸、有坝(闸)取水枢纽、水工隧洞、渠系建筑物、渠系建筑物设计、水利工程管理基本知识等内容。本书突出了水利水电建筑工程的基本知识以及水利水电建筑工程新技术的应用。

本书可作为高等职业技术学院水利水电建筑工程、水利工程、水利工程管理等专业的通用教材，也可作为水利工程施工与管理一线技术人员的培训教材和参考书。

图书在版编目(CIP)数据

水工建筑物/王长运主编. —郑州：黄河水利出版社，2014.3 (2020.7 修订版重印)

水利部示范性高等职业院校建设规划教材

ISBN 978-7-5509-0732-4

Ⅰ.①水… Ⅱ.①王… Ⅲ.①水工建筑物-高等职业教育-教材 Ⅳ.①TV6

中国版本图书馆CIP数据核字(2014)第042513号

组稿编辑：王路平 电话：0371-66022212 E-mail：hhslwlp@163.com

出 版 社：黄河水利出版社 网址：www.yrcp.com

地址：河南省郑州市顺河路黄委会综合楼14层 邮政编码：450003

发行单位：黄河水利出版社

发行部电话：0371-66026940、66020550、66028024、66022620(传真)

E-mail：hhslcbs@126.com

承印单位：河南承创印务有限公司

开本：787 mm×1 092 mm 1/16

印张：15 插页：3

字数：360千字 印数：3 001—5 000

版次：2014年3月第1版 印次：2020年7月第3次印刷

2020年7月修订版

定价：33.00元

前 言

本书是根据《教育部关于全面提高高等职业教育教学质量的若干意见》(教高〔2006〕16号)、《教育部关于推进高等职业教育改革创新引领职业教育科学发展的若干意见》(教职成〔2011〕12号)等文件精神,根据水利部示范性高等职业院校建设计划水利水电建筑工程重点建设专业及专业群人才培养方案要求,在全国水利水电高职教研会指导下,用中央财政安排的“支持高等职业学校专业建设”项目经费组织编写的教材。

本套教材以学生能力培养为主线,以工作任务为载体,融“教、学、练、做”为一体,适合开展项目化教学,体现实用性、实践性和创新性的特色,是一套紧密联系生产实际的高职高专教育精品规划教材。

为了不断提高教材质量,编者于2020年7月对全书进行了认真修订完善,改正了书中在教学实践中发现的问题和错误。

水工建筑物是水利水电建筑工程专业中一门理论与实践相结合的必修专业课。本书在编写过程中特别突出实用性,并严格按照水利水电工程的新规范、新标准、新技术的要求编写。

本书主要介绍常见的水利水电工程的类型、基本组成、构造以及水利水电工程技术等相关知识。全书共分10个项目,包括重力坝、碾压混凝土重力坝、土石坝、混凝土面板堆石坝、水闸、有坝(闸)取水枢纽、水工隧洞、渠系建筑物、渠系建筑物设计、水利工程管理基本知识等内容。

本书在吸收有关教材精华的基础上,充实了新思想、新理论、新方法和新技术,同时不过分苛求学科的系统性和完整性,强调理论联系实际,突出应用性,以期突出高职高专教育教学的特色。

本书由山西水利职业技术学院承担编写工作,编写人员及编写分工如下:王长运编写绪论、项目5~7,杨勇编写项目1、3、4,陈耀宗编写项目2、10,邵正荣编写项目8、9。本书由王长运担任主编,并负责全书统稿;由杨勇、邵正荣、陈耀宗担任副主编;由山西水利职业技术学院白继中教授担任主审。

本书在编写过程中得到了山西省水利水电勘测设计研究院有限公司、山西省运城市水利勘测设计院等单位的热情帮助和支持,并提供了大量的设计资料。书中还参考并引用了有关院校编写的教材和生产科研单位的技术文献资料,除部分列出外,其余未能一一注明,特此一并致谢!

由于编写时间仓促,编者水平有限,书中难免存在错误和不足之处,恳切希望读者批评和指正。

编 者

2020年7月

目　录

绪 论

任务1 水资源与水利工程

1 水资源

1.1 水资源定义

水资源作为地球自然资源的一种，是指地球所属范围内的、可作为资源的水，包括地球表面、地层中和围绕地球的大气中的水分。1988 年由联合国教科文组织和世界气象组织给出的水资源定义为：作为资源的水应当是可供利用或有可能被利用，具有足够数量和可用质量，并可适合某地对水的需求而能长期供应的水源。因此，水资源可以理解为人类长期生存、生活和生产过程中所需要的各种水，既包括了它的数量和质量，又包括了它的使用价值和经济价值。许多国家在谈到水资源时，常常把通过全球水文循环而可不断获得补充的淡水作为水资源。

综上所述，水资源作为维持人类社会存在及发展的重要资源之一，应当具有以下的功能：

(1)可以按照社会的需要提供或有可能提供的水量。

(2)水量有可靠的来源，且来源可以通过自然界水文循环不断得到更新或补充。

(3)水量可以由人工加以控制。

(4)水量及水质能够适应人类用水的需求。

1.2 我国水资源状况

1.2.1 我国水资源的特点

(1)人均水资源占有量偏少。根据 2018 年中国水资源公报，我国水资源总量为 27 462.5亿 m^3，居世界第六位。根据 2018 年人口统计，全国人均水资源量为 1 975.6 m^3，约为世界人均水资源占有量的 1/4。

(2)水土资源的区域分布条件不相匹配。将全国 10 个流域分区合并成南方 4 区、北方 6 区，其中南方片水资源总量占全国的 78.9%，耕地占全国的 36.5%，年用水量占全国的 55%；北方片水资源总量占全国的 21.1%，耕地占全国的 63.5%，年用水量占全国的 45%。

(3)年际和季节变化大，水旱灾害频繁。我国大部分地区季风影响显著，降水量、径流量的年际和季节变化很大，而且干旱地区的变化一般大于湿润地区。降水量和径流量年际间的悬殊差别和年内高度集中的特点，不仅给开发利用水资源带来了困难，也是水旱灾害频繁的根本原因。

(4)地下水分布广泛，是北方地区重要的供水水源。由于地下水分布相对地表水均匀且相对稳定,年际与季节变化小,水质较好,不易污染,在北方地表水资源相对贫乏的地区,地下水对工业、农业和城镇供水有着重要的意义。东北诸河、海河、淮河和山东半岛、内陆诸河等地区的地下水开采量,约占总供水量的1/4。其中,海河地下水开采量占全流域供水量的47%。

(5)水质变化大,污染严重。我国河流的天然水质相当好。水量较多的地区,河水矿化度和总硬度都比较低。由于人口的不断增长和工业迅速发展,废污水的排放量增加很快,水体污染日趋严重。北方地区水体污染比南方严重,西部比东部严重。在我国大城市的工业区和人口密集区附近的水体污染较严重。全国的江河水质,中小河流水污染状况重于各大水系干流。由于排入河道的废水总量没有得到有效控制,河流水污染继续呈上升趋势和扩散状态。

(6)水土流失严重,河流泥沙含量大。由于自然条件和长期以来人类活动的结果,我国森林覆盖率很低,水土流失严重。水利部2018年监测结果显示:全国水土流失面积273.69万km^2,面积大,分布广,特别是中西部地区、黄土高原、东北黑土区、长江经济带、石漠化等区域水土流失问题依然突出。

1.2.2 我国的水资源总量

我国地域辽阔,河流、湖泊众多,水资源总量丰富。我国有河流4.2万条,河流总长度达40万km以上,其中流域面积在1 000 km^2以上的河流有1 600多条。我国还是一个多湖泊的国家,湖水面积在1 km^2以上的湖泊有2 300多个,湖泊总面积为71 790 km^2,储水总量为7 088亿m^3,其中淡水储量2 261亿m^3。

我国水资源总量由地表水、地下水、湖泊、冰川等几部分组成,其中地表水资源占96%左右。全国各流域片水资源总量见表0-1。

表0-1 2018年各水资源一级区水资源量

水资源一级区	降水量(mm)	地表水资源量(亿m^3)	地下水资源量(亿m^3)	地下水与地表水资源不重复量(亿m^3)	水资源总量(亿m^3)
全国	682.5	26 323.2	8 246.5	1 139.3	27 462.5
北方6区	379.1	4 830.2	2 742.7	977.0	5 807.2
南方4区	1 220.2	21 493.0	5 503.8	162.3	21 655.3
松花江区	569.9	1 441.7	553.0	246.9	1 688.6
辽河区	511.3	307.8	161.6	79.3	387.1
海河区	540.7	173.9	257.1	164.4	338.4
黄河区	551.6	755.3	449.8	113.8	869.1
淮河区	925.2	769.9	431.8	258.8	1 028.7
长江区	1 086.3	9 238.1	2 383.6	135.6	9 373.7
其中:太湖流域	1 381.8	204.1	52.3	27.3	231.3

续表 0-1

水资源一级区	降水量(mm)	地表水资源量(亿 m^3)	地下水资源量(亿 m^3)	地下水与地表水资源不重复量(亿 m^3)	水资源总量(亿 m^3)
东南诸河区	1 607.2	1 505.5	420.1	12.2	1 517.7
珠江区	1 599.7	4 762.9	1 163.0	14.6	4 777.5
西南诸河区	1 147.9	5 986.5	1 537.1	0	5 986.5
西北诸河区	203.9	1 381.5	889.4	113.7	1 495.3

2 水利工程

人类需要适时适量的水,水量偏多或偏少往往造成洪涝或干旱等灾害,旱、涝灾害一直是世界自然灾害中损失较大的两种灾害。水资源受气候影响,在时间、空间上分布不均匀,因而出现了来水与用水之间的不相适应。国民经济各用水部门为了解决这一矛盾,实现水资源在时间上、地区上的重新分布,做到蓄洪补枯、以丰补缺,消除水旱灾害,发展灌溉、发电、供水、航运、养殖、旅游和维护生态环境等事业,都需要因地制宜地修建必要的蓄水、引水、提水或跨流域调水工程,以使水资源得到合理开发、利用和保护。对自然界的地表水和地下水进行控制和调配,以达到除害兴利目的而修建的各项工程,总称为水利工程。

水利工程按其承担的任务可分为防洪工程、农田水利工程、水力发电工程、给水排水工程、航道及港口工程、环境水利工程等。一项工程同时兼有几种任务的,称为综合利用水利工程。现代水利工程多是综合利用的工程。水资源开发利用由原始的单一目标,向现代的多目标、整体优化转变,是人类文明进步的体现。

按水利工程对水的作用可分为蓄水工程、排水工程、取水工程、输水工程、提水工程、水质净化和污水处理工程。

2.1 防洪工程

洪水泛滥可使农业大量减产,工业、交通、电力等正常生产遭到破坏,严重时,则会造成农业绝收、工业停产、人员伤亡等。如1931年长江宜昌站出现63 600 m^3/s 的洪峰,上自沙市,下至上海,沿江城市全部被水淹没,南京也未幸免,武汉一片汪洋,受淹百日之久。鄂、湘、皖、赣、苏、浙、豫等七省205个县、5 000多万亩(1亩 = 1/15 hm^2)农田、2 855万人口受灾,死亡14.5万人,损失惨重。

防洪措施是防止或减轻洪水灾害损失的各种手段和对策。现代防洪措施包括工程防洪措施和非工程防洪措施。

工程防洪措施主要通过控制洪水、改变洪水特性来达到防洪减灾的目的,其内容包括水土保持工程、水库工程、堤防工程、分蓄洪工程、河道整治工程等。从性质上来说,可概括为"拦、蓄、分、泄"四个方面。

非工程防洪措施是20世纪50年代以来逐步研究形成的防洪减灾的一种新概念。它是通过行政、法律、经济和现代化技术等手段,调整洪水威胁地区的开发利用方式,加强防洪管理,以适应洪水的天然特性,减轻洪灾损失,节省防洪基建投资和工程维护管理费用。

2.2 农田水利工程

农业是国民经济的基础,党和国家把发展“三农”作为当前经济的首要问题。农田水利工程就是通过工程措施来改变地区水情和调节农田水分状况,使之符合发展农业生产的需要,促进农业生产的发展。

改变地区水情是一项巨大而复杂的工程,不仅要考虑农业生产,还应考虑其他用水部门的要求,即对水资源进行全面规划、综合利用。因此,改变地区水情必须在当地区域规划的基础上进行。

改变和调节农田水分状况是农田水利的基本任务,其措施一般有下列两种:

(1)灌溉措施。按照作物的需要有计划地将水量输送和分配到田间,以补充农田水分的不足,改变土壤中养料、通气、热状况等,达到提高土壤肥力和改良土壤的目的。

(2)排水措施。修建排水系统将农田内多余的水分排至一定范围之外,使农田水分保持适宜状态,满足通气、养料和热状况的要求,以适应农作物的正常生长。

2.3 水力发电工程

水能资源是一种洁净能源,具有运行成本低、不消耗水量、环保生态、可循环再生等特点,是其他能源不可比拟的。水力发电是利用水能资源来进行发电。

水力发电通常是在河流上筑坝或修引水道,集中河段落差取得水头,并通过水库调节径流取得流量,引导水流通过电站厂房中安装的水轮发电机组,将水能转换为机械能和电能,然后通过输变电线路,把电能输入电网或送到用户。

2.4 给水排水工程

给水是指供给城镇居民生活和工矿企业生产的用水,排水是指排除工矿企业及城市废水、污水和地面雨水。给水必须满足用水水质标准,排水必须符合国家规定的污水排放标准。

给水排水工程的目的就是通过工程措施来满足城镇的给水与排水需求。给、排水措施,应在流域规划和地区规划统一指导下,统一调配水量。必要时采取蓄水、调水措施,如修建水库、开运河、南水北调等。

2.5 航道及港口工程

航道及港口工程是为发展水上运输而兴建的各种工程设施。水运具有运量大、运费低、能耗少、占地少等突出优点。因此,水运是水资源综合利用的重要方面,又是交通运输的重要组成部分。

航道是船舶航行的通路,分天然航道和人工运河两大类。天然航道包括内河航道和近海入港航道。港口是供船舶安全停泊、完成装卸并实行补给的水陆运输枢纽。港口按使用特点可分为商港、工业港、军港、渔港和避风港等。港口按所处地理位置可分为内河港、河口港和海岸港。内河港位于天然河流、人工运河、湖泊或水库内;河口港和海岸港统称海港。

2.6 环境水利工程

环境水利工程是为保护和改善水环境而修建的工程设施。主要包括:①在保护和改善生态环境方面,如过鱼建筑物、人工孵育场和人工产卵场、为改善水生物环境的蓄水或排水工程、改善鱼类洄游和河口环境的入海河口排沙防淤工程、防止坝下溶解氮过饱和的工程、改善坝下低温的建筑物、提高水温的工程措施等；②在防治水污染方面，通过修建闸坝等工程，保证环境要求的水位和流量，提高河流自净能力，建设氧化塘处理工程系统、土地处理工程系统、污水深水排放工程等；③改善景观方面，应用水利美学原理设计形式优美的水工建筑物，与景观协调一致；④通过水利工程防治疾病和流行病的发生以及防治病虫害。

任务 2 水利水电工程建设与发展

1 我国水利水电工程建设

几千年来，我国劳动人民在与洪水作斗争和开发利用水资源方面，取得了突出的成就，积累了很多宝贵的经验。例如，从春秋时期开始，在黄河下游沿岸修建的堤防，经历代整修加固至今，已形成近 1 600 km 的黄河大堤，为江河治理、堤坝建设与养护提供了丰富的经验；从公元前 485 年开始兴建到 1293 年全线通航，纵贯我国南北，全长 1 794 km 的京杭大运河，是世界上最长的运河，对便利我国南北交通发挥了重要作用；公元前 256 年，在四川省灌县建成的都江堰工程，利用鱼嘴分洪、飞沙堰泄洪排沙、宝瓶口引水，是世界上现存历史最长的无坝引水工程，至今仍在发挥巨大的效益。

根据 2017 年全国水利发展统计公报，截至 2017 年年底，全国已建成 5 级及以上江河堤防 30.6 万 km，达标堤防 21 万 km；已建成流量为 5 m^3/s 及以上水闸 103 878 座，其中大型水闸 893 座；已建成各类水库 98 795 座，总库容 9 035 亿 m^3，其中大型水库 732 座，总库容 7 210 亿 m^3；已建成日取水大于等于 20 m^3 的供水机电井或内径大于 200 mm 的灌溉机电井共 496 万眼；已建成各类装机流量 1 m^3/s 或装机功率 50 kW 以上的泵站 95 077 处，其中大型泵站 375 处；已建成设计灌溉面积 2 000 亩及以上的灌区 22 780 处，耕地灌溉面积 3 748 万 hm^2，其中 30 万～50 万亩大型灌区 281 处；已建成农村水电站 47 498 座，装机容量 7 927 万 kW，占全国水电装机容量的 23.2%；全国水土流失综合治理面积达 125.8 万 km^2；已有各类水文测站 113 245 座，其中国家基本水文站 3 146 处。

过去的黄河，曾在 3 000 年内决口 1 500 次以上，而经治理后，在 1958 年尽管遭遇到与 1933 年大灾之年同样大的洪水（22 300 m^3/s），却未出现决口，经受住了考验，并出现了 70 年黄河岁岁安澜的前所未有的新局面。淮河经过治理也改变了“大雨大灾，小雨小灾，无雨旱灾”的悲惨景象。1963 年开始根治海河，在海河中、下游初步建立起防洪除涝系统，尾闾不畅的情况也有所改善。

我国建坝数量居世界之首，且不同型式的高坝在逐年增多。例如：长江三峡水利枢纽是我国目前最大的水电站，最大坝高 181 m（混凝土重力坝），水电装机达 1 820 万 kW；位于红水河上游的广西天峨县境内的龙滩水电站，拥有最高的碾压混凝土大坝（高 216.5 m）、最高的升船机（高 179 m）、最大的地下厂房（长 388.5 m、宽 28.5 m、高 74.4 m）三项世界之最；位于云南省兰坪县的黄登水电站，拥有高度仅次于龙滩的碾压混凝土重力坝，最大坝高 203 m；位于清江中游巴东县的水布垭水电站，拥有目前世界上最高的面板堆石坝，最大坝高 233 m；位于汶川县境内岷江一级支流草坡河上游的沙牌水电站，拥有目前世界上最高的碾压混凝土拱坝，最大坝高 132 m；位于云南省大理州南涧县与临沧市凤庆县交界的澜沧江中游河段的小湾水电站，拥有目前世界上最高的双曲拱坝，最大坝高 292 m。水电建设飞速发展，改革开放初期中国水电的总装机容量和发电量仅为1 727万 kW 和446 亿 kW·h，至2017 年年底这一数字已分别达到了3.41 亿 kW 和1.19 万亿 kW·h，增长了约20 倍和26 倍，均已超过了全球水电开发量和发电量的1/4。据不完全统计，截至2017 年年底，我国已建装机5 万 kW 以下的小水电站4.7 万余座，总装机容量约7 927 万 kW；装机5 万~30 万（不含）kW 的中型水电站479 座，总装机容量约4 487 万 kW；已建装机30 万 kW 及以上的大型水电站152 座，发电机组797 台，总装机容量约2.22 亿 kW，年发电量约7 200 亿 kW·h。在这些已建水电站中，包括各类抽水蓄能电站34 座，总装机容量2 942.5 万 kW。

为解决城市供水，优化水资源配置，跨流域调水方兴未艾，完成了引滦入津、引黄济青、引碧入连、东圳引水、引黄入晋等供水工程，规模更大、更具有战略意义的南水北调中线工程、南水北调东线工程（一期）已经完工并向北方地区调水。

随着水利水电工程建设的发展，制定并完善了水利水电建设法律、法规、规程、规范和建设规划，促进了水利水电科学技术的普及与提高。在实践中培养并建成了一只勘测、设计、施工、管理和水利科研队伍，完成了许多大型水利水电工程的勘测、设计、施工以及设备制造与安装。与此同时，在大规模的水利水电建设中，积累了很多改造自然的宝贵经验，并提出了水利水电建设的新思路、新任务。

2　现代水利水电工程建设的发展

随着国民经济的不断发展和人口的增长，水和电的需求量都在逐年增加，而科学技术和设计理论的提高，又为水利水电工程特别是大型水利水电工程的发展提供了有利条件。现代水利水电工程建设的发展主要表现在以下几方面：

（1）大水库、大水电站和高坝建设逐年增多。根据水利部2012 年统计，全世界库容在600 亿 m^3 以上的大水库有14 座，其中，最大的乌干达的欧文瀑布水库，总库容为2 048 亿 m^3；已建成的设计装机容量在400 万 kW 以上的水电站12 座，其中我国现已建和在建的就有9 座，最大的是我国的三峡水电站，设计装机容量1 820 万 kW；200 m 以上的高坝，现已建和在建的有71 座。

目前，世界上最高的土石坝位于我国在建的双江口水电站，坝高 314 m；最高的重力坝是瑞士的大狄克桑斯坝，坝高 285 m；最高的拱坝在我国的小湾水电站，坝高 292 m；最高的堆石坝在我国的糯扎渡水电站，坝高 261.5 m。

（2）新坝型、新材料研究取得可喜成果。将土石坝施工中的碾压技术应用于混凝土坝的碾压混凝土筑坝新技术，不仅成功地用于重力坝，而且已开始在拱坝中采用。我国的龙滩水电站拥有最高的碾压混凝土重力坝（坝高 216.5 m），沙牌水电站拥有最高的碾压混凝土拱坝（坝高 132 m）。随着大型碾压施工机械的出现，混凝土面板堆石坝已在许多国家广为采用，我国的水布垭水电站拥有目前世界上最高的面板堆石坝（坝高 233 m）。超贫胶结材料坝试验研究在国内外已经展开，并开始建筑了一些试验坝，预计在中、低坝建设中有广阔的发展前景。

(3)泄洪建筑物泄洪总量大,单宽流量也在不断提高。葛洲坝水利枢纽泄洪总量达11万 m^3/s;溪洛渡水电站泄洪总量为5万 m^3/s,其中,表孔泄量为20 400 m^3/s、深孔泄量为12 900 m^3/s、泄洪洞最大泄流量达16 700 m^3/s,是目前世界上拱坝枢纽中泄量最大的。国内外泄洪单宽流量最大已超过300 $m^3/(s \cdot m)$,葡萄牙卡斯特罗·让·博得拱坝泄槽为364 $m^3/(s \cdot m)$,伊朗瑞萨·夏·卡比尔岸边溢洪道为355 $m^3/(s \cdot m)$;我国三峡水利枢纽的深孔达312 $m^3/(s \cdot m)$,五强溪溢流坝达295 $m^3/(s \cdot m)$。峡谷区建高坝采用大流量是很少见的,而溪洛渡、龙滩等工程施工期2% ~1% 频率的导流流量均达到10 000 m^3/s 左右。

(4)高度机械化的隧洞掘进机(TBM)技术的应用,为大型地下工程和特长深埋隧洞工程的顺利完成提供了广阔前景。TBM 技术在国外应用已相当广泛,如澳大利亚雪山水利工程(工程包括137 km 的引水隧洞、80 km 的高架渠、7个水力发电站、2个抽水站以及库容为85亿 m^3 的水库)、长50 km 的英吉利海峡隧道以及长90 km 以上的瑞士洛克伯格和哥特哈德隧道都应用了 TBM 技术。我国在水工隧洞和城市地铁隧道建设中也开始应用盾构施工。南水北调中线工程中规模最大、单项工期最长、技术含量最高、施工难度最复杂的穿黄隧洞,盾构机带着近9 m 的圆形刀盘在黄河底部穿行了720个日夜,掘进了4 250 m。南水北调西线工程的长须—恰给弄自流线路引水隧洞地处海拔3 000 m 以上的青藏高原,隧洞全长131 km,埋深40 ~1 200 m,开挖洞径10.9 m,TBM 技术将大有用武之地。

(5)地基处理和加固技术不断发展,使得处理效果更加可靠,造价进一步降低。例如深覆盖层地基防渗处理,广泛采用混凝土防渗墙技术。西藏旁多水利枢纽工程防渗墙是世界最深的防渗墙工程,其最深成墙深度达158.47 m。旁多水利枢纽大坝基础防渗设计采用深120 m 混凝土防渗墙下接3排灌浆帷幕的全封闭方案,防渗墙轴线总长度为1 073 m,墙体最终成槽深度将达到155 m。此外,利用水泥或水泥黏土进行帷幕灌浆也是处理深层覆盖层的一项有效措施,如法国的谢尔蓬松坝,高129 m,帷幕深110 m,从蓄水后的观测资料看,阻水效果较好。20世纪70年代初出现的利用水气射流切割掺搅地层,同时将胶结材料(如水泥浆)灌注到被掺搅的地层中去的高压喷射灌浆,也已成功地应用于地基防渗和加固处理。

(6)计算机在水利水电建设中得以广泛使用。随着高速度、大容量计算机的出现,水工结构、水工水力学和水利施工中的许多复杂问题都可以通过计算机得到解决。由于在计算中可以很方便地变更参数,因而可以迅速地进行方案比较和选择建筑物的最优方案。

(7)大型试验设备和现场量测设备的发展,使得水工建筑物的模型试验和原型观测也得到相应的发展,并且可与电算分析方法相结合,互相校核、互相验证,还可以通过反演分析进行安全评价和安全预测。这些研究成果反馈到工程设计中,使得设计更加安全、可靠,也更加经济合理。

任务3 水利枢纽及水工建筑物

1 水利枢纽

为了满足防洪要求,获得灌溉、发电、供水等方面的效益,需要在河流的适宜地段修建不同类型的建筑物,用来控制和支配水流,这些建筑物统称水工建筑物。不同类型的水工建筑物组成的综合体称为水利枢纽。

一个水利枢纽的功能可能是单一的,如防洪、发电、灌溉、引水等,但多数是兼有几种功能的,称为综合利用水利枢纽。水利枢纽按其所在地区的地貌形态分为平原地区水利枢纽和山区(包括丘陵区)水利枢纽;也可按承受水头的大小分为高、中、低水头水利枢纽。有些水利枢纽常以其主体工程(坝或水电站)或形成的水库名称来命名,如埃及的阿斯旺高坝、中国的新安江水电站及官厅水库等。

低水头水利枢纽多建在河道下游的平原地区或河道开阔地段。由于河床坡度平缓、地形开阔,枢纽中的挡水建筑物多为较低的拦河闸或溢流坝,因而壅水不高、库容较小、调蓄能力不大,在岩基或软基上均可修建。

高、中水头水利枢纽位于山区或丘陵区,通常是坝高、洪水流量大,地基多为岩基。

1.1　韶山灌区洋潭引水枢纽

韶山灌区洋潭引水枢纽位于湘江支流涟水的中游,上距水府庙水库 18 km,是一座以灌溉为主,兼有防洪、发电、航运和供水等效益的综合利用水利枢纽,见图 0-1。

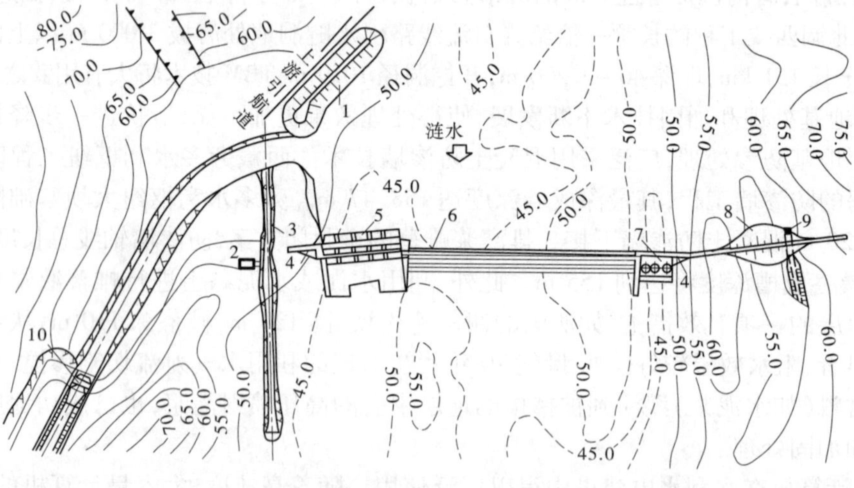

1—导流堤;2—机房;3—斜面升船机;4—重力坝;5—泄洪闸;6—溢流坝;
7—水电站;8—土坝;9—洋潭支渠进水口;10—进水闸

图 0-1　韶山灌区洋潭引水枢纽平面布置图　(高程:m)

枢纽工程壅高水位为 10 m,在正常引水位和 200 年一遇洪水位时的库容分别为 2 100 万 m^3 和 5 300 万 m^3。由于地形开阔、壅水不高,而洪水流量又较大,工程主体采用混凝土溢流坝及河床式电站。溢流坝段长 170 m,高 14.6 m,布置在河床中部,坝顶不设闸门,平时用来挡水,大水时可以溢流。因泄放水的需要,在溢流坝右侧建有泄洪闸,长 59 m,分为 5 孔,每孔装 10 m×9.3 m 弧形闸门。为防止泄洪时冲刷右侧岸坡和不影响升船机下游的通航条件,将闸轴线偏转 7°。水电站厂房位于溢流坝左侧,长 26 m。为了避免与水电站厂房互相干扰,将升船机布置在右岸。左、右坝端均为混凝土重力坝,共长 52 m。在左岸山坳冲沟处,建有均质土坝,长 80 m。左、右岸灌区分别由土坝坝内埋管和进水闸供水。

1.2 三峡水利枢纽

三峡水利枢纽位于长江三峡西陵峡中，坝址在三斗坪，控制流域面积 100 万 km^2，年平均径流量 4 510 亿 m^3，年平均输沙量 5.3 亿 t；下游距宜昌市约 40 km；坝址河谷开阔，坝基为坚硬完整的花岗岩。

三峡水利枢纽是一座具有防洪、发电、航运等综合效益的多目标开发工程，主要由拦河坝、水电站厂房、通航建筑物三大部分组成。泄洪坝段位于河床主河槽部位，两侧为电站坝段和非溢流坝段，另在右岸留有后期扩机的地下厂房位置，通航建筑物位于左岸，见图 0-2。主要建筑物按千年一遇洪水设计，万年一遇洪水加 1% 校核。

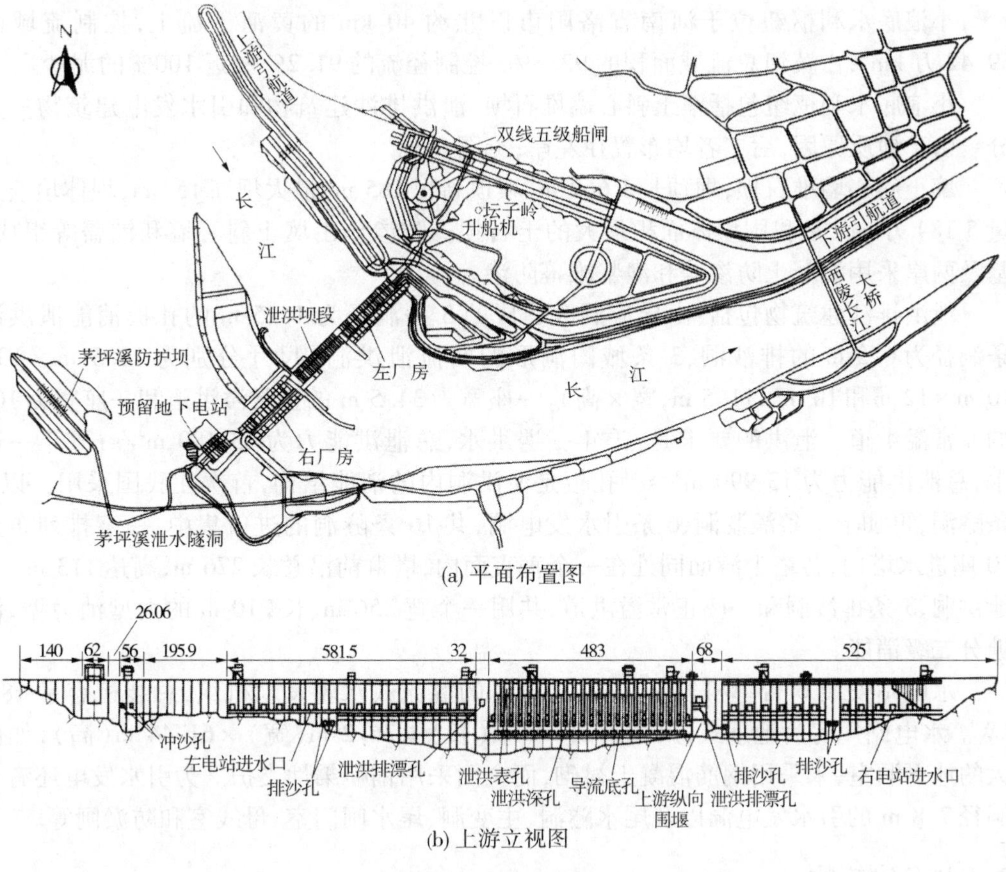

图 0-2 三峡水利枢纽工程布置图 （单位：m）

拦河坝为混凝土重力坝，全长 2 309.47 m，坝顶高程 185 m，最大坝高 181 m，水库正常蓄水位为 175 m，总库容为 393 亿 m^3，防洪库容为 221.5 亿 m^3，可使荆江河段的防洪标准由建坝前的十年一遇提高到百年一遇。

泄水坝段位于河床主河槽部位，总前沿长 483 m，分为 23 个坝段，每个坝段长 21 m，共设 23 个深孔和 22 个表孔。深孔布置在每个坝段的中部，尺寸为 7 m×9 m（宽×高），进水口高程为 90 m。表孔跨两个坝段间的横缝布置，净宽 8 m，堰顶高程 158 m。采用鼻坎挑流消能，最大泄洪能力 11.9 万 m^3/s。

水电站厂房为坝后式。布置在泄洪坝段的左、右两侧，分别安装 14 台和 12 台 70 万 kW 机组，共计 26 台，总装机 1 820 万 kW，年平均发电量 846.8 亿 kW·h。另在右岸留有为后期扩机的 6 台地下厂房位置。主要向华东、华中地区供电，少部分向川东供电，每年可节约原煤 4 000 万～5 000 万 t。

通航建筑物包括船闸和垂直升船机，均布置在左岸。船闸为双线五级船闸，总水头 113 m，闸室有效尺寸为 280 m×34 m×5 m（长×宽×槛上水深），可通过万吨船队，单向年通过能力自目前的 1 000 万 t 提高到 5 000 万 t。升船机为垂直均衡重式，乘船箱尺寸为 120 m×18 m×3.5 m（长×宽×厢内水深），可通过 3 000 t 级客货轮。

1.3 小浪底水利枢纽

小浪底水利枢纽位于河南省洛阳市以北约 40 km 的黄河干流上，控制流域面积 69.42 万 km^2，占黄河总流域面积的 92.3%，控制径流的 91.2% 和近 100% 的泥沙。

小浪底水利枢纽包括壤土斜心墙堆石坝、泄洪排沙建筑物和引水发电建筑物三大部分。由于地质原因，后二者均布置在左岸，见图 0-3。

壤土斜心墙堆石坝，坝顶长 1 667 m，坝顶高程 185 m，最大坝高 154 m，坝体填筑工程量 5 184 万 m^3，是我国坝体面积最大的土石坝。防渗体由壤土斜心墙和铺盖等组成，坝基及两岸采用混凝土防渗墙和灌浆帷幕防渗。

泄洪排沙建筑物包括：由导流洞改建成的 3 条洞径为 14.5 m 的孔板消能泄洪洞、3 条洞径为 6.5 m 的排沙洞、3 条城门洞形的明流泄洪洞（尺寸分别为 10.5 m×13 m、10 m×12 m和 10 m×11.5 m，宽×高）、一座宽为 34.5 m 的正常溢洪道和一座宽为 100 m 的非常溢洪道。泄洪的要求是：千年一遇洪水，总泄洪能力为 13 480 m^3/s；万年一遇洪水，总泄洪能力为 13 990 m^3/s。孔板是泄洪洞内的消能结构，首次在我国采用。以上 9 条隧洞，再加上 1 条灌溉洞、6 条引水发电洞，共 16 条隧洞的进口集中、一字排列布置在 10 座进水塔内，各塔上游面同处在一个垂直面内，塔群前沿总长 276 m，高达 113 m。6 条泄洪洞、3 条排沙洞和一座正常溢洪道，共用一个宽 356 m、长 210 m 的大型消力塘，消力塘分二级消能。

水电站安装 6 台单机容量为 30 万 kW 的混流式水轮发动机组，总装机容量 180 万 kW。水电站厂房为地下式，尺寸为 251.5 m（长）×26.2 m（宽）×61.44 m（高），如此巨大的地下洞室，未采用钢筋混凝土衬砌，而全面采用锚喷柔性支护。为引水发电还有 6 条洞径 7.8 m 的引水发电洞以及尾水隧洞、主变洞、尾水闸门室、母线室和防淤闸等。

2 水工建筑物

水工建筑物的种类很多，形式各异，按其在枢纽中的作用可以分为以下几种类型：

（1）挡水建筑物。用以拦截江河，形成水库或壅高水位，如各种坝和水闸，为抗御洪水或挡潮沿江河海岸修建的堤防、海塘等。

（2）泄水建筑物。用以宣泄多余水量、排放泥沙和冰凌，或为人防、检修而放空水库、渠道等，以保证坝和其他建筑物的安全。水利枢纽中的泄水建筑物可与坝体结合在一起，如各种溢流坝、坝身泄水孔；也可设在坝体以外，如各种岸边溢洪道和泄水隧洞。

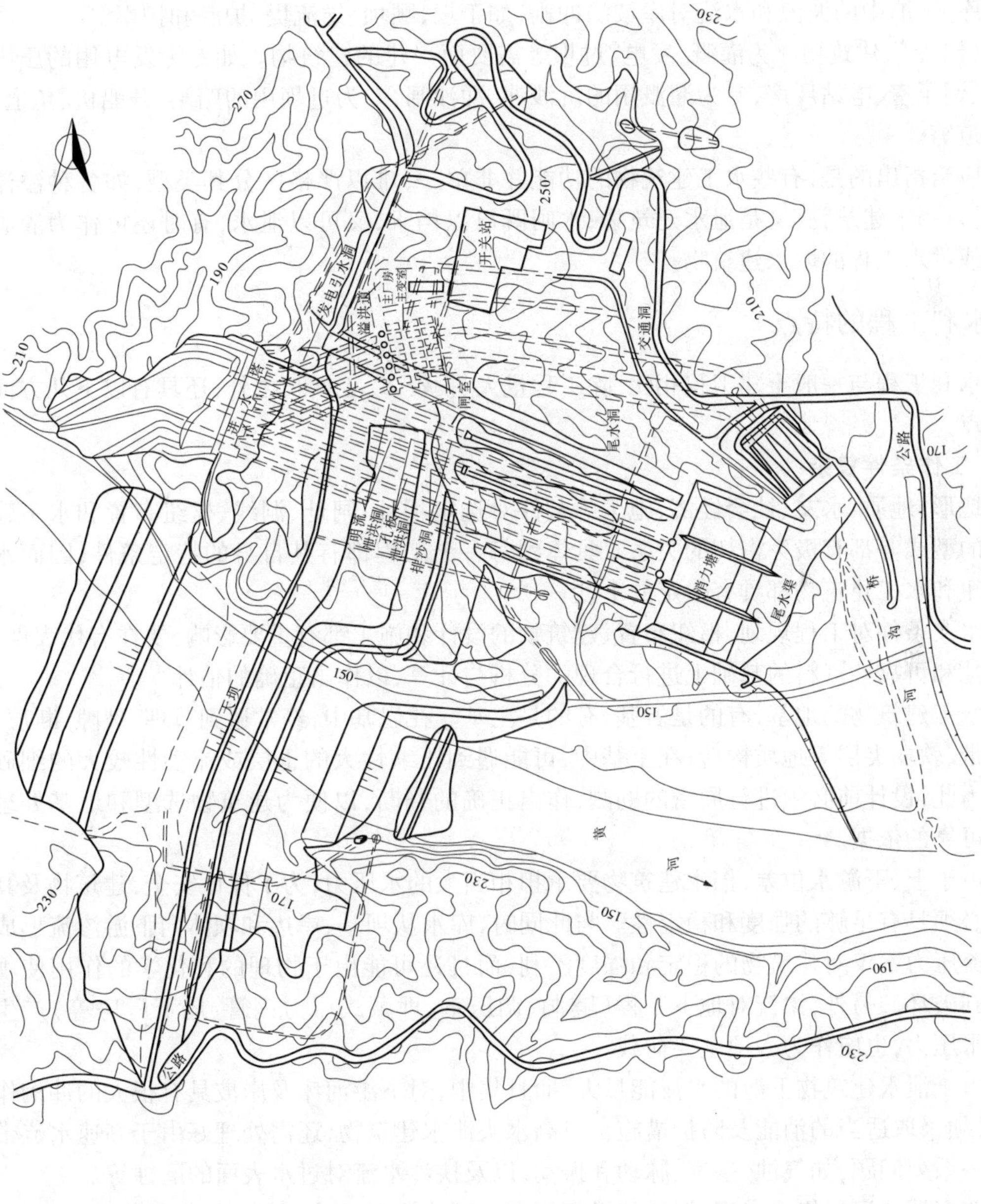

图 0-3 小浪底水利枢纽平面布置图（高程:m）

(3)输水建筑物。为满足灌溉、发电和供水的需要,从上游向下游输水用的建筑物,如引水隧洞、引水涵管、渠道、渡槽等。

(4)取(进)水建筑物。是输水建筑物的首部建筑,如引水隧洞的进口段、灌区渠首和供水用的进水闸、扬水站等。

(5)整治建筑物。用以改善河流的水流条件,调整水流对河床及河岸的作用,以及防护水库、湖泊中的波浪和水流对岸坡的冲刷,如丁坝、顺坝、导流堤、护底和护岸等。

(6)专门建筑物。为灌溉、发电、过坝等需要而兴建的建筑物。如专为发电用的压力前池、调压室、电站厂房,专为灌溉用的沉沙池、冲沙闸,专为过坝用的船闸、升船机、鱼道、过木道等。

应当指出的是,有些水工建筑物的功能并非单一,难以严格区分其类型,如各种溢流坝,既是挡水建筑物,又是泄水建筑物;水闸既可以挡水,又可以泄水,有时还可作为灌溉渠首或供水工程的取水建筑物。

3 水利工程的特点

水利工程与一般土建工程相比,除工程量大、投资多、工期长之外,还具有以下几方面的特点。

3.1 工作条件复杂

地形、地质、水文、社会经济、施工等条件对选定坝址、闸址、洞线、枢纽布置和水工建筑物的型式等都有极为密切的关系。具体到每一个工程都有其自身的特定条件,因而水利枢纽和水工建筑物都具有一定的个性。

水文条件对工程规划、枢纽布置、建筑物的设计和施工都有重要影响,要在有代表性、一致性和可靠性资料的基础上进行合理的分析与计算,以作出正确的估计。

水工建筑物的地基,有的是岩基,有的是土基。在岩基中,经常遇到节理、裂隙、断层、破碎带、软弱夹层等地质构造;在土基中,可能遇到压缩性大的土层或流动性较大的细砂层。为此,设计前必须进行周密的勘测,作出正确的判断,以便为建筑物选型和地基处理提供可靠的依据。

由于上、下游水位差,挡水建筑物要承担相当大的水压力,为了保证安全,建筑物及其地基必须具有足够的强度和稳定性。与此同时,库水从坝基、岸边和坝体向下游渗流形成的渗流压力不仅对建筑物的稳定和强度不利,而且还可能由于物理的和化学的作用使坝基受到破坏。另外,渗流对地下工程(隧洞、调压室、埋藏式压力钢管、地下厂房等)产生的外水压力,也应作为一项主要荷载。

由于泄水建筑物下泄的水流能量大,而且集中,对下游河床及岸坡具有很大的冲淘作用,必须采取适当的消能及防护措施。对高水头泄水建筑物,还需处理好由于高速水流带来的一系列问题,如气蚀、掺气、脉动和振动,以及挟沙水流对过水表面的磨蚀等。

在多泥沙河流修建水库,泥沙的淤积不仅会减小有效库容,缩短水库寿命,而且还将由于回水延长和抬高,产生其他不利影响。在含沙量较大的河流上修建水利枢纽时,如何防沙、排沙、减小淤积是一个值得重视的问题。

地震时,建筑物要承受地震惯性力,库水、淤沙对建筑物还将产生附加的地震动水压力和动土压力。

3.2 **受自然条件制约,施工难度大**

在河道中兴建水利工程,第一,需要解决好施工导流,要求施工期间,在保证建筑物安全的前提下,让河水顺利下泄,这是水利工程设计和施工中的一个重要课题;第二,工程进度紧迫,截流、度汛需要抢时间、争速度,否则就要拖延工期;第三,施工技术复杂,如大体积混凝土的温控措施和复杂地基处理;第四,地下、水下工程多,施工难度大;第五,交通运输比较困难,特别是高山峡谷地区更为突出。

3.3 **效益大,对环境影响也大**

一方面,水利工程,特别是大型水利枢纽的兴建,对发展国民经济、改善人民生活具有重大意义,对美化环境也将起到重要作用。例如,三峡水利枢纽工程在防洪、发电、航运等方面效益十分显著。其巨大库容所提供的调蓄能力能使下游荆江地区抵御百年一遇的特大洪水,也有助于洞庭湖的治理和荆江堤防的全面修补;三峡水电站 2018 年发电量达 1 016.2亿 kW · h,创国内单座电站年发电量新纪录,所发的电力将主要供给华中、华东以及南方电网,可缓解我国电力供应的紧张局面;三峡工程的修建可使万吨级船舶直接到达重庆,2011 年三峡船闸通航能力就达到 1 亿 t,提前 19 年达到航运标准设计值。另一方面,三峡水利枢纽工程也会造成 129 座城镇淹没,产生 113 万移民;三峡水库淹没区已探明的文物点就有 1 200 多个,造成大量的文物需要抢救和保护;由于地质、水温和湿度的变化,改变了库区的气候条件,引起局部气候恶化,并使库区的生态平衡发生改变。另外,在地震多发区修筑大、中型水库,有可能诱发地震等。

3.4 **失事后果严重**

作为蓄水工程主体的坝或江河的堤防,一旦失事或决口,将会给下游人民的生命财产和国家建设带来重大的损失。据统计,近年来世界上每年的垮坝率虽较过去有所降低,但仍在 0.2% 左右。例如,2000 年 10 月 18 日,广西南丹县鸿图选矿厂尾矿库发生重大垮坝事故,共造成 28 人死亡,56 人受伤,70 间房屋不同程度毁坏,直接经济损失 340 万元;2004 年 5 月 26 日,湖北清江流域骤降暴雨,27 日下午,位于恩施市上游 11 km 处在建的清江大龙潭水电枢纽工程洪峰流量达到 1 071 m^3/s,洪水漫过围堰并逐渐冲毁围堰导致围堰溃决,造成了包括 12 名幼童在内的 18 条生命的逝去;2013 年 2 月 15 日,山西洪洞县曲亭水库左岸灌溉洞出现大流量漏水,造成坝体坍塌,下游 1 万多群众紧急转移,导致太原到运城、太原到离石、大同到西安等七条客运线停运。

任务 4 水利枢纽的分等与水工建筑物的分级

水利工程是改造自然、开发水资源的举措,能为社会带来巨大的经济效益和社会效益。随着社会经济的发展,这种关系还将越来越紧密。但是,这种紧密的经济结构有其脆弱的一面,即不宜承受水利设施失效的影响。水利工程工作失常,会直接影响经济收益,而工程失事,将给社会带来巨大的财产损失和人为的灾害。直接损失尚可估量,间接损失就更为严重。水利是国民经济的基础产业,工作失常会导致社会经济运转受到阻滞和破坏,甚至形成社会问题。因此,应从社会经济全局的利益出发,高度重视工程安全,将之与经济性合理地统一考虑。有关规范将水利水电工程按重要性进行分等,将枢纽中的建筑物分级,就是体现了这种意图。

根据水利部颁布的现行规范《水利水电工程等级划分及洪水标准》(SL 252—2017),水利水电工程按其规模、效益和在国民经济中的重要性分为五等,见表 0-2。

表 0-2　水利水电工程分等指标

工程等别	工程规模	水库总库容(亿 m^3)	防洪			治涝	灌溉	供水		发电
			保护人口(万人)	保护农田面积(万亩)	保护区当量经济规模(万人)	治涝面积(万亩)	灌溉面积(万亩)	供水对象重要性	年引水量(亿 m^3)	发电装机容量(MW)
Ⅰ	大(1)型	≥10	≥150	≥500	≥300	≥200	≥150	特别重要	≥10	≥1 200
Ⅱ	大(2)型	<10,≥1.0	<150,≥50	<500,≥100	<300,≥100	<200,≥60	<150,≥50	重要	<10,≥3	<1 200,≥300
Ⅲ	中型	<1.0,≥0.1	<50,≥20	<100,≥30	<100,≥40	<60,≥15	<50,≥5	比较重要	<3,≥1	<300,≥50
Ⅳ	小(1)型	<0.1,≥0.01	<20,≥5	<30,≥5	<40,≥10	<15,≥3	<5,≥0.5	一般	<1,≥0.3	<50,≥10
Ⅴ	小(2)型	<0.01,≥0.001	<5	<5	<10	<3	<0.5		<0.3	<10

注:1. 水库总库容指水库最高水位以下的静库容;治涝面积指设计治涝面积;灌溉面积指设计灌溉面积;年引水量指供水工程渠首设计年均引(取)水量。

2. 保护区当量经济规模指标仅限于城市保护区;防洪、供水中的多项指标满足 1 项即可。

3. 按供水对象的重要性确定工程等别时,该工程应为供水对象的主要水源。

水利水电工程中的永久性水工建筑物和临时性水工建筑物,根据其所属工程等别及其在工程中的作用和重要性划分为五级和三级,分别见表 0-3 和表 0-4。

表 0-3　永久性水工建筑物级别

工程等别	永久性建筑物级别	
	主要建筑物	次要建筑物
Ⅰ	1	3
Ⅱ	2	3
Ⅲ	3	4
Ⅳ	4	5
Ⅴ	5	5

永久性水工建筑物系指工程运行期间使用的建筑物。根据其重要性分为:①主要建筑物,指失事后将造成下游灾害和严重影响工程效益的建筑物,如堤坝、水闸、电站厂房及泵站等;②次要建筑物,指失事后不至于造成下游灾害或对工程效益影响不大,并易于修

复的建筑物，如挡土墙、导流墙及护岸等。

表 0-4 临时性水工建筑物级别

级别	保护对象	失事后果	使用年限（年）	临时性挡水建筑物规模	
				围堰高度（m）	库容（亿 m^3）
3	有特殊要求的1级永久性水工建筑物	淹没重要城镇、工矿企业、交通干线或推迟工程总工期及第一台（批）机组发电，推迟工程发挥效益，造成重大灾害和损失	>3	>50	>1.0
4	1级、2级永久性水工建筑物	淹没一般城镇、工矿企业或影响工程总工期和第一台（批）机组发电，推迟工程发挥效益，造成较大经济损失	≤3，≥1.5	≤50，≥15	≤1.0，≥0.1
5	3级、4级永久性水工建筑物	淹没基坑，但对总工期及第一台（批）机组发电影响不大，对工程发挥效益影响不大，经济损失较小	<1.5	<15	<0.1

临时性水工建筑物系指工程施工期间使用的建筑物，如导流建筑物、施工围堰等。

水工建筑物级别确定的一般规定如下：

（1）水利水电工程永久性水工建筑物的级别，应根据工程的等别或永久性水工建筑物的分级指标综合分析确定。

（2）综合利用水利水电工程中承担单一功能的单项建筑物的级别，应按其功能、规模确定；承担多项功能的建筑物级别，应按规模指标较高的确定。

（3）失事后损失巨大或影响十分严重的水利水电工程的2～5级主要永久性水工建筑物，经论证并报主管部门批准，建筑物级别可提高一级；水头低、失事后造成损失不大的水利水电工程的1～4级主要永久性水工建筑物，经论证并报主管部门批准，建筑物级别可降低一级。

（4）对2～5级的高填方渠道、大跨度或高排架渡槽、高水头倒虹吸等永久性水工建筑物，经论证后建筑物级别可提高一级，但洪水标准不予提高。

（5）当永久性水工建筑物采用新型结构或其基础的工程地质条件特别复杂时，对2～5级建筑物可提高一级设计，但洪水标准不予提高。

（6）穿越堤防、渠道的永久性水工建筑物的级别，不应低于相应堤防、渠道的级别。

为了使建筑物的安全性、可靠性与其在社会经济中的重要性协调，在水工设计中，对不同级别的建筑物在下列几方面应有不同的要求：

（1）抵御洪水能力。如洪水标准、坝顶超高等。

（2）强度和稳定性。如建筑物强度和抗滑稳定安全度，防止裂缝发生或限制裂缝开展的要求及限制变形要求等。

（3）建筑材料。如选用材料的品种、质量、标号及耐久性等。

（4）运行可靠性。如建筑物的供水、供电、通航的保证率，闸门等设备的可用性等。

项目1 重力坝

任务1 概 述

重力坝是一种古老而且应用广泛的坝型，它因主要依靠坝体自重产生的抗滑力维持稳定而得名。19世纪以前，重力坝基本上都采用浆砌毛石修建；19世纪后期，逐渐采用混凝土筑坝；进入20世纪，逐渐形成了现代的混凝土重力坝。目前，世界上最高的重力坝是瑞士的大狄克逊坝，坝高285 m。重力坝的结构简单，施工方便，抗御洪水能力强，抵抗战争破坏等意外事故的能力也较强，工作安全可靠，至今仍被广泛采用。

1 重力坝的工作原理及特点

1.1 工作原理

重力坝的工作原理是，在水压力及其他荷载的作用下，主要依靠坝体自身重量在滑动面上产生的抗滑力来抵消坝前水压力，以满足稳定的要求；同时，也依靠坝体自重在水平截面上产生的压应力来抵消由于水压力所引起的拉应力，以满足强度的要求。

1.2 特点

与其他坝型比较，重力坝具有以下主要特点。

1.2.1 泄洪和施工导流容易解决

重力坝的断面大，筑坝材料抗冲刷能力强，适用于在坝顶溢流和坝身设置泄水孔。在施工期可以利用坝体或底孔导流，一般不需要另设河岸溢洪道或泄洪隧洞。在偶然的情况下，即使从坝顶少量过水，一般也不会导致坝体失事，这是重力坝的一个最大优点。在坝址河谷较窄而洪水流量又大的情况下，重力坝可以较好地适应这种自然条件。

1.2.2 安全可靠，结构简单，施工技术容易掌握

重力坝的坝体放样、立模和混凝土浇筑、振捣都比较方便，有利于机械化施工；而且由于剖面尺寸大，筑坝材料强度高，耐久性好，因而抵抗水的渗透、冲刷以及地震和战争破坏能力都比较强，安全性较高。据统计，重力坝在各种坝型中，失事率是较低的。但是，从另外一方面看，由于剖面尺寸大，坝体内部应力一般比较小，坝体材料强度不能充分发挥。

1.2.3 对地形、地质条件适应性强

地形条件对重力坝的影响不大，几乎任何形状的河谷均可修建重力坝。因为坝体作用于地基面上的压应力不高，所以对地质条件的要求也较低。重力坝对地基的要求虽比土石坝高，但低于拱坝及支墩坝，对于无重大缺陷的一般强度的岩基均可满足要求，较低的重力坝可建在软基上。另外，由于重力坝沿坝轴线方向被横缝分成若干个独立的坝段，适应不均匀沉陷能力强，因此能较好地适应各种非均质地基。

1.2.4 受扬压力影响大

坝体和坝基在某种程度上都是透水的,渗透水流将对坝体产生扬压力。由于坝体和坝基接触面较大,受扬压力影响也大。扬压力会抵消部分坝体的有效重量,对坝体的稳定和应力情况不利,应该采取有效的防渗排水措施,减小扬压力的作用,以节省坝体工程量。

1.2.5 坝体体积大,水泥用量多,温度控制要求严格

由于混凝土重力坝体积大,水泥用量多,施工期混凝土的水化热和硬化收缩将会产生不利的温度应力,所以在浇筑混凝土时需采取温控散热措施。许多工程因温度控制不当而出现裂缝,有的甚至形成危害性裂缝,从而削弱坝体的整体性能。

2 重力坝的类型

重力坝按照不同的分类方法有不同的类型。

(1)按坝的高度分类。坝高大于70 m的为高坝,坝高介于30~70 m的为中坝,小于30 m的为低坝。坝高指的是坝体最低面(不包括局部深槽或井、洞)至坝顶面的高度。

(2)按照筑坝材料分类。有混凝土重力坝和浆砌石重力坝。一般情况下,较高的坝和重要的工程经常采用混凝土重力坝,中坝、低坝则可以采用浆砌石重力坝。

(3)按照坝体是否过水分类。有溢流坝和非溢流坝。坝体内设有泄水底孔的坝段和溢流坝段统称为泄水坝段,非溢流坝段也可称为挡水坝段,见图1-1。

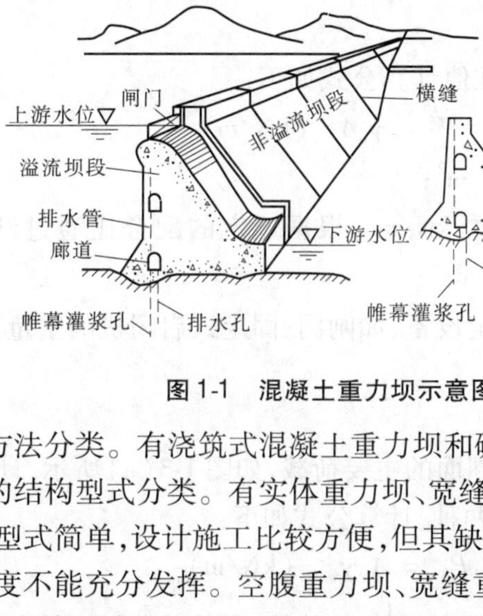

图1-1 混凝土重力坝示意图

(4)按照施工方法分类。有浇筑式混凝土重力坝和碾压式混凝土重力坝。

(5)按照坝体的结构型式分类。有实体重力坝、宽缝重力坝、空腹重力坝(见图1-2)。实体重力坝的结构型式简单,设计施工比较方便,但其缺点是扬压力大,工程量较大,而且混凝土材料抗压强度不能充分发挥。空腹重力坝、宽缝重力坝则可以利用空腹和宽缝排除坝基的渗透水流,有效地减小扬压力,较好地利用材料的抗压强度,从而可减少工程量10%~30%。空腹重力坝还可以将水电站厂房设置在空腹内,减少了电站厂房的开挖工程量;也可从厂房顶部泄水,解决狭窄河谷中布置电站厂房和泄水建筑物的困难。20世纪70年代以前,宽缝重力坝在中国应用的比较多。在坝高50 m以上的重力坝中大约有40%以上的是宽缝重力坝,其中新安江、丹江口、潘家口均为宽缝重力坝,坝高分别为105 m、97 m和107 m,石泉水电站为空腹重力坝,坝高65 m。空腹重力坝、宽缝重力坝与实体重力坝相比,缺点是施工比较复杂,模板用量大,不适合大型机械化施工。

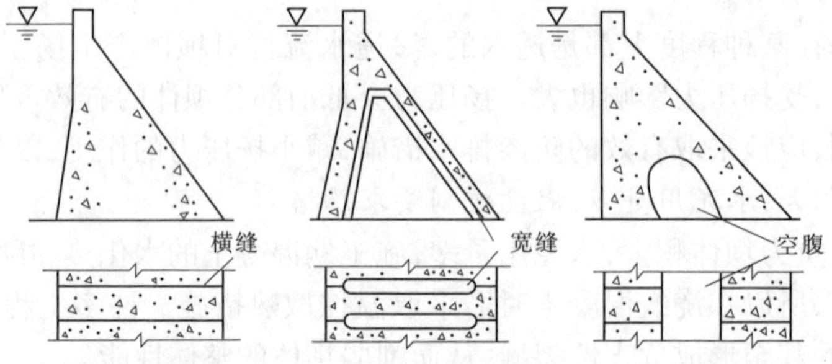

(a)实体重力坝　(b)宽缝重力坝　(c)空腹重力坝

图 1-2　重力坝的型式

任务 2　重力坝的荷载及其组合

1　重力坝的荷载(作用)

重力坝的荷载(作用)主要有自重、静水压力、动水压力、淤沙压力、浪压力、扬压力、冰压力、地震作用和其他荷载。一般取单位坝长(1 m)进行计算分析。

1.1　自重(包括永久设备自重)

单位宽度上坝体自重 W 标准值计算公式如下：

$$W = \gamma_c A \quad (\mathrm{kN/m}) \tag{1-1}$$

式中　A——坝体横剖面的面积，$\mathrm{m^2}$；

γ_c——坝体混凝土的容重，$\mathrm{kN/m^3}$，根据选定的配合比通过试验确定，一般采用 23.5 ~ 24 $\mathrm{kN/m^3}$。

计算自重时，坝上永久性固定设备，如闸门、固定式启闭机的重量也应计算在内，坝内较大的孔洞应该扣除。

1.2　静水压力

静水压力是作用在上、下游坝面的主要荷载，如图 1-3(a)所示，计算时常分解为水平水压力(P_H)和垂直水压力(P_V)两种，计算公式如下：

$$P_V = A_w \gamma_w \quad (\mathrm{kN/m}) \tag{1-2}$$

$$P_H = \frac{1}{2}\gamma_w H^2 \quad (\mathrm{kN/m}) \tag{1-3}$$

式中　A_w——坝踵处所作的垂线与上游水面和上游坝面所围成图形的面积，$\mathrm{m^2}$；

H——水深(上游为 H_1，下游为 H_2)，m；

γ_w——水的容重，$\mathrm{kN/m^3}$，常用 9.81 $\mathrm{kN/m^3}$。

溢流堰(见图 1-3(b))前水平水压力以 P_{H1} 表示，计算公式如下：

$$P_{H1} = \frac{1}{2}\gamma_w (H_1 - h)^2 \quad (\mathrm{kN/m}) \tag{1-4}$$

式中 H_1——上游水深,m;

h——堰顶溢流水深,m。

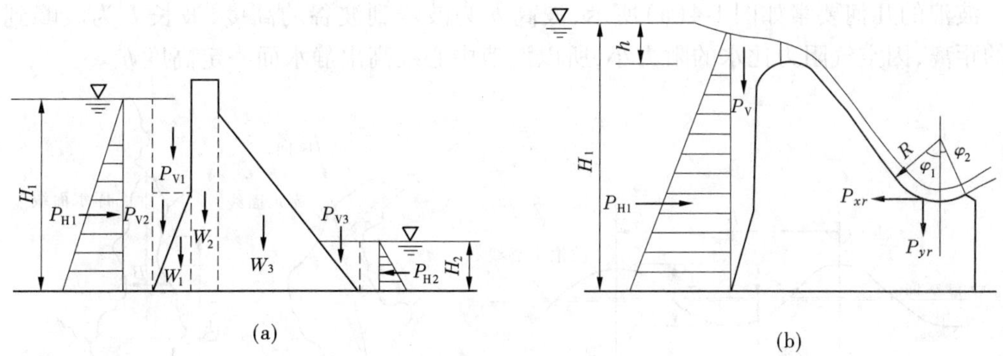

图 1-3 坝体自重和坝面水压力计算图

1.3 动水压力

当水流流经曲面(如溢流坝面或泄水隧洞的反弧段,见图 1-3(b))时,由于流向改变,在该处产生动水压力。动水压力的水平分力代表值 P_{xr} 和垂直分力代表值 P_{yr} 为:

$$P_{xr} = q\rho_w v(\cos\varphi_2 - \cos\varphi_1) \quad (\text{N/m}) \tag{1-5}$$

$$P_{yr} = q\rho_w v(\sin\varphi_2 + \sin\varphi_1) \quad (\text{N/m}) \tag{1-6}$$

式中 q——相应设计状况下反弧段上的单宽流量,$m^3/(s \cdot m)$;

ρ_w——水的密度,kg/m^3;

v——反弧段最低点处的断面平均流速,m/s;

φ_1、φ_2——反弧段圆心竖线左、右的中心角,取其绝对值。

P_{xr} 和 P_{yr} 的作用点可近似地认为在反弧段长度的中点,图 1-3(b)所示方向为正。

1.4 淤沙压力

入库水流挟带的泥沙在水库中淤积,淤积在坝前的泥沙对坝面产生的压力叫淤沙压力,淤积的规律是从库首至坝前,随水深的增加而流速减小,沉积的粒径由粗到细,坝前淤积的是极细的泥沙,淤积泥沙的深度和内摩擦角随时间在变化,一般计算年限取 50 ~ 100 年,单位坝长上的水平淤沙压力标准值 P_{sk} 为:

$$P_{sk} = \frac{1}{2}\gamma_{sb} h_s^2 \tan^2\left(45° - \frac{\varphi_s}{2}\right) \quad (\text{kN/m}) \tag{1-7}$$

$$\gamma_{sb} = \gamma_{sd} - (1 - n)\gamma_w$$

式中 γ_{sb}——淤沙的浮容重,kN/m^3;

γ_w——水的容重,kN/m^3;

γ_{sd}——淤沙的干容量,kN/m^3;

h_s——坝前泥沙淤积厚度,m;

n——淤沙孔隙率;

φ_s——淤沙的内摩擦角,(°)。

当上游坝面倾斜时,应计入竖向淤沙压力,按淤沙的浮容重计算。

1.5 浪压力

1.5.1 波浪要素

波浪的几何要素如图1-4(a)所示,波高 h 为波峰到波谷的高度,波长 L 为波峰到波峰的距离,因空气阻力比水的阻力小,所以波浪中心线高出静水面一定高度 h_z。

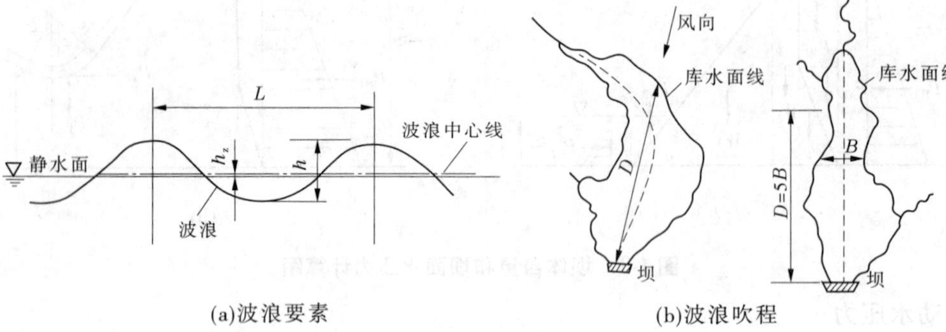

图1-4 波浪几何要素及吹程

(1)平原、滨海地区水库,宜采用南京水利科学研究院的莆田试验站公式计算 h_m 和 L_m:

$$\frac{gh_m}{v_0^2} = 0.13\text{th}\left[0.7\left(\frac{gH_m}{v_0^2}\right)^2\right]\text{th}\left\{\frac{0.0018\left(\frac{gD}{v_0^2}\right)^{0.45}}{0.13\text{th}\left[0.7\left(\frac{gH_m}{v_0^2}\right)^{0.7}\right]}\right\} \tag{1-8}$$

$$\frac{gT_m}{v_0} = 13.9\left(\frac{gh_m}{v_0^2}\right)^{0.5} \tag{1-9}$$

式中 h_m——平均波高,m;

H_m——水域平均水深,m;

T_m——平均波周期,s;

v_0——计算风速,m/s,在正常运用条件下,采用相应季节50年重现期的最大风速,在非常运用条件下,采用相应洪水期多年平均最大风速;

D——风区长度(有效吹程),m,是指风作用于水域的长度,为自坝前沿风向到对岸的距离,当风区长度内水面局部缩窄且缩窄处的宽度 $B<12L$ 时,用风区长度 $D=5B$(且不小于坝前到缩窄处的距离)。

由 H_m 和 T_m 可用理论式算出平均波长 L_m:

$$L_m = \frac{gT_m^2}{2\pi}\text{th}\frac{2\pi H_m}{L_m} \tag{1-10}$$

(2)内陆峡谷水库,宜用官厅水库公式计算频率波高和平均波长(用于 $v_0<20$ m/s, $D<20\ 000$ m):

$$\frac{gh}{v_0^2} = 0.0076v_0^{-\frac{1}{12}}\left(\frac{gD}{v_0^2}\right)^{\frac{1}{3}} \tag{1-11}$$

$$\frac{gL_m}{v_0^2} = 0.331v_0^{-\frac{1}{2.15}}\left(\frac{gD}{v_0^2}\right)^{\frac{1}{3.75}} \tag{1-12}$$

式中 h——当 $gD/v_0^2=20\sim250$ 时为累积频率 5% 的波高 $h_{5\%}$，当 $gD/v_0^2=250\sim1\,000$ 时为累积频率 10% 的波高 $h_{10\%}$；

其他符号意义同上。

累积频率为 P(%)的波高 h_P 与平均波高 h_m 的比值，按表 1-1 查取。

表 1-1 累积频率为 P(%)的波高与平均波高的比值

h_m/H_m	P(%)									
	0.1	1	2	3	4	5	10	13	20	50
0	2.97	2.42	2.23	2.11	2.02	1.95	1.71	1.61	1.43	0.94
0.1	2.70	2.26	2.09	2.00	1.92	1.87	1.65	1.56	1.41	0.96
0.2	2.46	2.09	1.96	1.88	1.81	1.76	1.59	1.51	1.37	0.98
0.3	2.23	1.93	1.82	1.76	1.70	1.66	1.52	1.45	1.34	1.00
0.4	2.01	1.78	1.68	1.64	1.60	1.56	1.44	1.39	1.30	1.01
0.5	1.80	1.63	1.56	1.52	1.49	1.46	1.37	1.33	1.25	1.01

(3)波浪中心线高出静水面的高度 h_z 按下式计算：

$$h_z = \frac{\pi h_{1\%}^2}{L_m}\operatorname{cth}\frac{2\pi H}{L_m} \tag{1-13}$$

式中 $h_{1\%}$——累积频率 1% 的波高，m；

H——坝前水深，m。

1.5.2 浪压力

水库表面波浪对建筑物产生的拍击力叫浪压力。随着水深的不同，坝前有三种可能的波浪发生，即深水波、浅水坡、破碎波。不同的波浪压力分布如图 1-5 所示。

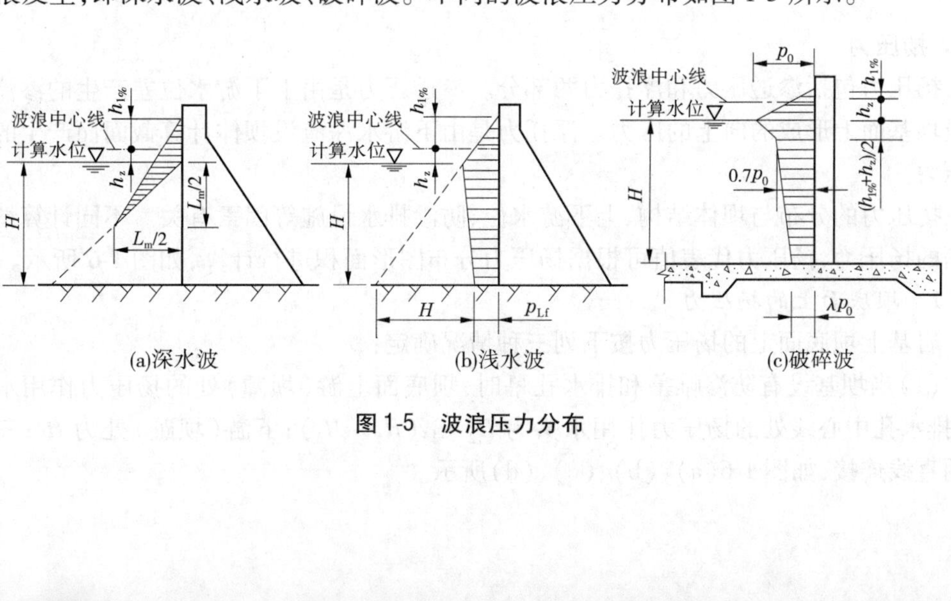

图 1-5 波浪压力分布

临界水深H_{cr}的计算公式为

$$H_{cr} = \frac{L_m}{4\pi}\ln\left(\frac{L_m + 2\pi h_{1\%}}{L_m - 2\pi h_{1\%}}\right) \tag{1-14}$$

(1)当坝前水深大于半坡长,即$H \geqslant H_{cr}$和$H \geqslant L_m/2$时,波浪运动不受库底的约束,这样条件下的波浪称为深水坡,如图1-5(a)所示,此时单位长度上的浪压力计算公式为:

$$P_L = \frac{\gamma L_m}{4}(h_{1\%} + h_z) \quad (\text{kN/m}) \tag{1-15}$$

(2)当$L_m/2 > H > H_{cr}$时,波浪运动受到库底的影响,称为浅水坡,如图1-5(b)所示,此时单位长度上的浪压力计算公式为:

$$P_L = \frac{1}{2}[(h_{1\%} + h_z)(\gamma H + p_{Lf}) + Hp_{Lf}] \tag{1-16}$$

$$p_{Lf} = \gamma h_{1\%}\operatorname{sech}\frac{2\pi H}{L_m} \tag{1-17}$$

式中　p_{Lf}——水下底面处浪压力的剩余强度,kN/m^2。

(3)水深小于临界水深,即$H < H_{cr}$时,波浪发生破碎,称为破碎波,如图1-5(c)所示,此时单位长度上的浪压力计算公式为:

$$P_L = \frac{p_0}{2}[(1.5 - 0.5\lambda)h_{1\%} + (0.7 + \lambda)H] \tag{1-18}$$

$$p_0 = K_0\gamma h_{1\%}$$

式中　λ——水下底面处浪压力强度的折减系数,当$H \leqslant 1.7h_{1\%}$时采用0.6,当$H > 1.7h_{1\%}$时采用0.5;

p_0——计算水位处的浪压力强度,kN/m^2;

K_0——建筑物前底坡影响系数,与i有关,见表1-2。

表1-2　河底坡i对应的K_0值

底坡i	1/10	1/20	1/30	1/40	1/50	1/60	1/80	<1/100
K_0值	1.89	1.61	1.48	1.41	1.36	1.33	1.29	1.25

1.6　扬压力

扬压力包括渗透压力和浮托力两部分。渗透压力是由上下游水位差产生的渗流在坝内或坝基面上形成的向上的压力。浮托力是由下游水深淹没坝体计算截面而产生的向上的压力。

扬压力的分布与坝体结构、上下游水位、防渗排水设施等因素有关。不同计算情况有不同的扬压力,扬压力代表值可根据扬压力分布图形面积进行计算,如图1-6所示。

1.6.1　坝底面上的扬压力

岩基上坝底面上的扬压力按下列三种情况确定:

(1)当坝基设有防渗帷幕和排水孔幕时,坝底面上游(坝踵)处的扬压力作用水头为H_1;排水孔中心线处的扬压力作用水头为$H_2 + \alpha(H_1 - H_2)$;下游(坝趾)处为H_2;三者之间用直线连接,如图1-6(a)、(b)、(c)、(d)所示。

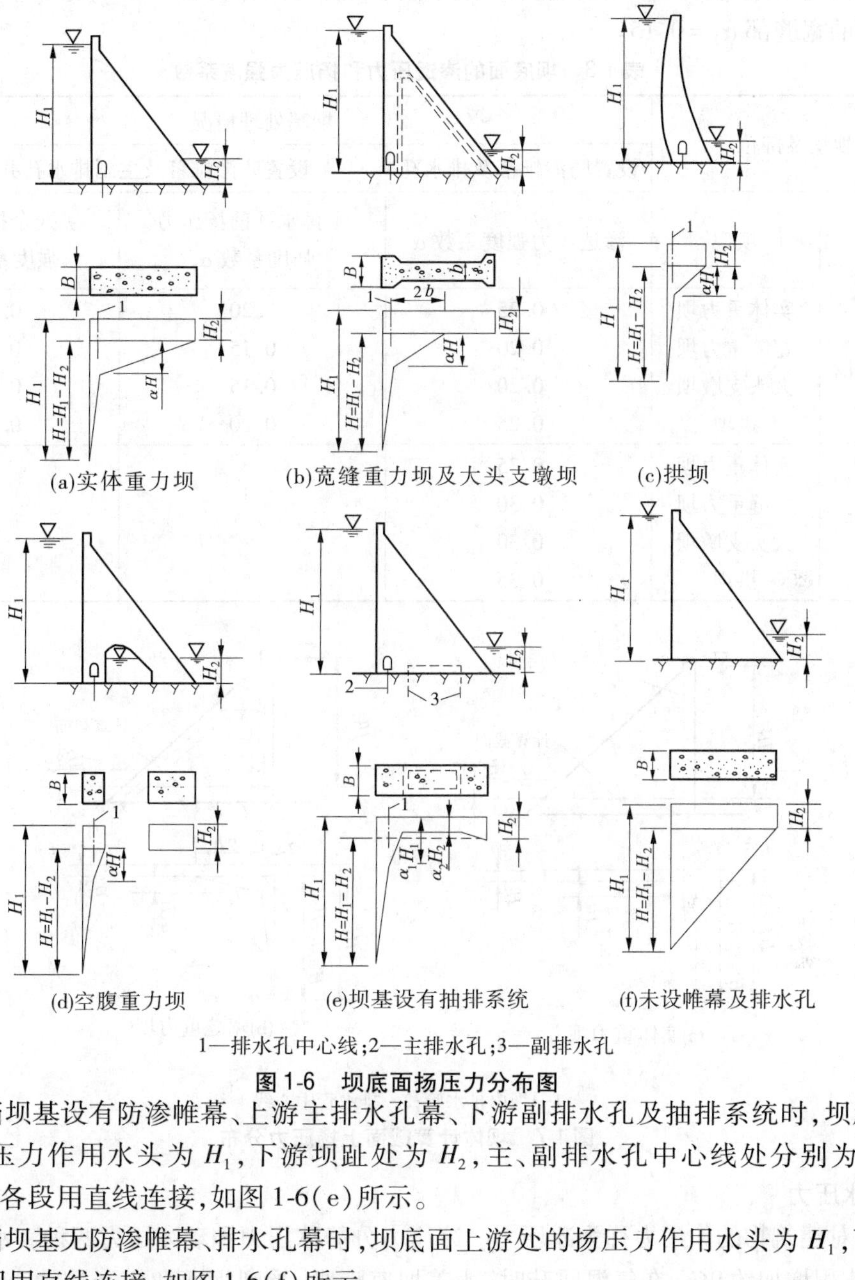

1—排水孔中心线；2—主排水孔；3—副排水孔

图 1-6　坝底面扬压力分布图

(2)当坝基设有防渗帷幕、上游主排水孔幕、下游副排水孔及抽排系统时，坝底面上游处的扬压力作用水头为 H_1，下游坝趾处为 H_2，主、副排水孔中心线处分别为 $\alpha_1 H_1$、$\alpha_2 H_2$，其间各段用直线连接，如图 1-6(e)所示。

(3)当坝基无防渗帷幕、排水孔幕时，坝底面上游处的扬压力作用水头为 H_1，下游处为 H_2，其间用直线连接，如图 1-6(f)所示。

上述(1)、(2)中的渗透压力强度系数 α、主排水孔前扬压力强度系数 α_1 及残余扬压力强度系数 α_2 可参照表 1-3 采用。应注意，对河床坝段和岸坡坝段，α 取值不同，后者计及三向渗流作用，α_2 取值应大些。

1.6.2　坝体内部的扬压力

由于坝体混凝土是透水的，在水头差的作用下，产生坝体渗流，引起坝内扬压力，其计算截面处扬压力分布如图 1-7 所示。其中，排水管线处的坝体内部渗透压力强度系数 α_3

按下列情况采用:实体重力坝、拱坝及空腹重力坝的实体部位 $\alpha_3=0.2$;宽缝重力坝、大头支墩坝的宽缝部 $\alpha_3=0.15$。

表 1-3　坝底面的渗透压力和扬压力强度系数

坝型及部位		坝基处理情况		
		设置防渗帷幕及排水孔	设置防渗帷幕及主副排水孔并抽排	
部位	坝型	渗透压力强度系数 α	主排水孔前扬压力强度系数 α_1	残余扬压力强度系数 α_2
河床坝段	实体重力坝	0.25	0.20	0.50
	宽缝重力坝	0.20	0.15	0.50
	大头支墩坝	0.20	0.15	0.50
	拱坝	0.25	0.20	0.50
岸坡坝段	实体重力坝	0.35		
	宽缝重力坝	0.30		
	大头支墩坝	0.30		
	拱坝	0.35		

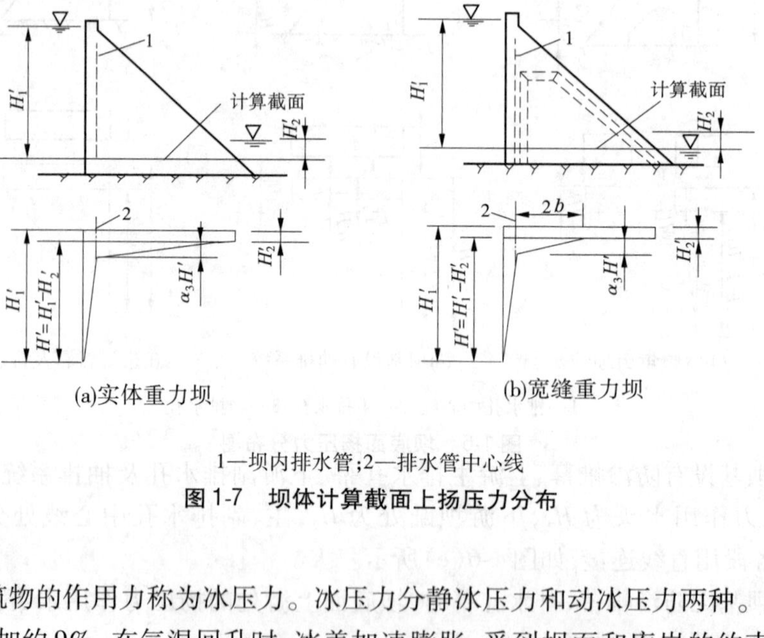

(a)实体重力坝　　(b)宽缝重力坝

1—坝内排水管;2—排水管中心线

图 1-7　坝体计算截面上扬压力分布

1.7　冰压力

冰对建筑物的作用力称为冰压力。冰压力分静冰压力和动冰压力两种。水库表面结冰后,体积增加约 9%,在气温回升时,冰盖加速膨胀,受到坝面和库岸的约束,在坝面上产生的压力称为静冰压力。冰盖解冻,冰块顺风顺水漂流撞击在坝面、闸门或闸墩上的撞击力称为动冰压力。冰压力的计算详见《水工建筑物荷载设计规范》(SL 744—2016)。

1.8　地震作用

在地震区建坝,必须考虑地震的影响。重力坝抗震计算应考虑地震惯性力和地震动水压力。一般情况下,进行抗震计算时的上游水位可采用正常蓄水位。地震对建筑物的影响程度,常用地震烈度表示。地震烈度共分为 12 度。烈度越大,对建筑物的破坏越大,抗震设计要求越高。

抗震设计中常用到基本烈度和设计烈度两个基本概念。基本烈度是水工建筑物所在地区一定时期内(50年)可能遇到的地震最大烈度。设计烈度是抗震设计时实际采用的地震烈度。一般情况采用基本烈度作为设计烈度。设计烈度在6度以下时,设计时可不考虑地震作用。对基本烈度为6度或6度以上的地区,坝高超过200 m或库容大于100亿m^3的大型工程,以及基本烈度为7度及7度以上的地区,坝高超过150 m的大(1)型工程,其抗震设防依据应进行专门的地震危险性分析评定。

《水工建筑物抗震设计标准》(GB 51247—2018)规定,水工建筑物的工程抗震设防类别根据其重要性和工程场地基本烈度按表1-4确定。

表1-4 工程抗震设防类别

工程抗震设防类别	建筑物级别	场地基本烈度
甲	1(壅水和重要泄水)	≥6
乙	1(非壅水)、2(壅水)	
丙	2(非壅水)、3	≥7
丁	4、5	

因地震引起的地震惯性力、地震动水压力和地震动土压力的计算详见《水工建筑物荷载设计规范》(SL 744—2016)。

1.9 其他荷载

常见的其他荷载有土压力、温度荷载、灌浆压力、风荷载、雪荷载、坝顶车辆荷载、永久设备荷载等。它们对重力坝的影响是次要的,当需要计算时,可查相应规范。

2 重力坝的荷载组合

作用在重力坝上的各种荷载,除坝体自重外,其大小和出现的概率都有一定的变化。例如,在正常运行、放空水库、设计洪水或校核洪水等情况下,其上下游水位就不相同,当水位发生变化时,相应的水压力、扬压力亦随之变化。又如,在短期宣泄最大洪水时,就不一定会同时发生强烈地震。再如,当水库水面封冻,坝面受静冰压力作用时,波浪压力就不存在。因此,在进行坝的设计时,应该把各种荷载根据它们同时出现的概率,合理地组合成不同的设计情况,然后用不同的安全系数进行核算,以妥善解决安全和经济的矛盾。

2.1 荷载的分类

作用在重力坝上的荷载,按其性质可分为基本荷载和特殊荷载。

2.1.1 基本荷载

(1)坝体及其上永久设备的自重;

(2)正常蓄水位或设计洪水位时的静水压力;

(3)相应于正常蓄水位或设计洪水位时的扬压力;

(4)泥沙压力;

(5)相应于正常蓄水位或设计洪水位时的浪压力;

(6)冰压力;

(7)土压力;

(8)相应于设计洪水位时的动水压力;

(9)其他出现概率较多的荷载。

2.1.2 特殊荷载

(10)校核洪水位时的静水压力;

(11)相应于校核洪水位时的扬压力;

(12)相应于校核洪水位时的浪压力;

(13)相应于校核洪水位时的动水压力;

(14)地震作用;

(15)其他出现概率较少的荷载。

2.2 荷载(作用)的组合

在设计混凝土重力坝坝体剖面时,荷载组合分基本组合和特殊组合。基本组合由同时出现的基本荷载组成,属设计情况和正常情况;特殊组合由同时出现的基本荷载和一种或几种特殊荷载组成,属校核情况和非常情况。

将各种荷载组合列入表1-5。

表1-5 荷载组合

荷载组合	主要工况	荷载										附注
		自重	静水压力	扬压力	淤沙压力	浪压力	冰压力	动水压力	土压力	地震荷载	其他荷载	
基本组合	正常蓄水位	(1)	(2)	(3)	(4)	(5)	—	—	(7)	—	(9)	
	设计洪水位	(1)	(2)	(3)	(4)	(5)	—	(8)	(7)	—	(9)	
	冰冻情况	(1)	(2)	(3)	(4)	—	(6)	—	(7)	—	(9)	静水压力和扬压力按相应冬季库水位计算
特殊组合	校核洪水位	(1)	(10)	(11)	(4)	(12)	—	(13)	(7)	—	(15)	
	地震工况	(1)	(2)	(3)	(4)	(5)	—	—	(7)	(14)	(15)	静水压力、扬压力和浪压力按正常蓄水位计算

注:1. 应根据各种荷载同时作用的实际可能性,选择计算中最不利的荷载组合。

2. 施工期的情况做必要的核算,作为特殊组合。

3. 考虑排水失效的情况,作为特殊组合进行复核。

4. 土压力根据坝体外是否有填土而定。

任务3 非溢流坝的剖面及布置

非溢流坝剖面形式、尺寸的确定,将影响到荷载的计算、稳定和应力分析。因此,非溢流坝剖面的设计以及其他相关结构的布置,是重力坝设计的关键步骤。

1 剖面设计的基本原则

非溢流坝剖面设计的基本原则是：①满足稳定和强度要求，保证大坝安全；②工程量小，造价低；③结构合理，运用方便；④利于施工，方便维修。

2 基本剖面

由于作用于大坝上游面的水压力呈三角形分布，所以与此作用相适应的坝体的基本剖面必为三角形（见图1-8）。因此，重力坝的基本剖面一般是指在水压力（水位与坝顶齐平）、自重和扬压力等主要荷载作用下，满足稳定、强度要求的最小三角形剖面。

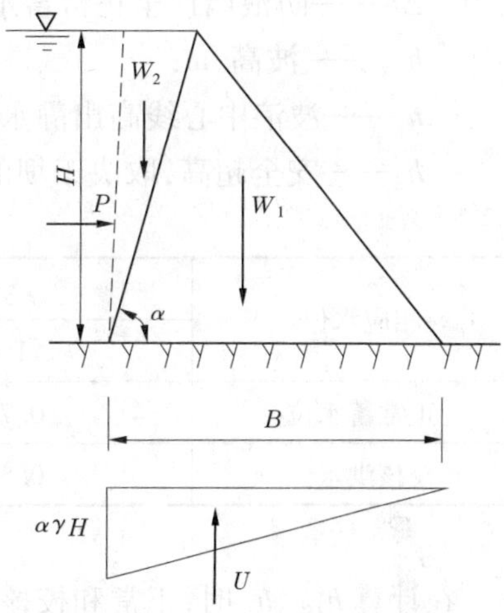

图1-8 重力坝的基本剖面

从满足强度要求来看，对基本三角形的要求如下：

当 $\alpha>90°$，上游面为倒坡时（见图1-9（a）），在库空的情况下，三角形重心超出底边的三分点，在下游面会产生拉应力，而且倒坡也不便施工。

当 $\alpha<90°$时，可以利用上游面的水重增强稳定，见图1-9（b）。但 α 小到一定程度，在库满时合力可能超出底边的三分点，在上游面会产生拉应力。因此，上游面坡角 α 也不宜太小。

在一般情况下，常将上游面做成铅直的（见图1-9（c）），即 $\alpha=90°$。当抗剪断摩擦系数 f' 较低时，可适当减小 α 值，以便利用上游面的水重维持稳定。根据工程经验，重力坝基本剖面的上游坡度宜采用1∶0～1∶0.2，下游面的坡度宜采用1∶0.6～1∶0.8，坝底宽一般为坝高的0.7～0.9倍。

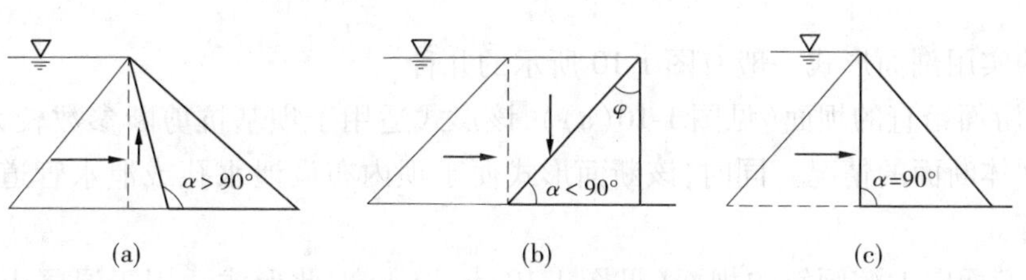

图1-9 不同 α 角的坝体剖面

3 实用剖面

上述坝体基本剖面是在简化条件下求得的，为了便于施工、运用，还需对基本剖面进行修正，拟定出实用剖面。

3.1 坝顶宽度

坝顶宽度一般根据运用和交通要求确定，若无特殊要求，可采用坝高的8%～10%，且不小于 2 m。当有交通要求时,坝顶宽度应按交通规定拟定。

当有较大的冰压力或漂浮物撞击力时,坝顶最小宽度还应满足强度要求。

3.2 坝顶高程

由于三角形基本剖面的顶点与上游最高水位齐平,因此实用剖面必须要有安全超高 Δh,可由式(1-19)计算:

$$\Delta h = h_{1\%} + h_z + h_c \tag{1-19}$$

式中 Δh——防浪墙顶至正常蓄水位或校核洪水位的高差,m;

$h_{1\%}$——波高,m;

h_z——波浪中心线高出静水位的高度,m;

h_c——安全超高,取决于坝的级别和计算情况,按表 1-6 取用。

表 1-6 安全超高 h_c （单位:m)

相应水位	坝的级别		
	1	2	3
正常蓄水位	0.7	0.5	0.4
校核洪水位	0.5	0.4	0.3

在计算 $h_{1\%}$、h_z 时,正常和校核情况应采用不同的计算风速值,坝顶高程(或坝顶上游防浪墙顶高程)按式(1-20)计算,并选用其中的较大值。

$$\begin{aligned} 坝顶高程 &= 正常蓄水位 + \Delta h_{正} \\ 坝顶高程 &= 校核洪水位 + \Delta h_{校} \end{aligned} \tag{1-20}$$

式中,$\Delta h_{正}$ 和 $\Delta h_{校}$ 分别按式(1-19)的要求考虑。对于 1、2 级的坝,如果按照可能最大洪水校核,坝顶高程不得低于相应静水位,防浪墙顶高程不得低于波浪顶高程。防浪墙高度一般为 1.2 m,应与坝体在结构上连成整体,墙身应有足够的厚度,以抵挡波浪及漂浮物的冲击。

常用的实用剖面形式一般有图 1-10 所示的几种。

(1)上游面铅直的坝面(见图 1-10(a)),该形式适用于坝基抗剪断参数较大,由强度条件控制坝体断面的情况。同时,该断面形式便于坝内布设泄水孔或泄水管道的闸门和拦污设备等。

(2)上游面向上游倾斜的坝面(见图 1-10(b)、(c)),此形式适用于混凝土与基岩之间抗剪断参数较小的情况。倾斜的上游坝面可增加坝体自重和部分水重,以满足抗滑稳定要求。有时为了控制库空或低水位时下游面出现的拉应力值,常采用此种形式。上游坝面上部铅直、下部倾斜既可利用部分水重来增加坝的稳定性,又便于坝内布设泄水孔,是实际工程中经常采用的一种实用剖面形式。一般起坡点在坝高的 1/3 ~ 2/3 附近。由于起坡点处剖面突变,故应对该剖面进行强度和稳定校核。

坝体剖面可参照条件相近已建工程的经验,并结合本工程的实际情况,先行拟订,然后根据稳定和应力分析进行必要的修正。

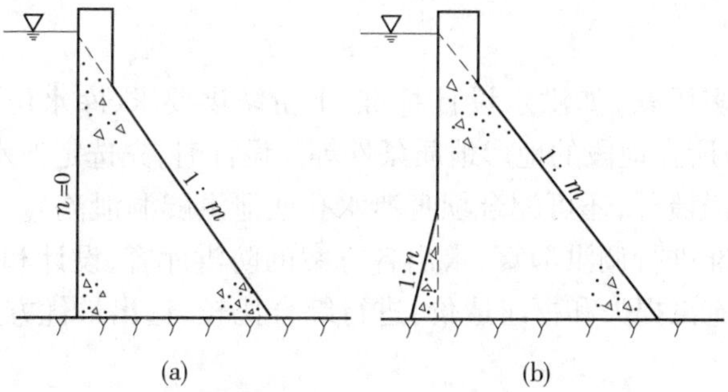

图1-10 非溢流坝剖面形式

4 实用断面的优化设计

工程设计的基本任务就是寻找安全、适用而经济的设计方案。传统的水工设计一般采用方案比较法,即根据经验,通过必要的水力计算、结构强度、稳定性校核,拟订若干个安全、适用的可行方案,然后比较工程量、造价等经济指标,从而择优选定实用方案。这种方法受工程人员的主观因素影响较大,比较方案的个数有限,故选用的方案只能说是有限个可行方案中较优的,而未必是所有方案中最优的。因此,水工建筑物的优化设计主要是指选择结构的体形、尺寸和材料时,如何从所有安全、适用和技术上可行的方案中寻求一个经济上最合理的方案,而该方案只有通过计算机和适当的计算程序才能实现。对于重力坝而言,就是在满足现行设计规范要求和通用设计准则的前提下求出其造价最低或混凝土方量最小的剖面,即最优剖面。

关于具体计算方法,可参考有关书籍。

任务4 溢流重力坝

溢流重力坝既是挡水建筑物又是泄水建筑物。其泄水方式有坝顶溢流和坝身泄水孔泄水。在水利枢纽中,它可承担泄洪、向下游输水、排沙、放空水库和施工导流等任务。

溢流坝是枢纽中最重要的泄水建筑物之一,将规划库容所不能容纳的大部分洪水经坝顶泄向下游,以便保证大坝安全。溢流坝应满足泄洪的以下几个设计要求:

(1)有足够的孔口尺寸、良好的孔口体形和泄水时具有较大的流量系数;

(2)使水流平顺地通过坝体,不允许产生不利的负压和振动,避免发生空蚀现象;

(3)保证下游河床不产生危及坝体安全的冲坑和冲刷;

(4)溢流坝段在枢纽中的位置,应使下游流态平顺,不产生折冲水流,不影响枢纽中其他建筑物的正常运行;

(5)有灵活控制水流下泄的设备,如闸门、启闭机等。

因此,坝体剖面设计除要满足稳定和强度要求外,还要满足泄水的要求,同时要考虑下游的消能问题。当溢流坝段在河床上的位置确定后,再选择合适的泄水方式,并根据洪水标准和运用要求确定孔口尺寸及溢流堰顶高程。

1 孔口设计

溢流坝的孔口设计涉及很多因素，如洪水设计标准、下游防洪要求、库水位壅高的限制、泄水方式、堰面曲线以及枢纽所在地段的地形地质条件等。设计时，先选定泄水方式，拟订若干个泄水布置方案（除堰面溢流外，还可配合坝身泄水孔或泄洪隧洞泄流）。初步确定孔口尺寸，按规定的洪水设计标准进行调洪演算，求出各方案的防洪库容、设计和校核洪水位及相应的下泄流量，然后估算淹没损失和枢纽造价，进行综合比较，选出最优方案。

1.1 孔口型式

溢流坝的泄水方式有坝顶溢流式和孔口溢流式两种，如图 1-11 所示。

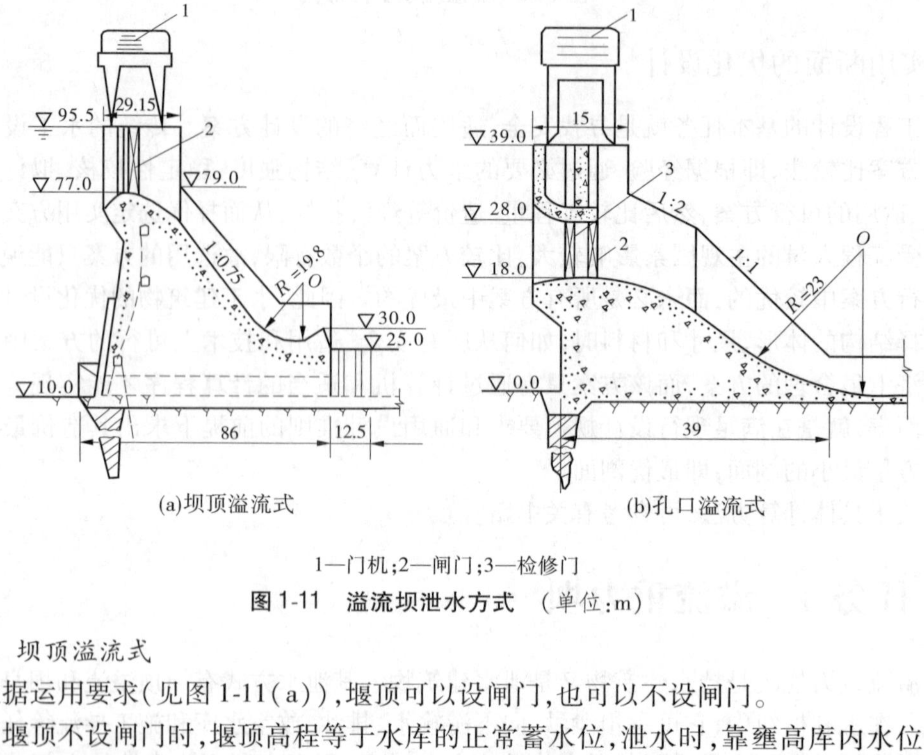

(a)坝顶溢流式　　(b)孔口溢流式

1—门机；2—闸门；3—检修门

图 1-11　溢流坝泄水方式　（单位：m）

1.1.1　坝顶溢流式

根据运用要求（见图 1-11(a)），堰顶可以设闸门，也可以不设闸门。

当堰顶不设闸门时，堰顶高程等于水库的正常蓄水位，泄水时，靠壅高库内水位增加下泄量，这种情况增加了库内的淹没损失、非溢流坝的坝顶高程和坝体工程量。但泄洪时不仅用于排泄洪水，而且用于排泄其他漂浮物。它结构简单，可自动泄洪，管理方便。它适用于洪水流量较小，淹没损失不大的中、小型水库。

当堰顶设有闸门时，堰顶高程较低，可利用闸门不同开启度调节库内水位和下泄流量，减少上游淹没损失和非溢流坝的高度及坝体的工程量。与深孔闸门相比，堰顶闸门承受的水头较小，其孔口尺寸较大，由于闸门安装在堰顶，操作、检验均比深孔闸门方便。当闸门全开时，下泄流量与堰上水头 H_0 的 1.5 次方成正比。随着库水位的升高，下泄流量增加较快，具有较大的超泄能力。在大、中型水库工程中得到广泛的应用。

1.1.2　孔口溢流式

孔口溢流式在闸墩上部设置胸墙（见图 1-11(b)），既可利用胸墙挡水，又可减少闸门的高度和降低堰顶高程。它可以根据洪水预报提前放水，腾出较大的防洪库容，提高水库的调洪能力，适用于挡水位较高而流量相对较小的水库。当库水位低于胸墙下缘时，下泄水流流态与堰顶开敞溢流式相同；当库水位高于孔口一定高度时，呈大孔口出流。胸墙多为钢筋混凝土结构，常固接在闸墩上，也有做成活动式的，遇特大洪水时可将胸墙吊起，以加大泄洪能力，利于排放漂浮物。

1.2 孔口尺寸

1.2.1 单宽流量的确定

单宽流量一经选定，就可以初步确定溢流坝段的净宽和堰顶高程。单宽流量愈大，下泄水流的动能愈集中，消能问题就愈突出，下游局部冲刷会愈严重，但溢流前缘短，对枢纽布置有利。因此，一个经济而又安全的单宽流量，必须综合地质条件、下游河道水深、枢纽布置和消能工设计多种因素，通过技术经济比较后选定。

工程实践证明，对于软弱岩石常取 $q=20\sim50\ m^3/(s \cdot m)$，中等坚硬的岩石取 $q=20\sim100\ m^3/(s \cdot m)$，特别坚硬的岩石取 $q=100\sim150\ m^3/(s \cdot m)$，地质条件好可以选取更大的单宽流量。近年来，随着消能技术的进步，选用的单宽流量也不断的增大。在我国已建成的大坝中，龚嘴水电站的单宽流量达 254.2 $m^3/(s \cdot m)$，安康水电站单宽流量达 282.7 $m^3/(s \cdot m)$，而委内瑞拉的古里坝，其单宽流量已突破了 300 $m^3/(s \cdot m)$ 的界限。

1.2.2 孔口尺寸的确定

溢流孔口尺寸主要取决于通过溢流孔口的下泄洪水流量 $Q_溢$，根据设计和校核情况下的洪水来量，经调洪演算确定下泄洪水流量 $Q_总$，再减去泄水孔和其他建筑物下泄流量之和 Q_0，即得 $Q_溢$：

$$Q_{溢} = Q_{总} - \alpha Q_0 \tag{1-21}$$

式中 Q_0——经由电站、船闸及其他泄水孔下泄的流量，m^3/s；

α——系数，考虑电站部分运行，或由于闸门障碍等因素对下泄流量的影响，正常运用时取 0.75～0.90，校核情况下取 1.0。

单宽流量 q 确定以后，溢流孔净宽 B（不包括闸墩厚度）为：

$$B = \frac{Q_{溢}}{q} \tag{1-22}$$

装有闸门的溢流坝，用闸墩将溢流段分隔为若干个等宽的孔。设孔口总数为 n，孔口宽度 $b=B/n$，d 为闸墩厚度，则溢流前缘总宽度 B_l 为：

$$B_l = nb + (n-1)d \tag{1-23}$$

经调洪演算求得设计洪水位及相应的下泄流量后，可利用下式计算包括流速水头在内的堰顶水头 H_z，当采用开敞式溢流坝泄流时：

$$Q_{溢} = m\varepsilon\sigma_m B\sqrt{2g}H_z^{3/2} \tag{1-24}$$

式中 B——溢流孔净宽，m；

m——流量系数，可从有关水力计算手册中查得；

ε——侧收缩系数，根据闸墩厚度及闸墩头部形状而定，初设时可取为 0.90～0.95；

σ_m——淹没系数，视淹没程度而定；

g——重力加速度，m/s^2，取值为 $9.81\ m/s^2$。

用设计洪水位减去堰顶水头 H_z（此时堰顶水头应扣除流速水头）即得堰顶高程。

当采用孔口泄流时：

$$Q_{溢} = \mu A_k \sqrt{2gH_z} \tag{1-25}$$

式中 A_k——出口处的面积，m^2；

μ——孔口或管道的流量系数，初设时对有胸墙的堰顶孔口，当 $H_z/D = 2.0 \sim 2.4$ 时（D 为孔口高）取 $\mu = 0.74 \sim 0.82$，对深孔取 $\mu = 0.83 \sim 0.93$，当为有压流时 μ 值必须通过计算沿程及局部水头损失来确定；

H_z——自由出流时为孔口中心处的作用水头，淹没出流时为上下游水位差，m。

2 溢流坝的剖面设计

溢流坝的基本剖面也呈三角形。上游坝面可以做成铅直面，也可以做成折坡面。溢流面由顶部曲线段、中间直线段和底部反弧段三部分组成，如图 1-12 所示。

2.1 溢流坝的堰面曲线

2.1.1 顶部曲线段

溢流堰面曲线常采用非真空剖面曲线。采用较广泛的非真空剖面曲线有克－奥曲线和幂曲线（或称 WES 曲线）两种。克－奥曲线与幂曲线在堰项以下 $(2/5 \sim 1/2)H_d$（H_d 为定型设计水头）范围内基本重合，在此范围以外，克－奥曲线不给出曲线方程，只给定曲线坐标值，插值计算和施工放样均不方便。而幂曲线给定曲线方程，便于计算和放样。克－奥曲线流量系数小于幂曲线流量系数（最大值 0.502），故近年来堰面曲线多采用幂曲线。

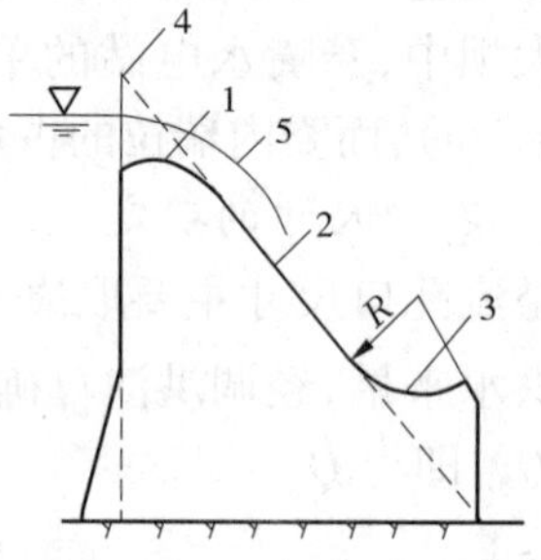

1—顶部溢流段；2—直线段；3—反弧段；
4—基本剖面；5—溢流水舌

图 1-12 溢流坝剖面

(1)开敞式溢流堰面曲线。如图 1-13 所示，采用幂曲线时按下式计算：

$$x^n = KH_d^{n-1}y \tag{1-26}$$

式中 H_d——定型设计水头，按堰顶最大作用水头 H_{zmax} 的 75%～95%计算，m；

n、K——与上游坝面坡度有关的指数和系数，见表 1-7；

x、y——溢流面曲线的坐标，其原点设在堰面曲线的最高点。

表 1-7 K、n 值

上游坝面坡度	K	n	上游坝面坡度	K	n
铅直面(3:0)	2.000	1.850	倾斜面(3:1)	1.936	1.836

原点上游宜有椭圆曲线，其方程式为：

$$\frac{x^2}{(aH_d)^2} + \frac{(bH_d - y)^2}{(bH_d)^2} = 1 \tag{1-27}$$

式中 aH_d、bH_d——椭圆曲线的长轴和短轴，若上游面铅直，a、b 可按下式选取：

$$a/b = 0.87 + 3a, a \approx 0.28 \sim 0.30$$

当采用倒悬堰顶时(见图1-13)应满足:$d > H_{zmax}/2$ 的条件,仍可采用式(1-27)计算。

(2)设有胸墙的堰面曲线。如图1-14所示,当堰顶最大作用水头 H_{zmax}(孔口中心线以上)与孔口高度(D)的比值 $H_{zmax}/D > 1.5$ 时,或闸门全开仍属孔口泄流时,可按下式设计堰面曲线:

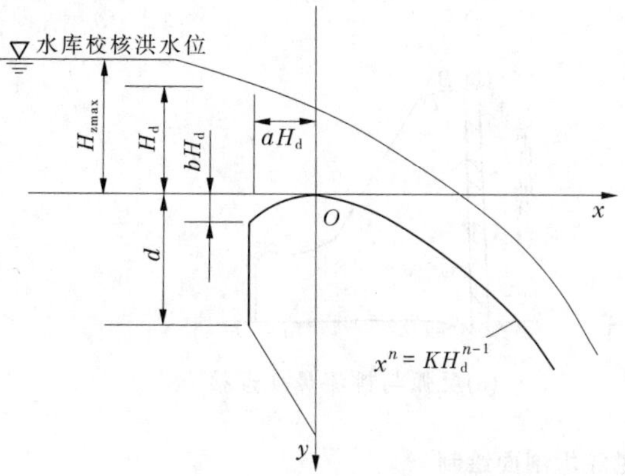

图1-13 开敞式溢流堰面曲线

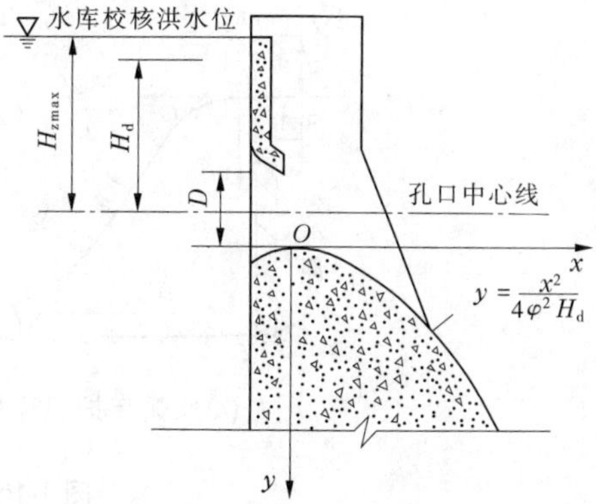

图1-14 带胸墙大孔口的堰面曲线

$$y = \frac{x^2}{4\varphi^2 H_d} \tag{1-28}$$

式中 H_d——定型设计水头,一般取孔口中心线至水库校核洪水位的水头的75%~95%;

φ——孔口收缩断面上的流速系数,一般取 $\varphi = 0.96$,若孔前设有检修闸门取 $\varphi = 0.95$;

x、y——曲线坐标,其原点设在堰顶最高点,如图1-14所示;

其余符号意义同前。

坐标原点的上游段可采用单圆曲线、复合圆曲线或椭圆曲线与上游坝面连接,胸墙底缘也可采用圆弧或椭圆曲线外形,原点上游曲线与胸墙底缘曲线应通盘考虑,若 $1.2 < H_{zmax}/D < 1.5$,堰面曲线应通过试验确定。

按定型设计水头确定的溢流面顶部曲线,当通过校核洪水时将出现负压,一般要求负压值不超过3~6 m水柱高。

2.1.2 中间直线段

中间直线段的上端与堰顶曲线相切,下端与反弧段相切,坡度与非溢流坝段的下游坡相同。

2.1.3 底部反弧段

溢流坝面反弧段是使沿溢流面下泄水流平顺转向的工程设施,要求沿程压力分布均匀,不产生负压和不致引起有害的脉动压力。通常采用圆弧曲线,其反弧半径 $R = (4 \sim 10)h$,h 为校核洪水闸门全开时反弧最低点的水深。反弧最低点的流速愈大,要求反弧半径愈大。当流速小于16 m/s时,取下限;当流速较大时,宜采用较大值。当采用底流消能,反弧段与护坦相连时,宜采用上限值。

2.2 溢流坝实用剖面拟定

溢流坝的实用剖面，是在三角形基本剖面基础上结合堰面曲线按拟合修改而成的。

(1)溢流坝堰面曲线超出基本三角形剖面，如图 1-15(a)所示。在坚固完好的岩基上，会出现这种情况，设计时需对基本剖面进行修正。

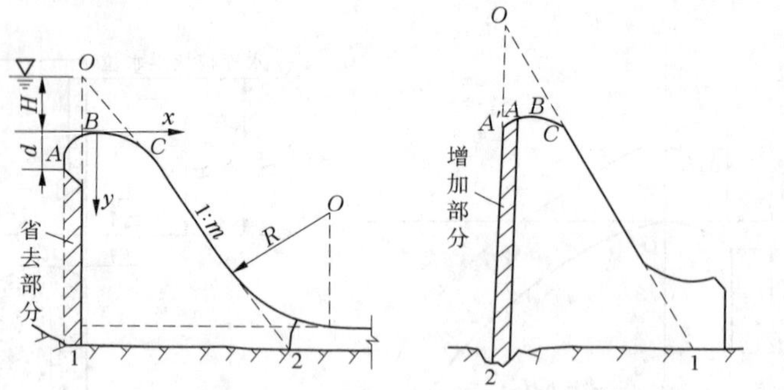

(a)反弧与护坦连接　　(b)反弧与挑流鼻坎连接

图 1-15　溢流坝剖面绘制

根据溢流坝的定型设计水头 H_d 和选定的堰面曲线形式，点绘出堰面曲线 ABC，将基本三角形的下游边与溢流坝面的切线重合，坝上游阴影部分可以省去。为了不影响堰顶泄流，保留高度 d 的悬臂实体，且要求 $d \geqslant H_{zmax}/2$（H_{zmax} 为堰顶最大作用水头）。

(2)溢流堰面曲线落在三角形基本剖面以内，如图 1-15(b)所示。当溢流重力坝剖面小于基本三角形剖面时，可适当调整堰顶曲线。通常是在溢流坝顶加一斜直线 AA'，使之与溢流曲线相切于 A 点，增加上游阴影部分坝体体积，且有利于坝体稳定。

(3)具有挑流鼻坎的溢流坝。当鼻坎超出基本三角形剖面以外时，如图 1-16 所示。若 $l/h > 0.5$ 时，须核算 $B—B'$ 截面处的应力；若拉应力较大，可考虑在 $B—B'$ 截面处设置结构缝，把鼻坎与坝体分开；若拉应力不大，也可采用局部加强措施，不设结构缝。

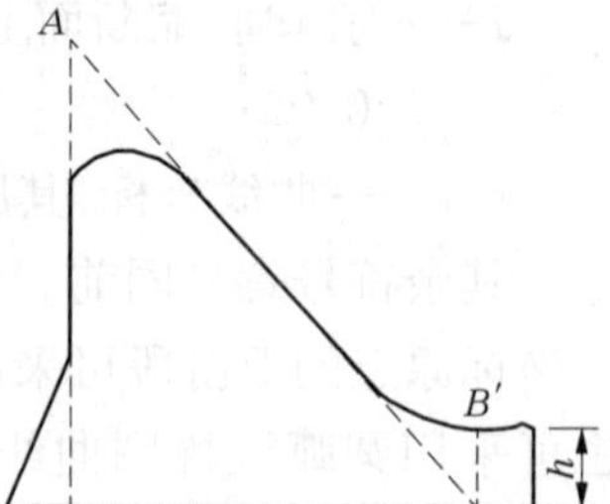

图 1-16　挑流鼻坎设置结构缝

溢流坝和非溢流坝的上游坝面要求应尽量一致对齐。

3　溢流坝的消能防冲

因为溢流坝下泄的水流具有很大的动能，如此巨大的能量，若不妥善进行处理，势必导致下游河床被严重冲刷，甚至造成岸坡坍塌和大坝失事。所以，消能措施的合理选择和设计，对枢纽布置、大坝安全及工程造价都有重要意义。

3.1　消能工的设计原则

(1)尽量使下泄水流的大部分动能消耗在水流内部的紊动中，以及水流与空气的摩擦上。

(2)不产生危及坝体安全的河床或岸坡的局部冲刷。

(3)下泄水流平稳,不影响枢纽中其他建筑物的正常运行。

(4)结构简单,工作可靠。

(5)工程量小,造价低。

3.2　消能形式

常用的消能形式有底流消能、挑流消能、面流消能和消力戽消能等。消能形式的选择主要取决于水利枢纽的具体条件,根据水头及单宽流量的大小、下游水深及其变幅、坝基地质地形条件以及枢纽布置情况等,经技术经济比较后选定。挑流消能应用最广,底流消能次之,面流消能和消力戽消能一般应用较少。

3.2.1　挑流消能

挑流消能是利用溢流坝下游反弧段的鼻坎,将下泄的高速水流挑射抛向空中,抛射水流在掺入大量空气时消耗部分能量,而后落到距坝较远的下游河床水垫中产生强烈的旋滚,并冲刷河床形成冲坑,随着冲坑的逐渐加深,大量能量消耗在水流旋滚的摩擦之中,冲坑也逐渐趋于稳定。挑流消能一般适用于基岩比较坚固的中、高溢流重力坝。

挑流消能设计主要包括:选择合适的鼻坎型式、鼻坎高程、挑射角度、反弧半径、鼻坎构造和尺寸,计算挑射距离和最大冲坑深度,如图1-17、图1-18所示。本节主要介绍连续式挑流消能的设计。

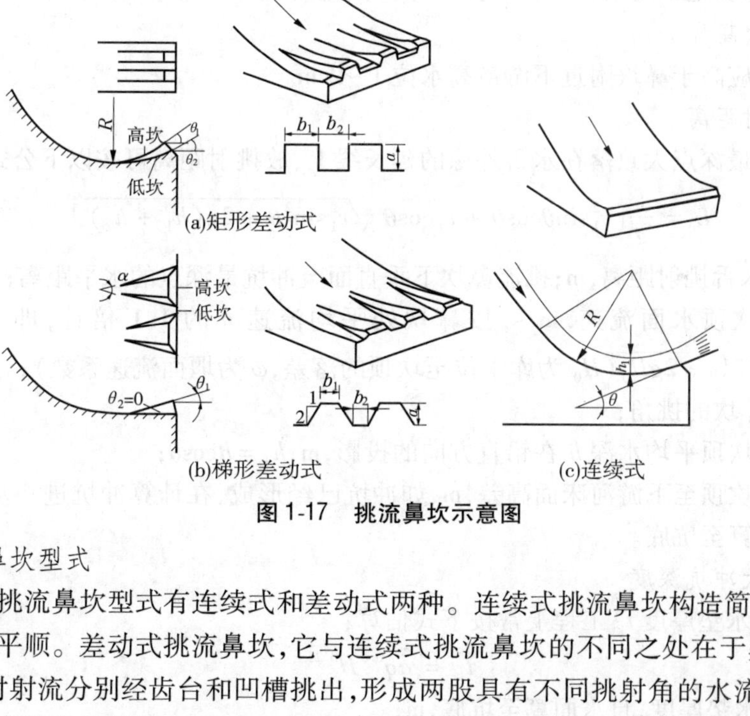

图1-17　挑流鼻坎示意图

3.2.1.1　鼻坎型式

常用的挑流鼻坎型式有连续式和差动式两种。连续式挑流鼻坎构造简单、射程较远,鼻坎上水流平顺。差动式挑流鼻坎,它与连续式挑流鼻坎的不同之处在于鼻坎末端设有齿坎,挑流时射流分别经齿台和凹槽挑出,形成两股具有不同挑射角的水流,两股水流除在垂直面上有较大扩散外,在侧向也有一定的扩散,加上高低水流在空中相互撞击,使掺气现象加剧,增加了空中的消能效果;同时也增加了水舌的入水范围,减小了河床的冲刷深度,但施工复杂,易产生气蚀。

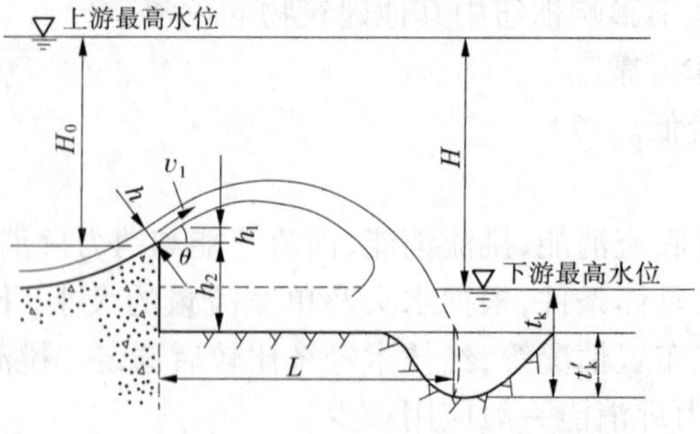

图 1-18 连续式挑流鼻坎的水舌及冲刷坑示意图

3.2.1.2 鼻坎挑射角度

挑射角度一般情况下取 $\theta = 20° \sim 25°$。对于深水河槽，以选用 $\theta = 15° \sim 20°$为宜。加大挑射角，虽然可以增加挑射距离，但由于水舌与下游水面的交角加大，使冲坑加深。

3.2.1.3 鼻坎反弧半径 R

鼻坎反弧半径 R，一般采用$(8 \sim 10)h$，h 为反弧最低点处的水深。R 太小时，鼻坎水流转向不顺畅；R 过大时，将迫使鼻坎向下延伸太长，增加了鼻坎的工程量。鼻坎反弧也可采用抛物线，曲率半径由大到小，这样，既可以获得较大的挑射角 θ，又不至于增加鼻坎的工程量，但鼻坎施工复杂，在实际运用中受到限制。

3.2.1.4 鼻坎高程

鼻坎高程应高于鼻坎附近下游最高水位 1 ~ 2 m。

3.2.1.5 挑射距离

由于冲坑最深点大致落在水舌外缘的延长线上，故挑射距离可按以下公式估算：

$$L = \frac{1}{g}\left[v_1^2\sin\theta\cos\theta + v_1\cos\theta\sqrt{v_1^2\sin^2\theta + 2g(h_1 + h_2)}\right] \tag{1-29}$$

式中 L——水舌挑射距离，m；挑流鼻坎下垂直面至冲坑最深点的水平距离；

v_1——坎顶水面流速，m/s，按鼻坎处平均流速 v 的 1.1 倍计，即 $v_1 = 1.1v = 1.1\varphi\sqrt{2gH_0}$（$H_0$ 为库水位至坎顶的落差，φ 为堰面流速系数）；

θ——鼻坎的挑角；

h_1——坎顶平均水深 h 在铅直方向的投影，m，$h_1 = h\cos\theta$；

h_2——坎顶至下游河床面高差，m，如冲坑已经形成，在计算冲坑进一步发展时，可算至坑底。

3.2.1.6 最大冲坑深度

最大冲坑水垫厚度 t_k 工程上常按下式估算：

$$t_k = aq^{0.5}H^{0.25} \tag{1-30}$$

式中 t_k——水垫厚度，自水面算至坑底，m；

q——单宽流量，$m^3/(s \cdot m)$；

H——上下游水位差，m；

a——冲坑系数，坚硬完整的基岩取 $a = 0.9 \sim 1.2$，坚硬但完整性较差的基岩取

$a = 1.2 \sim 1.5$，软弱破碎、裂缝发育的基岩取 $a = 1.5 \sim 2.0$。

最大冲坑水垫厚度 t_k 求出后，根据河床水深即可求得最大冲坑深度 t'_k。

射流形成的冲坑是否会延伸到鼻坎处以致危及坝体安全，主要取决于挑射距离 L 与最大冲坑深度 t'_k 的比值，即 L/t'_k。一般认为，基岩倾角较陡时要求 $L/t'_k > 2.5$；基岩倾角较缓时要求 $L/t'_k > 5.0$。

3.2.2 底流消能

底流消能是在坝下设置消力池、消力坎或综合式消力池和其他辅助消能设施，促使下泄水流在限定的范围内产生水跃。主要通过水流内部的旋滚、摩擦、掺气和撞击达到消能的目的，以减轻对下游河床的冲刷。底流消能工作可靠，但工程量较大，多用于低水头、大流量的溢流重力坝。

任务5 重力坝的抗滑稳定及应力分析

岩基上的重力坝常见的失稳破坏形式有两种：一种是沿坝体抗剪能力不足的软弱结构薄弱层面产生滑动，包括坝体与坝基的接触面滑动和坝基岩体内有连续的断层破碎带软弱结构而产生的滑动；另一种是在各种荷载作用下，上游坝踵出现拉应力使之产生裂缝，或下游坝址压应力过大、超过坝基岩体或坝体混凝土的允许强度而压碎，从而产生倾覆破坏。当重力坝满足抗滑稳定和应力要求时，通常不必校核抗倾覆的安全性。

1 重力坝的抗滑稳定分析

抗滑稳定分析是重力坝设计中的一项重要内容，其目的是核算坝体沿坝基面或沿地基深层软弱结构面抗滑稳定的安全性能。因为重力坝沿坝轴线方向用横缝分隔成若干个独立的坝段，假设横缝不传力，所以稳定分析可以按平面问题进行，取一个坝段或单位宽度作为计算单元。但对于地基中存在多条互相切割交错的软弱面构成空间滑动体或位于地形陡峻的岸坡段，则应按空间问题进行分析。

以往一般采用单一安全系数法进行抗滑稳定分析，把建筑物抵抗滑动的力与滑动力之比称作抗滑稳定安全系数。重力坝沿水平坝基面抗滑稳定分析方法有以下两种。

(1)摩擦公式：

$$K_s = \frac{f(\sum W - U)}{\sum P} \tag{1-31}$$

式中 $\sum W$——滑动面以上的总铅直力，kN；

$\sum P$——滑动面以上的总水平力，kN；

U——作用在滑动面上的扬压力，kN；

f——滑动面间的摩擦系数。

在各种荷载组合情况下，其抗滑稳定安全系数的控制标准参见表1-8。

表 1-8　抗滑稳定安全系数 K_s

荷载组合		坝的级别		
		1	2	3
基本组合		1.10	1.05	1.05
特殊组合	校核洪水位情况	1.05	1.00	1.00
	地震情况	1.00	1.00	1.00

(2)抗剪断公式:

$$K_s' = \frac{f'(\sum W - U) + c'A}{\sum P} \tag{1-32}$$

式中　f'——抗剪断摩擦系数;

c'——抗剪断凝聚力,kN/m^2;

A——坝基与地基接触面的面积,m^2。

采用抗剪断公式进行抗滑稳定分析时,其安全系数 K_s' 的控制标准,不分工程级别,基本组合采用 3.0,特殊组合校核洪水位情况采用 2.5,特殊组合地震情况不小于 2.3。

当坝体混凝土与基岩接触良好、坝基内不存在可能导致深层滑动的软弱面时,应按抗剪断公式计算;对中、小型工程的中、低坝,也可按摩擦公式计算。

2　提高坝体抗滑稳定的工程措施

为了提高坝体的抗滑稳定性,常采取以下工程措施:

(1)设置倾斜的上游坝面,利用坝面上的水重增加稳定。但应注意,上游面的坡度不宜过缓,应控制在 1:0.1 ~ 1:0.2 内;否则,在上游坝面容易产生拉应力,对强度不利。

(2)采用有利的开挖轮廓线。开挖坝基时,最好利用岩面的自然坡度,使坝基面倾向上游,如图 1-19(a)所示。有时,有意将坝踵高程降低,使坝基面倾向上游,如图 1-19(b)所示,但这种做法将加大上游水压力,增加开挖量和浇筑量,故较少采用。当基岩比较固定时,可以开挖成锯齿状,形成局部倾向上游的斜面,如图 1-19(c)所示,但能否开挖成锯齿状,主要取决于基岩节理裂隙的产状。

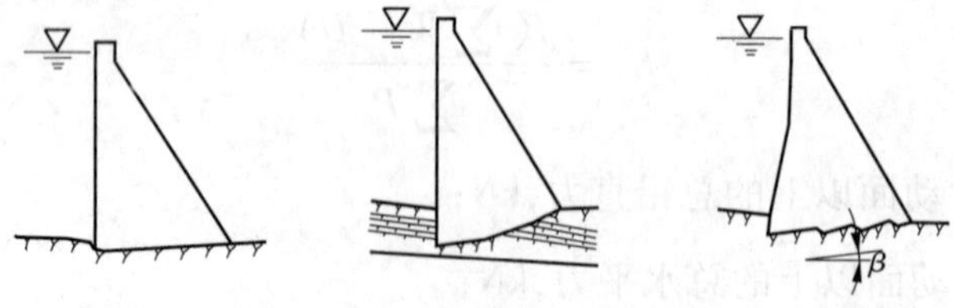

图 1-19　坝基开挖轮廓

(3)设置齿墙。如图 1-20(a)所示,当基岩内有倾向下游的软弱面时,可在坝踵部位设齿墙,切断较浅的软弱面,迫使可能的滑动面由 abc 成为 $a'b'c'$,这样既增大了滑动体的重量,同时也增大了抗滑体的抗力。如在坝趾部位设置齿墙,将坝趾放在较好的岩层上,如图1-20(b)所示,则可更多地发挥抗力体的作用,可在一定程度上改善坝踵应力,同时由于坝趾的压应力较大,设在坝趾下齿墙的抗剪能力也会相应增加。

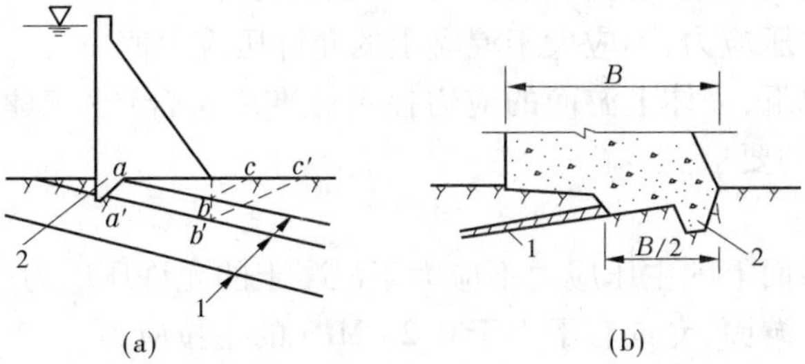

1—泥化夹层;2—齿墙

图1-20 齿墙设置

(4)抽水降压措施。当下游水位较高,坝体承受的浮托力较大时,可考虑在坝基面设置排水系统,定时抽水以减小坝底浮托力。如我国的龚嘴工程,下游水深达30 m,采取抽水措施后,浮托力只按10 m水深计算,节省了许多浇筑量。

(5)加固地基,包括帷幕灌浆、固结灌浆及断层、软弱夹层的处理等。

3 重力坝的应力分析

应力分析的目的是检验大坝在施工期和运用期是否满足强度要求,并根据应力分布情况进行坝体混凝土强度等级分区,也为研究坝体某些部位的应力集中和配筋等提供依据。应力分析的过程是:首先进行荷载计算和荷载组合,然后选择适宜的方法进行应力计算,最后检验坝体各部位的应力是否满足强度要求。

重力坝的应力分析方法可归结为理论计算和模型试验两大类,这两类方法是彼此补充、互相验证的,其结果都要受到原型观测的检验。对于中、小型工程,一般可只进行理论计算。

材料力学法是应用最广、最简便的理论计算方法,也是重力坝设计规范中规定采用的计算方法。材料力学法不考虑地基的影响,假定水平截面上的铅直正应力按直线分布,按材料力学的偏心受压公式计算其大小。计算结果在地基附近约1/3坝高范围内,与实际情况不符。但长期的实践经验和多年的工程实践证明,对于中等高度的坝,应用这一方法是可以保证工程安全的;对于较高的坝,特别是在地基条件比较复杂的情况下,还应该同时采用其他方法进行应力分析。

3.1 重力坝坝基面坝踵、坝趾的垂直应力控制

3.1.1 运用期

(1)在各种荷载组合下(地震荷载除外),坝踵垂直应力不应出现拉应力,坝趾垂直应力应小于坝基容许压应力。

(2)在地震荷载作用下,坝踵、坝趾的垂直应力应符合《水工建筑物抗震设计标准》(GB 51247—2018)。

3.1.2 施工期

坝趾垂直应力允许有小于0.1 MPa的拉应力。

3.2　**重力坝坝体应力控制**

3.2.1　*运用期*

(1)坝体上游面的垂直应力(即扬压力)不出现拉应力。

(2)坝体最大主压应力,不应大于混凝土的允许压应力值。

(3)在地震情况下,坝体上游面的应力控制标准应符合《水工建筑物抗震设计标准》(GB 51247—2018)的要求。

3.2.2　*施工期*

(1)坝体任何截面上的主压应力不应大于混凝土的允许压应力。

(2)在坝体的下游面,允许有不大于0.25 MPa 的主拉应力。

混凝土的允许应力应按混凝土的极限强度除以相应的安全系数确定。坝体混凝土抗压安全系数,基本组合不应小于4.0;特殊组合(不含地震情况)不应小于3.5。当局部混凝土有抗拉要求时,抗拉安全系数不应小于4.0。

任务6　重力坝的材料及构造

1　重力坝的材料

重力坝的建筑材料主要是混凝土。对于水工混凝土,尤其是筑坝混凝土,除应有足够的强度保证其安全承受荷载外,应按其所处的部位和工作条件,在抗渗、抗冻、抗冲刷、抗侵蚀、低热、抗裂性能方面提出不同的要求。

1.1　混凝土强度等级

大坝常用混凝土强度等级有C7.5、C10、C15、C20、C25、C30。高于C30的混凝土用于重要构件和部位。

1.2　混凝土的耐久性

1.2.1　*抗渗性*

对于大坝的上游面、基础层和下游水位以下的坝面均为防渗部位。其混凝土应具有抵抗压力水渗透的能力。抗渗性能通常用“W”即抗渗等级表示。

大坝混凝土抗渗等级应根据所在部位和水力坡降确定,抗渗等级有W2、W4 、W6、W8、W10。

1.2.2　*抗冻性*

混凝土的抗冻性能指混凝土在饱和状态下,经多次冻融循环而不破坏,不严重降低强度的性能。通常用“F”即抗冻等级来表示。

抗冻等级一般应视气候分区、冻融循环次数、表面局部小气候条件、水分饱和程度、结构构件重要性和检修的难易程度来确定,抗冻等级有F50、F100 、F150、F200、F300。

1.2.3　*抗磨性*

抗磨性指抵抗高速水流或挟沙水流的冲刷、抗磨损的能力。目前,尚未制定出定量的技术标准,一般而言,对于有抗磨要求的混凝土,应采用高强度混凝土或高强度硅粉混凝土,其抗压强度等级不应低于C20,要求高的则不应低于C30。

1.2.4 抗侵蚀性

抗侵蚀性指抵抗环境水的侵蚀性能。当环境水具有侵蚀性时,应选用适宜的水泥和尽量提高混凝土的密实性。

1.2.5 抗裂性

为防止大体积混凝土结构产生温度裂缝,除采用合理分缝、分块和温控措施外,应选用发热量低的水泥、合理的掺合料,减少水泥用量,提高混凝土的抗裂性能。

1.3 混凝土重力坝的材料分区

由于坝体各部分的工作条件不同,因而对混凝土强度等级、抗掺、抗冻、抗冲刷、抗裂等性能要求也不同,为了节省和合理使用水泥,通常将坝体不同部位按不同工作条件分区,采用不同等级的混凝土,图1-21为重力坝的三种坝段的材料分区。Ⅰ区为上、下游水位以上坝体外部表面混凝土,Ⅱ区为上、下游变动区的坝体外部表面混凝土,Ⅲ区为上、下游水位以下坝体外部表面混凝土,Ⅳ区为坝体基础,Ⅴ区为坝体内部,Ⅵ区为抗冲刷部位(如溢洪道溢流面、泄水孔、导墙和闸墩等)。

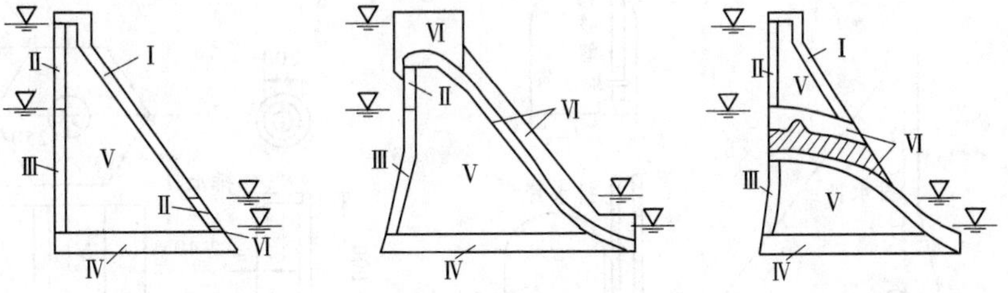

(a)非溢流坝　(b)溢流坝　(c)坝身泄水孔

图1-21　坝体分区示意图

大坝分区特征见表1-9。

表1-9　大坝分区特征

分区	强度	抗渗	抗冻	抗冲刷	抗侵蚀	低热	最大水灰比	选择各分区的主要因素
Ⅰ	+	−	++	−	−	+	+	抗冻
Ⅱ	+	+	++	+		+	+	抗冻、裂缝
Ⅲ	++	++	+	+		+	+	抗渗、抗裂
Ⅳ	++	+	+	+	++		+	抗裂
Ⅴ	++	+	+	−	++		+	
Ⅵ	++	−	++	++	+		+	抗冲耐磨

注:表中有"++"的项目为选择各区等级的主要控制因素,有"+"的项目为需要提出要求的,有"−"的项目为不需提出要求的。

坝体为常态混凝土的强度等级不应低于C7.5,碾压混凝土强度等级不应低于C5。同一浇筑块中混凝土强度等级不宜超过两种,分区厚度最少为2~3 m。

2 重力坝的构造

2.1 坝体的防渗与排水设施

2.1.1 坝体的防渗

在混凝土重力坝坝体上游面和下游面最高水位以下部分，多采用一层具有防渗、抗冻、抗侵蚀的混凝土作为坝体防渗设施，防渗指标根据水头和防渗要求而定，防渗厚度一般为1/10～1/20水头，但不小于2 m。

2.1.2 坝体排水设施

靠近上游坝面设置排水管幕，以减小坝体渗透压力。排水管幕距上游坝面的距离一般为作用水头的1/15～1/25，且不小于2.0 m。排水管间距为2～3 m，管径为15～20 cm。排水管幕沿坝轴线一字排列，管孔铅直，与纵向排水、检查廊道相通，上下端与坝顶和廊道直通，便于清洗、检查和排水(见图1-22(a))。

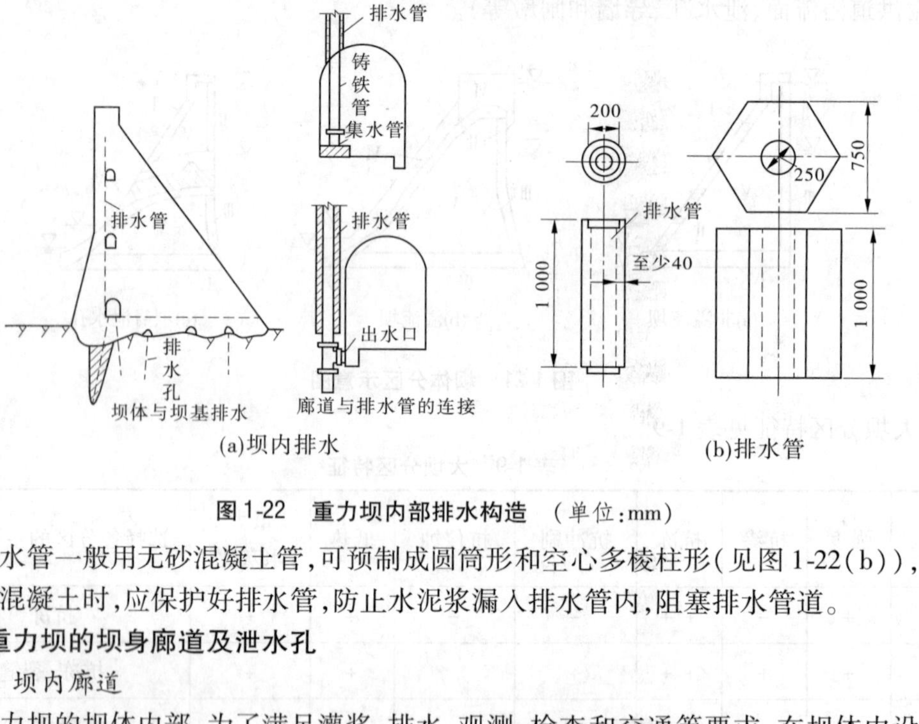

图1-22 重力坝内部排水构造 (单位:mm)

排水管一般用无砂混凝土管，可预制成圆筒形和空心多棱柱形(见图1-22(b))，在浇筑坝体混凝土时，应保护好排水管，防止水泥浆漏入排水管内，阻塞排水管道。

2.2 重力坝的坝身廊道及泄水孔

2.2.1 坝内廊道

重力坝的坝体内部，为了满足灌浆、排水、观测、检查和交通等要求，在坝体内设置了不同用途的廊道，这些廊道相互连通，构成了坝体内部廊道系统，如图1-23所示。

坝基灌浆廊道通常沿纵向布设在坝踵附近，一般距上游坝面不应小于0.05～0.1倍水头，且不小于4～5 m，廊道底距基岩面3～5 m，在两岸则沿岸坡布置。如岸坡过陡，则分层设置廊道并用竖井将它们连接。廊道尺寸要满足钻机尺寸，一般最小为2.5 m×3.0 m(宽×高)。

检查和观测廊道用以检查坝身工作性能，并安放观测设备，通常沿坝高每15～30 m设一道。此种廊道最小尺寸为1.2 m×2.2 m。

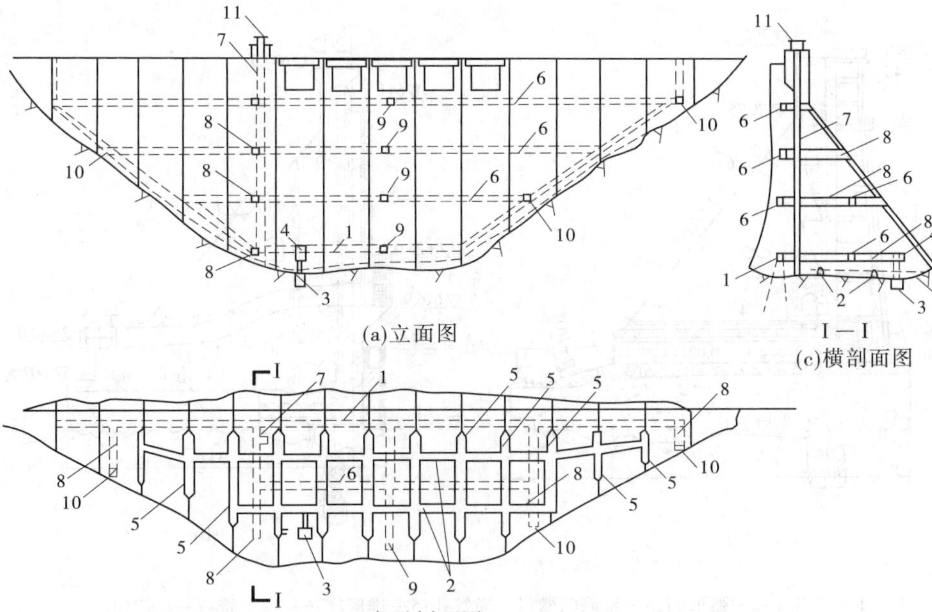

(a)立面图　(c)横剖面图　(b)水平剖面图

1—坝基灌浆排水廊道；2—基面排水廊道；3—集水井；4—水泵室；5—横向排水廊道；
6—检查廊道；7—电梯井；8—交通廊道；9—观测廊道；10—进出口；11—电梯塔

图1-23　坝内廊道系统图

交通廊道和竖井用以通行与器材设备的运输，并将有关的廊道连通起来，各层廊道左右岸各有一个出口，要求与竖井、电梯井连通。

坝基的排水廊道由坝基排水孔收集基岩排出的水，经过设在廊道底角的排水沟流入集水井，并排至下游。若排水廊道低于下游水位，则应用水泵将水送至下游。收集坝身渗水的排水廊道沿坝高每隔15～20 m布置一道。渗水由坝身排水管进入廊道排水沟，再沿岸坡排水沟流至最低排水廊道的集水井。

坝内廊道的布置应力求一道多用，综合布置，以减少廊道的数目。一般廊道离上游的坝面不应小于2～2.5 m。廊道的断面形式，一般采用城门洞形，这种断面应力条件较好，也可采用矩形断面。

此外，还可根据需要设专门性廊道。

2.2.2　坝内泄水孔

在水利枢纽中为了满足泄洪、灌溉、发电、排沙、放空水库及施工导流等要求，需在重力坝身设置多种泄、放水的孔口。这些孔口一般都布置在设计水位以下较深的部位，工程上称为深式泄水孔，如图1-24所示。泄水孔无论孔口的用途如何，按孔内水流状态分为有压泄水孔或无压泄水孔两大类。发电压力输水孔为有压孔，其他用途的泄水、放水孔可以是有压或无压。有关泄水孔布置结构组成、高程及应力计算，可参考有关技术手册。

尽管各种泄水孔口用途不同，但在技术允许的条件下，应尽可能一孔多用，如导流与泄洪孔相结合，放空水库与排沙相结合，或放空水库与导流相结合，灌溉与发电相结合等。

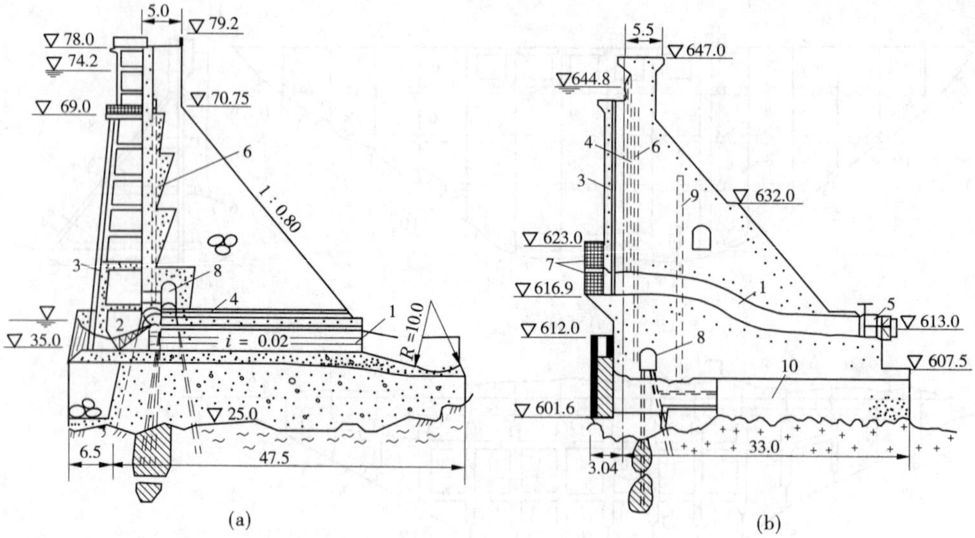

1—泄洪孔;2—弧形门;3—检修门槽;4—通气孔;5—锥形阀;6—排水管;7—拦污栅;
8—廊道;9—检查井;10—导流底孔

图1-24　坝身泄水孔　(单位:m)

2.3　重力坝的分缝与止水

2.3.1　分缝

由于地基不均匀沉降和温度变化、施工时期的温度应力以及施工浇筑能力等原因,一般要对坝体进行分缝。有一些缝是永久性的,它们的存在不影响坝体的整体性,不影响坝的正常运行;有些缝是临时性的,只在施工时设置,它们的存在将影响坝的整体性,使坝的正常工作受到影响,因而要对这种缝加以处理,使各个块体结合成整体。

按缝的作用可把缝分为沉降缝、伸缩缝及工作缝。沉降缝是将坝体沿长度分段,以适应地基的不均匀沉降,避免由此而引起坝体裂缝。伸缩缝是将坝体分块,以减少坝体伸缩时地基对坝体的约束和新旧混凝土之间的约束而产生的裂缝。工作缝主要是便于分期浇筑、装拆模板以及混凝土的散热而设的临时缝。按缝的位置可分为横缝、纵缝及水平缝。横缝多为永久缝,纵缝及水平缝皆为临时缝,图1-25所示为重力坝的分缝示意图。

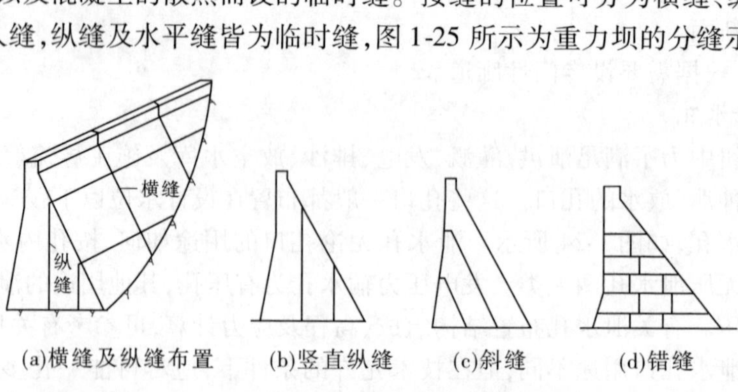

图1-25　重力坝的分缝示意图

2.3.2 止水

重力坝横缝的上游面、溢流面、下游面最高尾水位以下及坝内廊道和孔洞穿过分缝处的四周等部位应设置止水设施。

对于高坝的横缝止水常采用两道金属止水片和一道防渗沥青井，对于中、低坝的横缝止水可适当简化。在坝底，横缝止水必须与坝基岩石妥善连接。

任务7 重力坝的地基处理

由于长期受地质作用，天然的坝基一般都存在风化、节理、裂隙等缺陷，有时也存在断层、破碎带和软弱夹层等，因此必须进行地基处理。地基处理的目的有三个方面：渗流控制、强度控制和稳定控制。经过处理后坝基应满足下列要求：

(1)具有足够的抗渗性，以满足渗透稳定，控制流量。

(2)具有足够的强度，以承受坝体的压力。

(3)具有足够的整体性和均匀性，以满足坝基的抗滑稳定和减少不均匀沉陷。

(4)具有足够的耐久性，以防止岩体性质在水的长期作用下发生恶化。

地基处理的措施，包括开挖清理、固结灌浆、破碎带或软弱夹层的专门处理、断层防渗帷幕灌浆、钻孔排水等。

1 坝基的开挖清理

坝基开挖清理的目的是将坝体坐落在稳定、坚固的地基上，坝基的开挖深度应根据坝基应力情况、岩石强度及其完整性，结合上部结构对基础的要求研究确定。

对于超过100 m的高坝，应建在新鲜、微风化或弱风化层下部的基岩上；对一些中、小型工程，坝高100～50 m时，也可考虑在微风化或弱风化上部—中部基岩上，对两岸较高部位的坝段，其开挖基岩的标准可比河床部位适当放宽。

坝基开挖的边坡必须保持稳定，在顺河流方向基岩石尽可能略向上游倾斜，以增强坝体的抗滑稳定，必要时可挖成分段平台，两岸岸坡应开挖成台阶以利坝块的侧向稳定。基坑开挖轮廓应尽量平顺，避免有高差悬殊的突变，以免应力集中造成坝体裂缝，当坝基中有软弱夹层存在，且用其他措施无法解决时，也可挖掉。

坝基开挖应分层进行，避免爆破基岩被震裂，靠近底层应用小炮爆破，最后0.2～0.3 m用风镐开挖，不用爆破。基岩表面应进行修整，使表面起伏不超过0.3 m。

坝基开挖后，在浇筑混凝土前，要进行彻底、认真的清理和冲洗；清除松动的岩块，打掉凸出的尖角，封堵原有勘探钻洞、探井、探洞，清洗表面尘土、石粉等。

2 坝基的加固处理

坝基加固的目的如下：

(1)提高基岩的整体性和弹性模量。

(2)减少基岩受力后的不均匀变形。

(3)提高基岩的抗压强度、抗剪强度。

(4)降低坝基的渗透性。

2.1 坝基的固结灌浆

混凝土坝工程中,对岩石的节理裂隙采用浅孔低压灌注水泥浆的方法对坝基进行加固处理,称为固结灌浆。

固结灌浆的目的是提高基岩的整体性和弹性模量,减少基岩受力后的变形,并提高基岩的抗压强度、抗剪强度,降低坝基的渗透性,减少渗流量。在防渗帷幕范围内先进行固结灌浆,可提高帷幕灌浆的压力。

固结灌浆的范围主要根据坝基的地质条件、岩石破碎程度及坝基受力情况而定。当基岩较好时,可仅在坝基上、下游应力较大的地区进行,坝基岩石普遍较差而坝又较高的情况下,则多进行坝基全面积固结灌浆。有的工程甚至在坝基以外的一定范围内,也进行固结灌浆。灌浆孔的布置,采用梅花形的排列,孔距、排距随岩石破碎情况而定,一般为3~4 m,孔深一般5~8 m,灌浆时,先用稀浆,而后逐步加大浆液的稠度,灌浆压力一般为0.2~0.4 MPa,在有混凝土盖重时为0.4~0.7 MPa,以不掀动岩石为限,如图1-26所示。

2.2 坝基软弱破碎带的处理

当坝基中存在较大的软弱破碎带时,如断层破碎带、软弱夹层、泥化层、裂隙密集带等。断层破碎带的强度低,压缩变形大,易产生不均匀沉降导致坝体开裂,若与水库连通,使渗透压力加大,易产生机械或化学管涌,危及大坝安全。岩石层间软弱夹层厚度较小,遇水容易发生软化或泥化,致使抗剪强度低,特别是倾角小于30°的连续软弱夹层更为不利。

对于侧角较大或与基面接近垂直的断层破碎带,需采用开挖回填混凝土的措施,如做成混凝土(塞)或混凝土拱进行加固,如图1-27所示。当软弱带的宽度为2~3 m时,混凝土塞的高度(即开挖深度)一般可采用软弱带的宽度的1~1.5倍,且不小于1 m,或根据计算确定。塞的两侧可挖成1:1~1:0.5斜坡,以便将坝体的压力以混凝土塞(拱)传到两侧完整的基岩上。如破碎带延伸至坝体上、下游边界线以外,则混凝土塞也应向外延伸,延伸长度取1.5~2倍混凝土塞的高度。若软弱层破碎带与上游水库连通,还必须做好防渗处理。

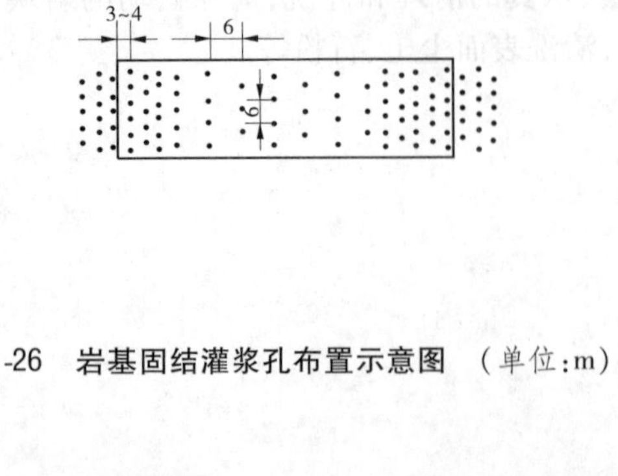

图1-26 岩基固结灌浆孔布置示意图 (单位:m)

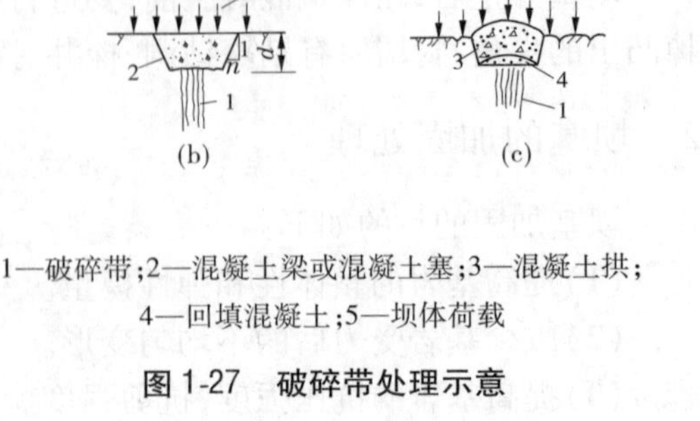

1—破碎带;2—混凝土梁或混凝土塞;3—混凝土拱;
4—回填混凝土;5—坝体荷载

图1-27 破碎带处理示意

对于软弱的夹层,如浅埋软弱夹层要多用明挖换基的方法,将夹层挖除,回填混凝土。对埋藏较深的,应结合工程情况分别采用坝踵部位做混凝土深齿墙,切断软弱夹层直达完整基岩,如图1-28所示;在夹层内设置混凝土塞,如图1-28(a)所示;在坝趾处建混凝土深齿墙,如图1-28(b)所示;在坝趾下游侧岩体内设钢筋混凝土抗滑桩,或预应力钢索加固、化学灌浆等,如图1-28(c)所示,以提高坝体和坝基的抗滑稳定性。

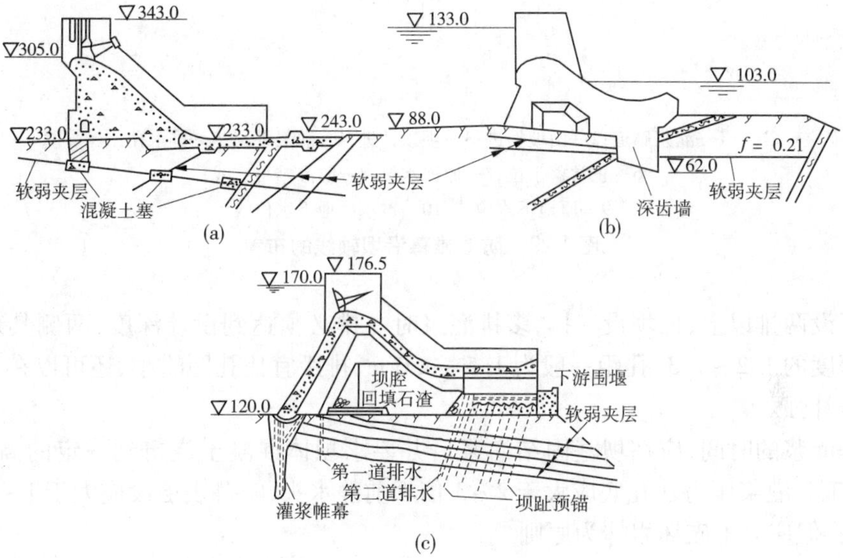

图1-28 软弱夹层处理 (单位:m)

在同一工程中,根据具体情况,常采用多种不同的处理方法。

3 坝基的防渗和排水

3.1 帷幕灌浆

帷幕灌浆是最好的防渗方法,可降低渗透水压力,减少渗流量,防止坝基产生机械或化学管涌。常用的灌浆材料有水泥浆和化学浆,应优先采用膨胀水泥浆。化学浆可灌性好,抗渗性好,但价格昂贵。

防渗帷幕的位置布置在靠近上游坝面的坝轴线附近,自河床向两岸延伸,如图1-29所示。钻孔和灌浆常在坝体灌浆廊道内,靠近岸坡可以在坝顶、岸坡或平洞内进行。钻孔一般为铅直或向上游不大于10°的斜坡。

防渗帷幕的深度应根据作用水头、工程地质、地下水文特性确定;坝基内透水层厚度不大时,帷幕可穿过透水层,深入相对隔水层3~5 m。相对隔水层较深时,帷幕深度可根据防渗要求确定,常用坝高的0.3~0.7倍,形成河床部位深、两岸渐浅的帷幕布置形式。

防渗帷幕的厚度应当满足抗渗稳定的要求,即帷幕内的渗透坡降应小于容许的渗透坡降[J]。防渗帷幕厚度应以浆液扩散半径组成区域的最小厚度为准,厚度与排数有关,

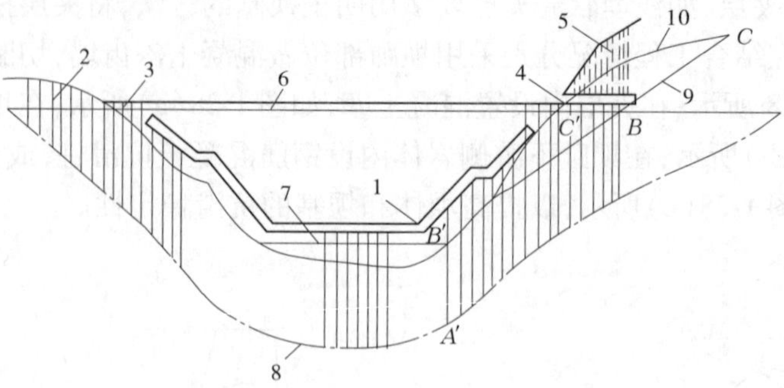

1—灌浆廊道;2—山坡钻进;3—坝顶钻进;4—灌浆平洞;5—排水孔;
6—正常蓄水位;7—原河水位;8—防渗帷幕底线;
9—原地下水位线;10—蓄水后地下水位线

图 1-29 防渗帷幕沿坝轴线的布置

中高坝可设两排以上,低坝设一排,多排灌浆时一排必须达到设计深度,两侧其余各排可取设计深度的 1/2 ~ 1/3,孔距一般为 1.5 ~ 4.0 m,排距宜比孔距略小,还可以在上游坝踵处加一排补强。

帷幕灌浆的时间,应在坝基固结灌浆后并要求坝体混凝土浇筑到一定的高度(有盖重后)施工。灌浆压力在孔底应大于 2 ~ 3 倍坝前静水头,帷幕表层段应大于 1 ~ 1.5 倍坝前静水头,但应以不破坏岩体为原则。

防渗帷幕伸入两岸的范围由河床向两岸延伸一定距离,与两岸不透水层衔接起来,当两岸相对不透水层较深时,可将帷幕伸入原地下水位线与最高库水位交点处为止。岸坡在水库最高水位以上的水通过排水孔或平沿排出,增加岸坡的稳定性。

3.2 坝基排水

降低坝基底面的扬压力,可在防渗帷幕后设置主排水孔幕和辅助排水孔幕(见图 1-30)。

主排水孔幕在防渗帷幕下游一侧,在坝基面处与防渗帷幕的距离应大于 2 m。主排水孔幕一般向下游倾斜,与帷幕成 10° ~ 15°夹角。主排水孔孔距为 2 ~ 3 m,孔径为 150 ~ 200 mm,孔径过小容易堵塞,孔深可取防渗帷幕深度的 0.4 ~ 0.6 倍,高中坝的排水孔深不宜小于 10 m。

主排水孔幕在帷幕灌浆后施工。排水孔穿过坝体部分要预埋钢管,穿过坝基部分待帷幕灌浆后才能钻孔。渗水通过排水沟汇入集水井,自流或抽排向下游。

辅助排水孔幕高坝一般可设 2 ~ 3 排,中坝可设 1 ~ 2 排,布置在纵向排水廊道内,孔距为 3 ~ 5 m,孔深为 6 ~ 12 m,有时还在横向排水廊道或在宽缝内设排水孔。纵横交错、相互连通就构成了坝基排水系统,如图 1-31 所示。如下游水位较深,历时较长,要在靠近坝趾处增设一道防渗帷幕,坝基排水系统要靠抽排。

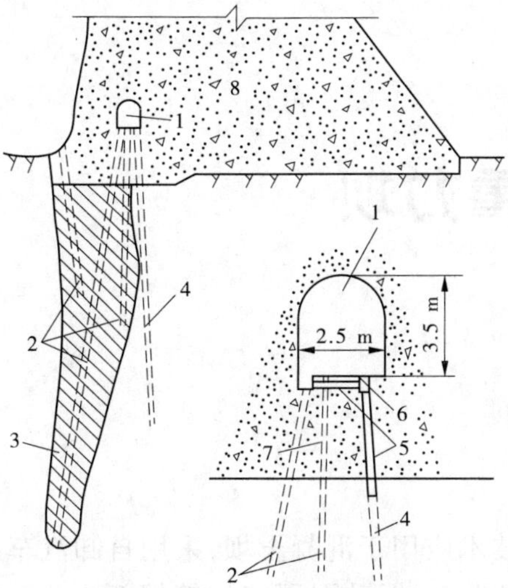

1—坝基灌浆排水廊道；2—灌浆孔；3—灌浆帷幕；
4—排水孔幕；5—Φ100 排水钢管；6—Φ100 三通；
7—Φ75 预埋钢管；8—坝体

图 1-30　防渗帷幕和排水孔幕布置

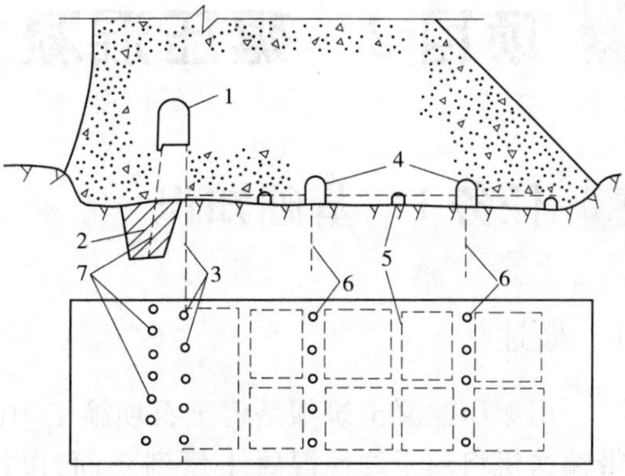

1—灌浆排水廊道；2—灌浆帷幕；3—主排水孔幕；
4—纵向排水廊道；5—半圆混凝土管；
6—辅助排水孔幕；7—灌浆孔

图 1-31　坝基排水系统

实践证明，我国新安江、丹江口、刘家峡等重力坝采用坝基排水系统，减压效果明显，较常规扬压力减小30%。浙江、湖南等地设计中采用了抽水减压，收到了良好的效果。

项目 2 碾压混凝土重力坝

任务 1 基础知识

1 概述

用碾压混凝土筑坝是将土石坝施工中碾压技术应用于混凝土坝,采用自卸汽车或皮带输送机将超干硬性混凝土运到仓面,以推土机平仓,振动碾压实的筑坝新方法。1980年,日本建成了世界第一座高 90 m 的岛地川碾压混凝土重力坝;1982 年,美国建造了高 52 m 的柳溪坝;1986 年,我国建成了高 56.8 m 的福建坑口坝,而江垭、大朝山和棉花滩 3 座超过 100 m 级的碾压混凝土重力坝也已建设完成。目前,世界上最高的碾压混凝土重力坝是我国的龙滩碾压混凝土重力坝,坝高达 216.5 m。

碾压混凝土坝与常态混凝土坝相比较,具有以下优点:

(1)工艺程序简单,可快速施工,缩短工期,提前发挥工程效益。

(2)胶凝材料(水泥+粉煤灰、矿渣或其他具有一定活性的混合材料)用量少,一般为 120~160 kg/m^3,其中水泥为 60~90 kg/m^3。

(3)由于水泥用量少,结合薄层大仓面浇筑,坝体内部混凝土的水化热升温可大大降低,从而简化了温控措施。日本岛地川坝实测资料表明,大坝内部混凝土温升仅有 8~10 ℃。

(4)不设纵缝,节省了模板和接缝灌浆等费用,有的甚至整体浇筑,不设横缝。

(5)可使用大型通用施工机械设备,提高混凝土运输和填筑的工效。

(6)降低工程造价。

2 碾压混凝土重力坝的设计

碾压混凝土重力坝的工作条件与常态混凝土重力坝基本相同,但在材料与构造等方面要适应碾压混凝土的特点。

2.1 应力特点

常态混凝土重力坝常采用独立坝块柱状浇筑,接缝灌浆前,坝体不承受水荷载,温度应力计算,只考虑地基约束产生的拉应力;而碾压混凝土重力坝既不设纵缝,施工时也不进行水管冷却,在坝体竣工蓄水运行时,坝内温度远没有降低至稳定温度。计算表明,对碾压混凝土重力坝,如果模拟坝的施工过程,自重、水压力与温度 3 种荷载分步叠加计算,自重和水压力对坝体内部和表面由于温度变化而产生的拉应力是有利的。

2.2 坝体的抗剪强度参数

由于分层碾压的缘故,碾压混凝土重力坝的层面是抗滑稳定的薄弱面,其抗剪强度参数相对较低。

2.3 材料

碾压混凝土胶凝材料的用量远小于常态混凝土,其中粉煤灰在胶凝材料中所占比重一般为30%~60%,有的高达70%。为了防止骨料分离,骨料的最大粒径大多小于80 mm,并需级配良好。砂率(砂与砂、石子的质量比)在30%左右,水胶比一般为0.45~0.65,外加剂用量为胶凝材料的0.25%左右。为保证混凝土的碾压质量,在施工现场,常以其稠度作为控制指标。碾压混凝土的稠度以振动密实时间 *VC* 值表示(试件在振动台上从开始振动到混凝土全面翻浆所需的时间,以s计),通常采用15~20 s。国内外几座碾压混凝土重力坝胶凝材料的用量见表2-1。

表2-1 国内外几座碾压混凝土重力坝胶凝材料用量 (单位:kg/m^3)

工程名称	胶凝材料用量	水泥	粉煤灰
坑口重力坝	150	60	90
岩滩重力坝	150	55	95
水口重力坝	160	65	95
观音阁重力坝	130	72	58
美国上静重力坝	245	76	169
美国柳溪重力坝	66	47	19
日本岛地川重力坝	120	84	36

2.4 混凝土分区

剖面内的混凝土分区,目前还没有一个统一的模式。日本的做法是:仅将碾压混凝土用于坝体内部,而在坝体上、下游面和靠近基岩面浇筑2~3 m厚的常态混凝土作为防渗层、保护层和垫层,即所谓的金包银式,铺筑层厚0.5~0.75 m,分2~3层铺筑。图2-1(a)为日本玉川坝的典型剖面。美国的柳溪坝采用钢筋混凝土预制模板,全剖面均为碾压混凝土,铺筑层厚为0.3 m,见图2-1(b);美国上静水坝则是采用滑动模板,在模板内侧浇筑平均厚度为0.3~0.6 m的常态混凝土,坝体内部全用碾压混凝土,铺筑厚度为0.3 m。

我国修建的碾压混凝土重力坝,型式多样,有的与日本类似,采用外包常态混凝土,如辽宁省82 m高的观音阁坝;也有的采用其他型式,如福建的坑口坝,见图2-1(c),坝高56.8 m,坝顶长122.5 m,坝内采用单一的R_{90}^{100}三级配高掺量粉煤灰碾压混凝土,铺筑厚度为0.5 m,近坝基用层厚2 m的C15常态混凝土找平,不设纵缝,上游面用钢筋混凝土预制模板浇灌6 cm厚的沥青混凝土防冲层;又如,潘家口下池坝,见图2-1(d),采用大型组装式钢模板,全剖面均为碾压混凝土。

2.5 坝体防渗

坝体上游面的常态混凝土可用作防渗层。如坝体设有横缝,则在常态混凝土内也要设横缝,并设止水。当采用富胶凝材料碾压混凝土作为防渗层时,其厚度和抗渗强度等级均应满足坝体的防渗要求,一般布置在上游面约3 m范围内。此外,还有其他型式的防渗层,如喷涂合成橡胶薄膜防渗层等。我国坑口坝上游面用6 cm厚的沥青砂浆作为防渗层,沥青砂浆外侧为钢筋混凝土预制板,预制板与坝体之间用钢筋连接,这种布置对坝体

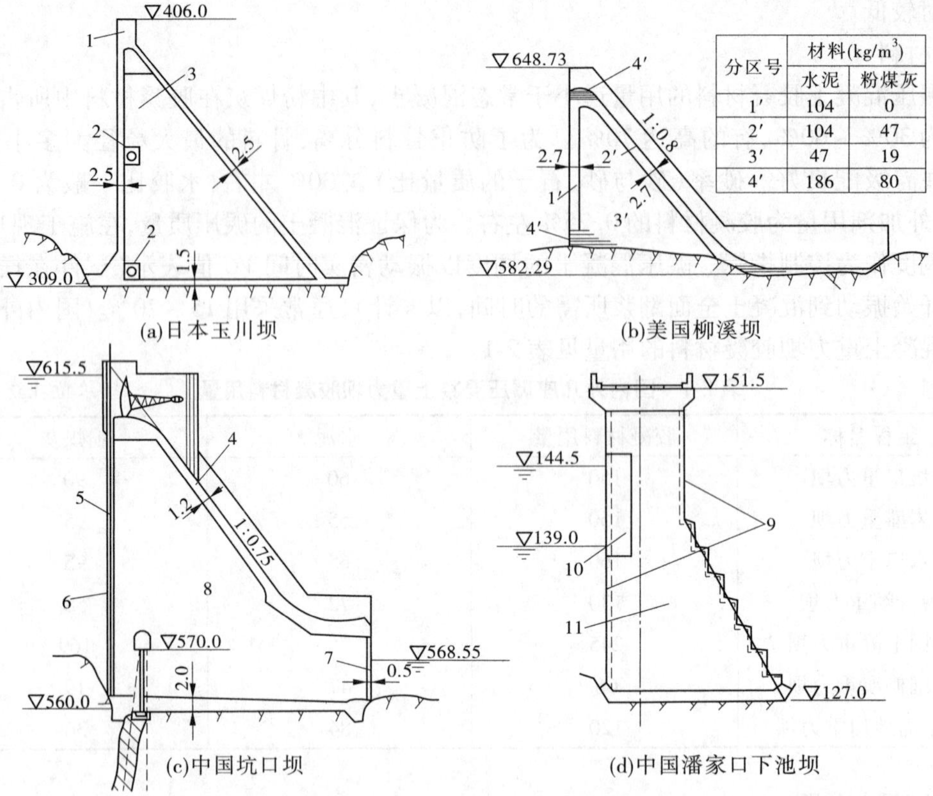

分区号	材料(kg/m³)	
	水泥	粉煤灰
1′	104	0
2′	104	47
3′	47	19
4′	186	80

1—常态混凝土;2—钢筋混凝土;3—不同配合比的碾压混凝土;4—钢筋混凝土防冲层;
5—沥青砂浆防渗层;6—钢筋混凝土预制板;7—混凝土预制块;8—坝内碾压混凝土;
9—浓胶凝浆液;10—F150 碾压混凝土;11—F50 碾压混凝土

图 2-1　碾压混凝土重力坝典型剖面　(单位:m)

的碾压施工干扰较少。

2.6　坝体排水

碾压混凝土重力坝一般需设置坝体排水。排水管可设在上游面的常态混凝土内,也可置于碾压混凝土区。若为后者,为便于碾压,可在铺筑层面排水孔的位置上用瓦楞纸做成与铺筑层厚相同的砂柱(直径约 150 mm),待混凝土铺好后再一起碾压,孔内砂料可在一天后清除,或采用拔管法造孔。美国上静水坝不设坝体排水,也不依靠上游坝面的常态混凝土来防渗,这种做法的效果有待实践来检验。

2.7　坝体分缝

由于碾压混凝土重力坝采用通仓浇筑,故可不设纵缝,也可减少或不设横缝。但为适应温度伸缩和地基不均匀沉降,仍以设置横缝为宜,目前国内的横缝设置有 3 种情况:短间距横缝、长间距横缝及不设横缝。短间距横缝的间距一般为 15 ~ 20 m。当坝上游面设有常态混凝土防渗层时,其横缝的构造与常态混凝土坝相同。日本的玉川坝,坝高 103 m,坝顶长度 441 m,铺筑层厚 0.75 m,横缝间距 15 ~ 18 m,在铺料平仓后用振动切缝机切成横缝,然后插入一块 30 cm 宽、60 cm 高的钢板作为隔缝板,再进行振动碾压。我国坑口坝、龙门滩坝和水东坝均不设横缝。江桠坝横缝间距35 m,大朝山坝横缝间距36 m,棉花滩坝左岸非溢流坝段横缝间距50 m、右岸横缝间距64 m和70 m,均采用长距离横缝。

2.8 坝内廊道

为减小施工干扰,增大施工作业面,碾压混凝土重力坝的内部构造应尽可能简化。廊道层数可适当减少,中等高度以下的坝可只设一层坝基灌浆、排水廊道;100 m以内的高坝,可设两层,以满足灌浆、排水和交通的需要。廊道用混凝土预制件拼装而成,可设在常态混凝土内,也可在预制件外侧用薄层砂浆与碾压混凝土相接。

2.9 温度控制

用碾压混凝土筑坝有利于温度控制,但其水化热增温过程缓慢,高温持续时间长,加之坝体快速升高,不设纵缝,不设冷却管等,对温控又将产生不利的影响。为了防止坝体产生温度裂缝,可以采取以下措施:①减少水泥用量,选用低热水泥,合理确定混合材料的掺量;②对原材料进行预冷却;③用冰屑代替部分拌和水;④根据工程的具体条件(季节、气温和工程量等)合理安排施工等。

3 经验和展望

20世纪80年代初,世界各国相继成功地建成了几十座碾压混凝土重力坝。从发展趋势看,碾压混凝土不仅适用于重力坝,而且已开始在拱坝上采用。碾压混凝土重力坝的高度已超过百米。

我国在碾压混凝土筑坝技术方面的主要经验有:①具有高掺粉煤灰、薄层大仓面、低稠度、快速短间歇、连续浇筑、全截面碾压施工等特点;②采用改性混凝土防渗结构,在坝上游面应用二级配富胶凝材料碾压混凝土形成自身防渗体;③部分溢流坝采用台阶式溢流面;④采用有限元法对坝体温度场及温度应力进行考虑施工方法的仿真计算等。

碾压混凝土筑坝技术目前仍处于发展阶段,有些问题尚待进一步深化和完善,例如:①上、下层之间的接合面附近是碾压混凝土的薄弱部位,如何提高接合面的抗剪强度和抗渗能力?②如何从材料、配合比、施工工艺等方面提高现场碾压混凝土的质量?③研究经济、有效的防渗措施。④研究有效的改善碾压混凝土的散热条件,解决碾压混凝土散热慢和温度裂缝等问题。随着科学技术水平的不断提高和经验积累,碾压混凝土坝必将在规模和数量上得到更快的发展。

任务2 汾河二库碾压混凝土重力坝设计

1 工程概况

汾河二库位于太原市尖草坪区与阳曲县交界的悬泉寺,上游距汾河水库80 km,下游距太原市区30 km。水库总库容1.33亿m^3,是汾河上游干流上一座以防洪为主,兼有供水、发电、旅游、养殖等综合效益的大(2)型水利枢纽工程。

汾河二库枢纽工程等别为Ⅱ等,主要建筑物拦河大坝、供水发电隧洞按2级建筑物标准设计,水电站按4级建筑物标准设计。大坝洪水标准:100年一遇洪水设计,入库洪峰流量 4 816 m^3/s,1 000 年一遇洪水校核,入库洪峰流量为 7 282 m^3/s。

坝址控制流域面积 2 348 km^2,原设计多年平均入库径流量 1.45 亿 m^3,多年平均入库沙量 560 万 t,水库总库容 1.33 亿 m^3,兴利调节库容 0.48 亿 m^3,防洪库容 0.058 亿 m^3。水库正常兴利水位 905.70 m,设计洪水位 907.32 m,校核洪水位 909.92 m。

水库建成后,可使太原市区的汾河河道防洪标准由目前 20 年一遇提高到 100 年一遇,每年可向太原市增供 4 000 万 m^3 工业和城市生活用水,利用下泄的工农业用水发电的水电站装机容量 9 600 kW,年发电量 2 350 万 kW·h。

汾河二库枢纽工程由拦河大坝、供水发电洞和水电站组成。拦河大坝为碾压混凝土重力坝,坝顶长 227.7 m,坝顶高程为 912.0 m,最大坝高 88 m。河床中部设有溢流表孔坝段,共三孔,每孔净宽 12 m,堰顶高程为 902.0 m,每孔设有 12 m×6.5 m(宽×高)的弧形工作闸门,并设有叠梁式检修门。溢流表孔两侧,对称布置两孔泄流冲沙底孔,进口底高程为 859.0 m,设有事故检修平板门,孔口尺寸为 5.8 m×7.2 m(宽×高),出口设有弧形工作门,孔口尺寸为 5.8 m×6.0 m(宽×高)。两岸非溢流挡水坝段,坝顶宽 7.5 m,下游坝面坡比 1∶0.75。供发电和下游工农业用水的供水发电隧洞布置在右岸,主洞长 399.465 m,钢筋混凝土衬砌后的内径为 4 m。主洞进口设有进水塔,塔内设事故检修门,孔口尺寸 4 m×4 m,事故检修门门前设有 3.5 m×7.2 m(宽×高)拦污栅两扇。主洞出口设有弧形工作门,孔口尺寸为 3.5 m×3 m(宽×高)。在主洞桩号 0+319.915 m 引发电支洞至大坝下游右岸的露天式电站厂房,电站装机容量 3×3 200 kW。

坝址基岩面以上覆盖 26~28 m 厚河床砂卵石,筑坝时需全部清除。大坝为全断面碾压混凝土重力坝,坝体碾压混凝土标号为 R_{90}^{100},上游防渗层为二级配富胶凝材料 R_{90}^{200}。底孔临水面设有 40 cm 厚 C50 抗冲磨混凝土,溢流表孔溢流面设有 40 cm 厚 C35 抗冲磨混凝土。坝体混凝土的最高抗渗标号为 W8,水位变动区的混凝土抗冻标号为 F150。采用太原水泥厂生产的 32.5 普通硅酸盐水泥,山西神头二电厂的粉煤灰,混凝土中的粗细骨料用白云岩轧制。

施工期的洪水重现期选定为 5%,采用全河一次断流,隧洞导流的全年施工导流方式。导流隧洞为不衬砌的城门洞形,底宽 8.1 m,高 8 m,上游围堰为土石围堰,堰顶高程为 880 m(河床面高程 856 m),上游堰面设有复合土工膜防渗,堰基采用高喷防渗墙防渗。

受水库淹没影响的村庄有古交的扫石村及原太原北郊区的小塔、屋科、峙头、下槐、柏崖头等六个村庄,库区淹没土地 4 246 亩,移民人口 1 438 人。

枢纽主体工程量:碾压混凝土及钢筋混凝土 46.7 万 m^3,土石方开挖 84.6 万 m^3,帷幕灌浆 21 897 m,固结灌浆 18 295 m,混凝土防渗墙 2 689 m^2,施工期 4 年(筹建期除外)。1995 年 2 月,水利部水规计〔1995〕45 号文批复的工程静态投资为 38 373 万元,总投资 47 869万元。

2 设计基本资料

2.1 水库特征水位

正常蓄水位为 905.7 m,相应坝址下游水位为 855.7 m。死水位为 885.0 m。

坝前泥沙淤积高程:挡水坝段和溢流表孔坝段 885.0 m,泄流底孔坝段 880.0 m。

不同频率的洪水要素见表 2-2,水位—库容关系见表 2-3。

表2-2 不同频率洪水要素

P(%)	0.1	0.33	1	2	5
洪峰(m^3/s)	7 282	6 030	4 816	3 950	2 713
3日洪量(亿 m^3)	4.23	3.74	2.65	2.15	0.52

表2-3 水位—库容关系

水位(m)	库容(万 m^3)	水位(m)	库容(万 m^3)
884	3 275	900	8 224
886	3 724	902	9 083
888	4 218	904	10 004
890	4 760	906	10 989
892	5 350	908	12 034
894	5 990	910	13 313
896	6 681	912	14 286
898	7 424		

2.2 气象

根据当地气象台1956～1978年的实测资料统计。

2.2.1 气温

多年平均气温9.5 ℃,极端最高气温39.3 ℃,极端最低气温－25.5 ℃。

2.2.2 风速及吹程

多年平均最大风速为18.1 m/s,历史最大风速为25 m/s,非冰冻期最大风速为8.3 m/s,坝前吹程为1 km。

2.3 地震

根据“中国地震烈度区划图(1990)”坝址位于7度区,设防烈度按7度考虑。

2.4 淤泥力学指标

淤泥干容重14 kN/m^3,淤泥孔隙率 $n=0.4$。

2.5 岩石物理力学指标

混凝土与基岩的抗剪断参数:$f'=0.9\sim1.1$,$c'=0.8$ MPa。

2.6 坝基工程地质特性

坝址河谷两岸下部边坡陡立,右岸局部呈反坡,上部较平缓开阔。两岸冲沟较发育,多为悬谷,左岸可见残留于三级阶地上的砂卵砾石层,且稍有胶结。阶地基岸面标高886～902 m,其上堆积物厚5～30 m。

坝基为寒武系上统凤山组,顶部为竹叶状白云岩,厚110～155 m。竹叶状白云岩室内试验的单轴极限抗压强度226 MPa,弹性模量为 7.2×10^4 MPa。两岸为奥陶系下统治理组,由底部向上薄层至中厚层竹叶状的白云岩,薄层至中厚层白云岩与含泥质白云岩、中细粒结晶岩。室内试验的饱和单轴极限抗压强度的平均值为167.9 MPa。其饱和弹性模量 5.93×10^4 MPa。

坝址区下奥陶系厚层白云岩中,发育有溶孔,为圆形或椭圆形,孔径为2~3 cm,呈蜂窝状,连通性差,有的充填方解石,顺层发育。上寒武系凤山组厚层粗粒白云岩,溶孔发育,孔径0.5~1.5 cm,孔内充填有方解石晶粒,由坝址钻孔压水试验资料可知,岩层的透水性较弱,坝址左右两岸,单位吸水率较弱。河床覆盖层以下基岩的单位吸水率与两岸基本相同,但覆盖层与基岩接触面附近,由于风化作用,在接触面附近基岩5~7 m以内,透水性较强,而且河床下部基岩内,在标高785~790 m,有一层透水性强的岩层。

坝基为深厚覆盖层掩盖,在坝基岩体未见断层破碎带。坝址附近节理裂隙发育。

3 工程等级及技术规范

3.1 工程等级和主要建筑物级别

根据《水利水电工程等级划分及洪水标准》(SL 252—2017)规定,汾河二库水利枢纽为Ⅱ等工程。

主要建筑物级别如下:枢纽建筑物中的拦河大坝、泄洪排沙建筑物、供水发电隧洞等按2级建筑物标准设计。挡土墙、导流墙、工作桥及护岸等工程按3级建筑物标准设计。水电站按4级建筑物标准设计。施工期临时性建筑物按4级建筑物标准设计。

3.2 洪水标准

3.2.1 大坝洪水标准

设计洪水:采用100年一遇洪水标准。校核洪水:采用1 000年一遇洪水标准。

3.2.2 水电站洪水标准

设计洪水:采用20年一遇洪水标准。校核洪水:采用100年一遇洪水标准。

3.2.3 消能防冲建筑物洪水标准

根据混凝土重力坝设计规范补充规定,消能防冲建筑物的设计洪水,采用50年一遇的洪水标准,对于超过设计标准的洪水运行在消能、防冲建筑物上出现一些不危及坝体及其他挡水建筑物的安全或不影响长期运行并易于修复的局部破坏。

3.3 采用的主要设计规范

(1)《水利水电工程等级划分及洪水标准》(SL 252—2017)。

(2)《混凝土重力坝设计规范》(SL 319—2018)。

(3)《碾压混凝土坝设计规范》(SL 314—2018)。

4 坝址、坝型比较及枢纽布置

4.1 坝址比较及选定

坝址区位于中高山区,河谷狭窄,岸坡陡峻,谷底宽120~160 m,冲击层砂砾石厚4 m左右,为U形河谷。

根据地形地质条件,选定两个坝址,相距800 m,在地质构造上,两个坝址位于近南北向缓背斜的各一翼上。一坝址位于上游一翼,走向270°~300°,倾向西南,倾角4°~5°;二坝址位于下游一翼,岩层走向25°左右,倾向东南,倾角3°~4°。

在工程地质条件上,一坝址较二坝址优越,一坝址修建当地材料坝和混凝土坝均有条件,而二坝址只具备修建当地材料坝的条件,不宜修建混凝土坝。一、二两坝址岩性相同,水文地质条件相似,但二坝址河谷较宽,两岸不对称,岩层倾向下游,左岸岩体单薄,有缓倾角断层,地形地质条件较差,为此选定一坝址。

4.2 坝型比较及选定

根据地形、地质、施工、管理运行条件,以及汾河二库水利枢纽所处的重要地理位置,选定混凝土拱坝、混凝土面板堆石坝及碾压混凝土重力坝三种坝型进行比较。

混凝土拱坝方案坝肩处理工作量大,水泥用量较多,投资也较其他两种方案高,因此该方案不可取。

混凝土面板堆石坝虽然投资略低于碾压混凝土重力坝,但坝肩河床深厚覆盖层的工程地质条件较差,坝体直接坐落在覆盖层上以及上游主坝段趾板的处理型式都是值得深入研究的问题。因此,不推荐该方案。

碾压混凝土重力坝方案虽然投资略高于混凝土面板堆石坝,坝基河床覆盖层需全部挖除,施工导流也较为复杂,但大坝建在岩基上,安全可靠。因此,推荐采用该方案。

4.3 枢纽布置

大坝为碾压混凝土重力坝,坝顶长 227.7 m,坝顶高程为 912 m。根据坝址两岸地形条件和碾压混凝土坝的优势,将泄水建筑物集中布置于坝体,坝体中部设有 3 孔净宽 12 m 的泄流表孔,堰顶高程为 902 m,并设 3 扇 12 m×6.5 m 的弧形工作门,溢流表孔两侧各布置两孔泄流底孔,断面尺寸为 5.8 m×7.2 m,进口底高程为 859 m。

右岸山体雄厚,布置有供水发电隧洞,主洞长 399.465 m,洞内径 4 m,供水发电洞进口底高程 871.00 m,出口底高程 859.02 m,纵坡 3%,洞身通过奥陶系下统岩层,岩性以薄层、中厚层白云岩为主,夹薄层泥质灰岩,燧石条带等。紧临坝端的进水塔设有平板事故门和检修门,进口设有栏污栅。出口设有 3.5 m×3 m 的弧形工作门,下游出口消能采用底流式消能。

引水式电站厂房布置在汾河悬泉寺弯折段右岸一台地上,距大坝约 400 m。电站厂区布置在二级阶地上,阶地高程 860 ~ 858 m,呈台阶状倾向河床。电站装机容量 3 × 3 200 kW,电站厂区地面高程 860 m,厂房左侧布置两台主变压器和开关站,在左侧布置降压站,地面高程为 865 m。电站厂房后接 165.6 m 长的尾水渠,将尾水泄入河道。

汾河二库工程管理局及工程施工用房布置在汾河下游左岸的卧虎滩台地上,台地长约 1 000 m,高程 860 m,距大坝约 500 m。自管理局沿左岸有上坝公路,至左坝头与坝顶连接,通过卧虎湾大桥沿右岸有交通路直达右坝头与坝顶相接。自大桥右桥头引交通支线可进入水电站厂区和降压站,以上交通道路皆为混凝土路面,进入二库的专用公路可直通管理局。

5 挡水建筑物设计

5.1 坝顶高程及断面设计

5.1.1 坝顶高程确定

汾河二库按 100 年一遇洪水设计,相应库水位 907.32 m。

根据《混凝土重力坝设计规范》(SL 319—2018),坝顶(或坝顶上游防浪墙顶)应不低于水库静水位,其高度由下式确定:

$$\Delta h = 2h_L + h_0 + h_c \tag{2-1}$$

式中　Δh——坝顶距水库静水位高度，m；

$2h_L$——波浪高度，m；

h_0——波浪中心线至水库静水位高度，m；

h_c——超高，m，2 级建筑物，基本组合（正常运用）为 0.5 m，特殊组合（非常运用）为 0.4 m。

根据水库特点，风浪浪高和波长采用官厅水库公式计算。

坝顶高程计算成果列于表 2-4。

表 2-4　坝顶高程计算成果

计算情况	水库静水位（m）	计算风速（m/s）	波浪高度 $2h_L$（m）	波浪中心线至静水位高度 h_0（m）	安全超高 h_c（m）	计算坝顶高程（m）
设计洪水	907.32	16.6	0.557	0.15	0.5	908.53
校核洪水	909.92	8.3	0.234	0.053	0.4	910.61

大坝坝顶高程 912.0 m，结合旅游安全要求，坝顶上游侧设 1.2 m 高防浪墙。

5.1.2　坝体断面

非溢流坝段的基本断面为三角形，其顶点在坝顶，坝顶高程 912.0 m，最大坝高 88 m，大坝河床左侧坝段下游侧坝基设有 6 m 深齿槽。大坝坝顶宽 7.5 m，上游坝面 857.70 m 高程以上坝坡面为竖直面，以下坡比为 1∶0.2。下游侧 900.93 m 高程以下坡比为 1∶0.75，以上为竖直面。

5.2　荷载及荷载组合

5.2.1　荷载

（1）坝体及其上永久设备的自重。

坝体混凝土、碾压混凝土容重为 24 kN/m^3，钢筋混凝土容重为 25 kN/m^3。

（2）静水压力。

水库正常高蓄水位 905.7 m，坝址处相应下游水位 855.7 m。

水库设计洪水位 907.32 m，坝址处相应下游水位 859.8 m。

水库校核洪水位 909.92 m，坝址处相应下游水位 861.15 m。

水库清水容重为 100 kN/m^3，遭遇洪水时水容重为 105 kN/m^3。

（3）泥沙压力。

挡水坝段、溢流表孔坝前淤沙高程按 885.0 m 计算，底孔坝段坝前淤沙高程按 880 m 高程计算。

泥沙内摩擦角 β 按 12°取用，浮容重按 12 kN/m^3 取用。

（4）扬压力。

坝基采用抽排降压措施，坝基上、下游设帷幕灌浆和排水孔。扬压力图形见图 2-2。

（5）浪压力。

(6)冰压力。

(7)泄洪时的动水压力。

(8)地震荷载。

5.2.2　荷载组合

荷载组合见表2-5。

5.3　坝体抗滑稳定分析

5.3.1　采用的计算公式及安全系数

根据《混凝土重力坝设计规范》(SL 319—2018),坝基面的抗滑稳定按抗剪断公式进行计算。

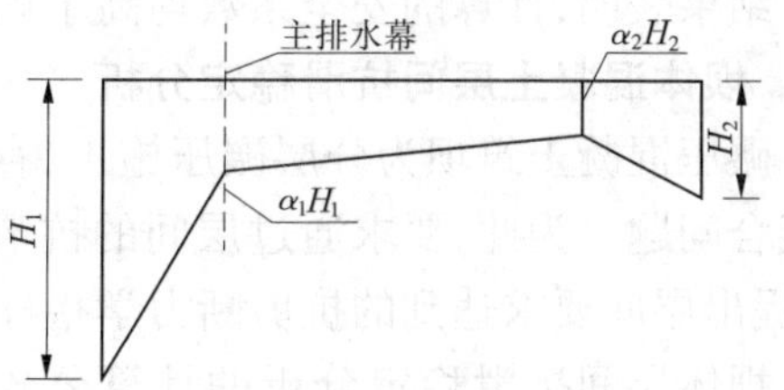

H_1、H_2—上、下游水深;

α_1—主排水幕处扬压力折减系数,河床坝段采用0.3,岸坡坝段采用0.4;

α_2—坝基向上残余扬压力系数采用0.4

图2-2　坝基抽排扬压力图形

按抗剪断公式计算的坝体抗滑稳定安全系数K'值不分级别,基本组合采用3.0,特殊组合(1)采用2.5,特殊组合(2)不小于2.3。

表2-5　荷载组合

荷载组合		荷载								说明
		自重(1)	静水压力(2)	泥沙压力(3)	扬压力(4)	浪压力(5)	冰压力(6)	动水压力(7)	地震荷载(8)	
基本组合	(1)正常蓄水位情况	√	√	√	√	√				
	(2)设计洪水位情况	√	√	√	√	√		√		
	(3)冰冻情况	√	√	√	√		√			
特殊组合	(1)校核洪水位情况	√	√	√	√	√		√		
	(2)地震情况	√	√	√	√	√			√	

5.3.2　大坝建基面抗滑稳定计算

从0+029~0+200坝段共选取10个断面进行抗滑稳定复核计算,计算断面的间距一般在20 m左右。计算结果见表2-6。

表2-6　大坝建基面的抗滑稳定安全系数

荷载组合		某断面处的安全系数									
		0+029	0+050	0+068.48	0+073	0+086.4	0+107.6	0+123.2	0+160	0+175	0+200
基本组合	正常蓄水位	4.862	4.861	3.518	4.409	5.12	4.624	4.54	4.188	3.48	4.82
	设计洪水位	4.697	4.316	3.409	4.403	5.19	4.65	4.58	4.256	3.52	4.7
特殊组合	校核洪水位	4.470	3.906	3.229	4.186	4.91	4.63	4.55	3.966	3.38	4.54
	坝基排水部分失效	4.784	4.426	3.183	4.084	4.50	4.11	4.05	3.633	3.14	4.65
滑动面参数		$f_1'=1.05, c_1'=0.825$ MPa $f_2'=1.15, c_2'=0.825$ MPa							$f_1'=1.0$ $c_1'=0.8$ MPa		

结果表明，计算的安全系数均高于规范规定值。

5.4　坝体混凝土层间抗滑稳定分析

碾压混凝土筑坝为分层碾压施工，存在着层间接合问题。为此，要求通过层间的抗滑稳定分析，提出层间要求达到的抗剪断力学指标。

坝体层间抗滑稳定分析的计算公式及抗滑稳定安全系数同前述的大坝建基面的抗滑稳定计算。计算中 f' 假定为 1.0，层间扬压力图形如图 2-3 所示。

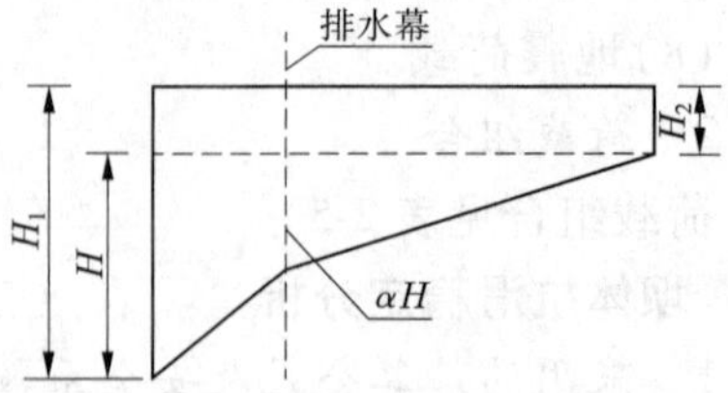

H_1—计算断面处的上游水深；
H_2—计算断面处的下游水深；
α—扬压力折减系数，取 0.3

图 2-3　坝体层间扬压力图

坝体层间抗滑稳定选取挡水坝段和溢流段的标准断面进行计算，成果见表 2-7。

计算表明层间最大凝聚力 $c' = 0.79$ MPa。只要严格施工各工序，对层间进行适当的处理，上述指标是完全可以达到的。而实际上，根据汾河二库坝体碾压混凝土芯样检测，平层碾压的二级配碾压层面平均凝聚力 $c' = 2.2$ MPa，平均摩擦系数为 1.4，坝体的平均凝聚力为 3.13 MPa，平均摩擦系数为 1.77。

表 2-7　混凝土层间稳定计算成果

荷载组合	计算情况	库水位（m）	下游水位（m）	坝段	K' 抗剪断安全系数	混凝土层间凝聚力 c'（MPa）	混凝土层间抗剪断摩擦系数 f'
基本组合	（1）正常高水位	905.7	855.7	挡水坝段	3.0	0.75	1.0
				溢流坝段		0.67	
	（2）宣泄设计洪水	907.32	859.8	挡水坝段		0.79	
				溢流坝段		0.72	
特殊组合	（1）宣泄校核洪水	909.92	861.15	挡水坝段	2.5	0.63	
				溢流坝段		0.52	
	（2）正常遇地震	905.7	855.7	挡水坝段	2.3	0.53	
				溢流坝段		0.46	

5.5　坝基面垂直正应力核算

坝基垂直正应力按下列材料力学公式计算：

$$\sigma_y = \frac{\sum W}{A} \pm \frac{\sum M \cdot X}{J} \tag{2-2}$$

式中　$\sum W$——作用于坝段上或 1 m 坝长上全部荷载（包括或不包括扬压力）在坝基面截面上法向分力的总和；

$\sum M$——作用于坝段上或 1 m 坝长上全部荷载（包括或不包括扬压力）对坝基面形心轴的力矩总和；

A——坝段或1 m坝长的坝基面截面面积；

J——坝段或1 m坝长的坝基面截面面积对形心轴的惯性矩；

X——坝基面截面上计算点离形心轴的距离。

规范要求，在运用期坝基面的垂直正应力应满足以下要求：

(1)在各种荷载组合情况下(地震荷载除外)，坝基面所承受的最大垂直正应力 σ_{ymax} 应小于坝基容许压应力(计算时分别计入扬压力和不计扬压力)，最小垂直正应力 σ_{ymin} 应大于零(计算时应计入扬压力)。

(2)在地震情况下，坝基面的垂直正应力允许出现瞬时拉应力。

大坝坝基面的垂直正应力计算成果见表2-8。

表2-8 大坝坝基面的垂直正应力计算成果

荷载组合	计算情况	坝段	坝基面垂直正应力 σ_y(MPa)		
			坝踵应力(计入扬压力)	坝趾应力	
				计入扬压力	不计扬压力
基本组合	正常蓄水位	挡水坝段	0.347	1.332	1.577
		溢流坝段	0.331	1.433	1.678
		底孔坝段			
	设计洪水位	挡水坝段	0.294	1.384	1.669
		溢流坝段	0.282	1.484	1.768
		底孔坝段			
特殊组合	校核洪水位	挡水坝段	0.187	1.487	1.784
		溢流坝段	0.238	1.574	1.871
		底孔坝段			
	正常蓄水位+地震	挡水坝段	0.188	1.492	
		溢流坝段	0.161	1.604	
		底孔坝段			

注：压应力为“+”，拉应力为“-”。

从表中可见，坝基面的最大垂直正应力为1.871 MPa，小于坝基容许压应力，在地震组合时最小坝踵垂直正应力为0.161 MPa，其他荷载组合情况时，最小垂直正应力为0.187 MPa，大于零，满足规范要求。

5.6 坝体应力的计算

采用《混凝土重力坝设计规范》(SL 319—2018)推荐的材料力学方法计算，计算结果见表2-9。

在运用期要求坝体应力应符合下列要求：

(1)根据《混凝土重力坝设计规范》(SL 319—2018)的补充规定，坝体上游面的最小主压应力 σ(不计入扬压力)应遵守下列规定：

$$\sigma \geqslant 0.25\gamma H \tag{2-3}$$

式中 γ——库水的容重，t/m^3；

H——坝面计算点的静水头，m。

表 2-9　坝体应力计算成果

荷载组合	计算情况	库水位(m)	下游水位(m)	坝段	坝体应力(MPa)					
					坝体最大主应力		坝体主拉应力		坝体上游面最小主应力	
					数值	高程(m)	数值	高程(m)	数值	高程(m)
基本组合	正常蓄水位	905.70	855.70	挡水坝段	1.801	830.10	0	下游表面全部		
				溢流坝段	1.957	830.10	-0.003	900.98		
	设计洪水位	907.32	859.80	挡水坝段	1.86	830.10	0	下游表面全部		
				溢流坝段	2.014	830.10	0	下游表面全部		
特殊组合	校核洪水位	909.92	861.15	挡水坝段	1.999	830.10	0	下游表面全部		
				溢流坝段	2.147	830.10	-0.16	900.98		
	正常蓄水位+地震	905.70	855.70	挡水坝段	2.053	830.10	-0.011	910.60	0.006	910.60
				溢流坝段	2.227	830.10	-0.049	900.88	0.007	900.88

注:压应力为"+",拉应力为"-"。

(2)坝体最大主压应力,应不大于混凝土的容许压应力值。

(3)在地震情况下,坝体上游面允许出现瞬时拉应力,参照国内一些工程实例,坝体主拉应力允许值为 0.1 ~0.2 MPa。

计算结果表明,均满足规范要求。

6　基础处理

本工程大坝最大高度 84.3 m,坝址垂直压应力为 1.871 MPa,水头较高,防渗水力坡降较大,坝基为深厚砂砾石覆盖,坝址下游尾水较深,坝基处理重点是提高基岩的均匀性和完整性,做好坝基防渗排水设计。

6.1　基础开挖

坝址河谷两岸边坡下部陡立,上部较为开阔,河床为 26 ~28 m 的砂砾石覆盖层。

砂砾石覆盖层开挖:845.00 m 高程以上采用 1:1.25 开挖边坡,845.00 ~837.00 m 高程采用 1:1.5 的边坡,837.00 m 以下至基岩采用 1:2.0 的边坡,并在 845.00 m、837.00 m 高程设 2.0 m 的马道,在基岩与砂砾石交界面设 5.0 m 的马道。

6.2　坝基固结灌浆

根据坝基应力分布,上游坝踵区 20 m 范围内的固结灌浆孔孔深 12 m,下游坝趾区 15 m 范围内的固结灌浆孔孔深 8 m,坝基中部固结灌浆孔孔深 5 m,孔距、排距均为 3 m。

6.3　坝基防渗排水设计

为了有效降低坝基扬压力,在坝基布置封闭式抽排系统,具体措施是:在坝体上下游地基中各设一排防渗帷幕,在坝底横向廊道和上下游纵向廊道中设坝基排水孔,将坝基渗水排入廊道,由廊道将渗水集中到集水井,并设水泵抽出坝外,以达到降低坝基扬压力的目的。

6.3.1 坝基防渗

大坝建成后,下游尾水位较高,且历时较久。为此,大坝基础帷幕分上游防渗帷幕和下游防渗帷幕。上游防渗帷幕深入基岩50 m,孔距为2 m;下游防渗帷幕深入基岩30 m,孔距为2 m。

6.3.2 坝基排水

为了减少坝基扬压力,坝基设排水孔。坝基上游排水孔伸入基岩30 m,倾向下游10°,孔距3 m。下游排水孔深入基岩20 m,孔距3 m,倾向上游10°。横向1#、2#、3#廊道内的排水孔,深入基岩20 m,孔距3 m,垂直孔。

坝基排水通过排水沟引至左右两个集水井。

7 坝体构造设计

7.1 坝顶构造

大坝坝顶高程912.00 m,坝顶宽7.5 m,大坝上游设1.2 m高的防浪墙,下游设1.2 m高的防护墙。墙体厚30 cm,采用钢筋混凝土结构,坝体分缝处防浪墙留伸缩缝并设止水。在非溢流坝段,防浪墙与坝体连成整体浇筑,防浪墙作为固结在坝体上的悬壁结构,承受浪压力。坝顶路面采用现浇混凝土,路面坡度1%,倾向下游,栏杆底座设直径10 cm、间距5 m的排水孔,以排除坝面积水。

溢流坝顶从上游至下游依次设置防浪墙、钢筋混凝土盖板、交通桥和大坝管理房。溢流坝顶的防浪墙可以看作支撑在闸墩上的连续梁,受墙体自重和浪压力作用。交通桥面宽4.39 m,路面坡度1%,由坝轴线分别向上下游倾斜。交通桥下游侧设90 cm高的钢栏杆,与相邻坝段坝顶下游侧栏杆相连,栏杆底座设直径10 cm、间距5 m的排水孔,排除桥面积水。

坝顶路灯布置在上游侧、防浪墙轴线上,间距15~20 m。

7.2 坝内廊道及交通

大坝内的廊道有平行于坝轴线的纵向廊道和垂直于坝轴线的横向廊道两种。纵向廊道分层设置,廊道具有灌浆、排水、交通和观测等功能。第一层为矩形观测廊道(左岸为纵1#廊道,右岸为纵7#廊道),底高程908.00 m,断面尺寸1.5 m×3.0 m,顶部覆盖钢筋混凝土预制板,底部下游侧设30 cm×30 cm排水沟,廊道轴线在坝轴线上游50 cm处。观测廊道贯穿整个非溢流坝段,在桩号0+013.42和0+219.00分别设廊道出口通向下游坝外,在右岸与引张线平洞相连,引张线平洞断面尺寸为2.5 m×3.5 m,40 cm厚钢筋混凝土衬砌。第二、三、四层廊道分别设在高程896.00 m、870.00 m和851.00 m(左岸依次为纵2#、纵3#和纵4#廊道,右岸为纵8#、纵3#和纵9#廊道),廊道上游侧距上游坝面3.4 m。第五层廊道为帷幕灌浆和坝基排水廊道,布置在大坝底部,坝体上下游侧各设一条,上游侧廊道(纵5#廊道)最低点高程831.83 m,廊道轴线距坝踵8.29 m,下游侧廊道(纵6#廊道)最低点高程831.50 m,廊道轴线距坝趾10.68 m。以上各层廊道采用同一断面,断面形状为城门洞形,尺寸2.5 m×3.5 m。纵2#、纵8#廊道分别布置在岸坡坝段,桩号0+000.50~0+046.50和0+197.50~0+217.50,兼作帷幕灌浆廊道使用,在桩号0+023.70和0+208.50分别设廊道出口通向下游坝外,以改善廊道内的通风条件。纵4#、纵 8#廊道布置在岸坡附近,分别与两岸的灌浆平洞相连,灌浆平洞底高程 851. 00 m,断面尺寸与廊道相同,采用 40 cm 厚钢筋混凝土衬砌。纵 3#、纵 5#、纵 6#廊道贯穿整个坝体。各层廊道底部上(下)游侧均设有 30 cm × 30 cm 的排水沟,上下层廊道间在两岸用设有爬梯的竖井连通,竖井为矩形,断面尺寸 2. 5 m × 2. 5 m。

坝基横向廊道共三条(从左到右依次为横 1#、横 2#、横 3#),布置在坝体底部,桩号 0 + 082. 00、0 + 123. 00 和 0 + 165. 00。它的主要作用是排除坝内、坝基渗水和连接上下游的灌浆排水廊道。横向廊道的断面形式和尺寸与纵向廊道相同,底部最低点高程 831. 20 m(横 1#廊道,横 3#廊道底部最低点高程为 831. 16 m),由横 1#、横 3#廊道的最低点(桩号坝 0 + 037. 20)分别做纵 10#、纵 11#两个排水廊道通向左右两个集水井,纵 10#、纵 11#廊道断面为城门洞形,尺寸为 2. 0 m × 2. 5 m,廊道底部两侧设 30 cm × 30 cm 排水沟。为方便碾压混凝土施工,2. 5 m × 3. 5 m 的城门洞形廊道采用预制混凝土顶拱(与其他廊道相交处顶拱现浇),侧墙和底板为 60 cm 厚的变态混凝土,其他廊道和竖井周边采用 50 cm 厚的变态混凝土。

7.3　坝体分缝和止水

碾压混凝土在热学、力学性质及干缩、徐变方面与常态混凝土有较大的差异。因此,对坝体的分缝要求也不同。碾压混凝土重力坝可不设纵缝。坝体横缝间距也趋向于加大。根据汾河二库水利枢纽坝基工程地质条件和温度控制的要求,坝体设置 3 条横缝,将坝体分为 4 个坝段,即左岸挡水坝段、表孔溢流坝段、底孔泄流坝段和右岸挡水坝段。

坝体需要设止水的地方有:横缝上下游面、过横缝的廊道周边、底孔进水塔与坝体接触处、上下游岸坡基础、坝体与防渗墙接触断面等。

根据坝基和温度变化情况,横缝不留缝宽,大坝上游防渗层设有两道止水铜片。第一道止水铜片距坝面 100 cm。第二道与第一道相距 60 cm,铜片嵌入缝两侧 23. 0 cm。止水铜片在坝基接头处埋入岩石下 20 cm,以组成封闭止水系统,止水片顶端止于 911. 0 m 高程。大坝下游水下横缝设橡胶止水带,止水带顶部高程为 863. 0 m。纵向廊道穿越大坝横缝部位,沿廊道周边设一道封闭的橡胶止水带。

7.4　坝体排水

为了降低坝体内的扬压力,减小渗水对坝体的不利影响,在靠近坝体上游面处布设排水孔,坝体排水孔是在坝体混凝土浇筑完毕后,从上游各层廊道底板钻孔形成,钻孔位置距廊道上游或下游边墙 50 cm,孔径 108 mm,间距 3 m,由于钻孔存在误差,在各层廊道顶部距顶拱一定距离内设无砂混凝土,廊道顶拱预埋ϕ 110 mm@ 300 cm 的钢管,其顶部伸入无砂混凝土中,以保证排水孔中的渗水全部排入下层廊道。坝体渗水通过坝体排水孔进入各层廊道,由廊道排水沟汇入坝底集水井后用水泵排出坝外。

7.5　坝段与基岩面的连接

坝体混凝土与基岩必须紧密接合,以免产生渗漏,影响坝体稳定。当基岩面横向坡度缓于 1∶2时,在坝体浇筑后利用帷幕灌浆对接触面灌浆封实。当基岩横向坡度陡于 1∶2 时,要求设置接触止水,即在基岩中挖槽,嵌入止水片。当横向坡度陡于 1∶1时,要求按临时性横缝处理,沿周围嵌入止水片,并在接触面上布设灌浆系统,待坝体混凝土冷却后进行接触灌浆。

8 坝体混凝土分区及特性指标

大坝采用全断面碾压混凝土。混凝土要求满足强度、抗渗、抗冻、抗侵蚀、抗冲刷和抗裂等要求。

8.1 坝体混凝土

坝体内部采用三级配碾压混凝土，标号为 R_{90}^{100}。

碾压混凝土采用薄层碾压短间歇连续浇筑，层间结合较为薄弱，有可能是渗透水流的通道，从而恶化坝体工作条件。为保证大坝正常运行，在大坝上游面设置防渗层是非常必要的。经比较，坝体防渗层采用二级配碾压混凝土，标号为 R_{90}^{200}，其优点在于大坝可全断面碾压。防渗层最小有效厚度一般为水头的 1/15 ~ 1/25，设计上游面防渗层最大厚度为 4 m，为水头的 1/20。

坝基设 C20 常态混凝土垫层，其主要是起找平作用，以满足碾压混凝土碾压作业。垫层厚度不超过 2.0 m。

对于难以碾压到的部位，采用变态混凝土，即在已摊铺的碾压混凝土拌和料中，掺入一定比例的灰浆后振捣密实的混凝土。

溢流表孔在泄洪时，挟有泥沙的水流流速较高，坝体泄流面层采用 C35 抗磨蚀钢筋混凝土，厚度 40 cm。

泄流冲沙底孔周边采用 C50 抗磨蚀混凝土，厚度 40 cm 。

8.2 大坝混凝土特性指标要求

8.2.1 混凝土强度龄期(R)

碾压混凝土强度采用 90 d 龄期强度，混凝土采用 28 d 龄期强度。

8.2.2 抗渗标号(W)

各区混凝土均须有抗渗要求，特别是坝体基础部位及上、下游防渗层更须严格控制。抗渗性能不仅代表混凝土阻抗高压水渗透的能力，而且和混凝土耐久性密切相关。根据《水工混凝土结构设计规范》(SL 191—2008)，大体积混凝土结构的挡水面防渗层抗渗标号与水头有关，大坝上游面挡水水头为 81.9 m，坝体上游面 R_{90}^{200} 和坝基常态混凝土垫层采用 W8，大坝下游防渗层采用 W6，坝体内部采用 W2。

8.2.3 抗冻标号(F)

为了保证混凝土的耐久性，对坝体混凝土均应提出抗冻标号，坝址最冷月平均气温为 -6.7 ℃，属寒冷气候，对上下游水位变动区及以下混凝土采用 F150，上、下游面防渗层采用 F100，坝体下游坝面采用 F100，坝体内部混凝土采用 F50。

8.2.4 抗磨蚀

为了提高含沙量高速水流抗冲刷、防空蚀的能力，对溢流表孔溢流面和泄流冲沙底孔周边，分别采用 C35 和 C50 抗磨蚀混凝土。

8.2.5 抗侵蚀性

水质对混凝土侵蚀性作用主要有三种，即溶出侵蚀、酸蚀侵蚀及碳酸侵蚀，根据水质分析结果，对混凝土无侵蚀。

8.2.6 低热性

混凝土水化热完全由水泥品种及水泥用量确定。坝体内部混凝土体积大，力学指标较低，温控防裂对混凝土低热性要求更为严格，因此要求采用的水泥具有低热性，并力求降低水泥用量，提高粉煤灰掺量。

8.2.7 混凝土配合比

水灰比对混凝土各种特性影响最大，严格水灰比是保证质量的重要关键，每个分区部位混凝土最大水灰比，需满足混凝土重力坝的有关规定。

9 泄水建筑物设计

9.1 表孔溢流坝

9.1.1 表孔溢流坝布置

综合坝址地形地质条件、水库泄洪、排沙的运行要求以及混凝土坝的特点，将泄洪建筑物结合拦河大坝进行布置，即河床中部布置 48 m 长溢流表孔坝段，共 3 孔，每孔净宽 12 m，中、边墩宽均为 3.0 m，堰流堰堰顶高程为 902 m，每孔设有 12 m×6.5 m 弧形工作门，并设有叠梁式检修门，闸墩顶面 912.0 m 设有宽 7.5 m 的交通桥与两端坝顶相连，并设有启闭闸门的大坝管理房。溢流表孔坝段的下游消能为挑流式消能工，挑流鼻坎高程为 861.7 m。

9.1.2 坝体断面

溢流坝为开敞式溢流孔，其堰面曲线采用混凝土重力坝设计规范中推荐的幂曲线，其公式为：

$$x^{1.85} = 2H_d^{0.85}y \tag{2-4}$$

式中 H_d——定型设计水头，按最大作用水头的 85% 选取。

溢流坝堰顶高程为 902 m，曲线与坡比为 1∶0.75 的斜直溢流面相切，斜直线段下接反弧段，圆心角为 53.13°，反弧段最低点高程为 860.29 m，反弧半径 15.0 m，挑射角 25°，挑流鼻坎为连续式，挑坎高程为 861.7 m，溢流堰面曲线的上游堰面由 1/4 椭圆曲线组成，其方程式为$\frac{x^2}{195^2}+\frac{(112-y)^2}{112^2}=1$（单位：cm），椭圆曲线与竖直坝面切点高程为 900.88 m，自 857.70 m 以下，坝上游坝面的坡比为 1∶0.2。

溢流表孔为 3 孔，每孔净宽 12 m，为了减少溢流时水流的侧面收缩，使水流平顺缓变，闸墩（包括边墩）向上游方向伸出坝体上游面 2.0 m。考虑布置闸门支承部分及工作桥、交通桥、水力条件等要求，闸墩总长度设计为 22 m。闸墩厚度考虑闸门形式、跨度及高度，采用 3.0 m。首部的平面轮廓设计为半径 $R=1.5$ m 的半圆形，这样对水流压力条件和坝顶桥梁结构支承都有利，下游（尾部）则做成流线形，根据有关资料采用 $R=1.708d$（其中，d 为闸墩厚度，$d=3.0$ m），可求得尾部弧线半径 $R=5.12$ m。流线形长度为 3.62 m。平板检修门门槽尺寸为 1.0 m×0.5 m（宽×深），扣除两侧门槽深度后闸墩顶部厚度为 2.0 m。

闸墩高度应使闸门全部开启时的最低点或桥跨结构底部在最高水面线以上一定距

离，即保持一定净空（一般为 1 ~ 2 m），并且考虑墩顶的工作桥面高程与挡水坝顶高程（912.00 m）一致，最高水位即校核洪水位为 909.92 m，闸墩顶面高程取为 912.00 m，闸墩高度坝体上游面处为 17 m，下游面处为 27.74 m。

9.1.3 水力计算

9.1.3.1 泄流量计算

开敞式溢流堰泄量公式为：

$$Q = mnB\sqrt{2g}H^{\frac{3}{2}} \tag{2-5}$$

式中 m——流量系数；

n——溢流孔数，$n = 3$；

g——重力加速度；

B——孔口宽度，$B = 12$ m；

H——堰上作用水头，m。

库水位与泄量关系见表 2-10。

表 2-10 库水位与泄量关系

水位(m)	902	903	904	905	906	908	910	912
水头(m)	0	1	2	3	4	6	8	10
泄量(m^3/s)	0	70.6	220.2	370	566.1	1 040	1 601.2	2 210

9.1.3.2 下游消能计算

按照《混凝土重力坝设计规范》(SL 319—2018)推荐的公式计算，100 年一遇洪水时表孔不泄流；当宣泄校核洪水时泄量为 1 577.25 m^3/s，单宽流量为 37.55 $m^3/(s \cdot m)$，计算挑距为 101.26 m，冲坑深度为 18.8 m。

9.2 泄流冲沙底孔坝段

9.2.1 泄流冲沙底孔坝段布置

溢流表孔两侧对称布置各 2 孔泄流冲沙底孔，两坝段长均为 25.6 m。底孔为坝内长压力孔道，进口孔口尺寸为 5.8 m×7.2 m，底高程为 859.0 m，并设有平板事故检修门，坝顶设有启闭机室，地板高程 926 m，出口断面尺寸为 5.6 m×6.0 m，设有弧形工作门和启闭机室。下游出口为挑流式消能工。右岸有 73.6 m 长、左岸有 54.9 m 长的挡水坝段，坝顶宽 7.5 m，坝顶高程 912 m，上游面设有高 1.2 m 的防浪墙。大坝全长 227.73 m。

9.2.2 泄流冲沙底孔及坝体断面

对坝内底孔进行了短管后接无压明流方案和坝内长压力管道方案进行了比选，考虑到短管后接无压明流方案，将弧形工作门布置在坝体内，坝体内闸室一方面使坝体应力复杂，也影响碾压混凝土大面积碾压施工优势的发挥。所以，采用坝内长压力管道方案。

泄洪排沙底孔进口上缘为 1/4 椭圆，椭圆方程式为$\frac{x^2}{720^2}+\frac{y^2}{240^2}=1$（单位：cm），下缘为 $R=1.0$ m 的圆曲线，两侧为 1/4 椭圆，椭圆方程式为$\frac{x^2}{570^2}+\frac{y^2}{190^2}=1$（单位：cm）。

项目3 土石坝

任务1 土石坝的特点和类型

土石坝是由当地土料、石料或土石混合料，经过抛填、碾压等方法堆筑而成的坝，又称为当地材料坝。土石坝是历史最为悠久、应用最为广泛的一种坝型。随着大型土石方施工机械、岩土理论和计算技术的发展，由于缩短了建坝工期，放宽了筑坝材料的使用范围，土石坝成为当今世界坝工建设中发展最快的一种坝型。据统计，至20世纪80年代末期，世界上兴建的百米以上高坝中，土石坝的比例已达75%以上。目前，世界上最高的大坝——塔吉克斯坦的罗贡坝（坝高335 m）就是土石坝。中国已建的黄河小浪底水库（坝高154 m）、红水河天生桥一级水电站（坝高178 m）和清江水布垭水电站（坝高241 m），均为土石坝。

1 土石坝的特点

土石坝在实践中之所以能被广泛采用并得到不断发展，与其自身的优越性是密不可分的。同混凝土坝相比，它的优点主要体现在以下几个方面：

（1）筑坝材料来源直接、方便，能就地取材，材料运输成本低，还能节省大量的钢材、水泥和木材等建筑材料。

（2）适应地基变形的能力强。土石坝为土料或石料填筑的散粒结构，能较好地适应地基的变形，对地基的要求在各种坝型中是最低的。

（3）构造简单，施工技术容易掌握，便于组织机械化施工。

（4）运用管理方便，工作可靠，寿命长，维修加固和扩建均较容易。

同其他的坝型类似，土石坝自身也有其不足的一面，主要体现在以下几个方面：

（1）坝顶不能溢流。受散粒体材料整体强度的限制，土石坝坝身通常不允许过流，因此需在坝外单独设置泄水建筑物。

（2）施工导流不如混凝土坝方便，因而相应地增加了工程造价。

（3）坝体填筑工程量大，且土料填筑质量受气候条件的影响较大。

2 土石坝的工作条件和设计要求

2.1 土石坝的工作条件

（1）稳定影响。土石坝的基本剖面形状为梯形。由于筑坝材料为散体土料，抗剪强度低，上下游坝坡平缓，坝体体积和重量都较大，所以在水平水压力的作用下不会产生水平整体滑动。土石坝失稳的形式，主要是坝坡的滑动或坝坡连同部分坝基一起滑动。

(2)渗流影响。当坝体挡水时,在上下游水位差的作用下,水流将通过坝身和坝基(包括两岸)向下游渗透。渗透水流在坝体内的自由水面叫浸润面,它与垂直坝轴线的剖面的交线称为浸润线。浸润线以下为饱和渗流区,见图3-1。被饱和的土体承受上浮力和渗透动水压力,降低了抗剪强度指标,对坝坡稳定不利。此外,当渗透流速和渗透坡降超过一定数值时,还会引起渗透破坏。设计时应采取防渗、排水措施,以消除或减轻渗流的不利影响。

图3-1 土坝坝体渗流示意图

(3)冲刷影响。一方面,雨水自坡面流至坡脚,会对坝坡造成冲刷,还可能渗入坝身内部,降低坝体的稳定性。另一方面,库内波浪对坝面也将产生冲击和淘刷作用。

(4)沉陷影响。由于坝体及坝基土体的孔隙率较大,在自重和外荷载作用下,因压缩而产生坝体沉陷。如沉陷量过大会造成坝顶高程不足,过大的不均匀沉陷会导致坝体开裂或使防渗体结构遭到破坏。

(5)其他影响。除上面提及的影响外,还有其他一些不利因素,例如:气候变化引起冻融和干裂,地震引起坝体失稳和液化,动物(如白蚁、獾子等)在坝身内筑造洞穴而形成集中渗流通道,等等。

2.2 土石坝的设计要求

根据土石坝的特点和工作条件,在土石坝设计中必须满足如下要求:

(1)坝体和坝基在施工期及各种运行条件下都应当是稳定的。设计时需要合理地确定坝体基本剖面尺寸和施工填筑质量要求,采取有效的地基处理措施等。国内外土石坝的失事约有1/4是由滑坡造成的。

(2)土石坝通常不允许坝顶过流。设计时首先应保证泄水建筑物具有足够的泄洪能力,能满足规定的运用条件和要求;另外需合理确定波浪要素,充分估计坝体沉陷量,并预留足够的超高。根据对国内外土石坝事故资料分析,因库水漫顶而导致的大坝失事约占大坝失事的30%。

(3)设置良好的防渗及排水设施以控制渗流。设计时应根据"上堵下排"的原则,确定合理的防渗体型式,加强坝体与坝基、岸坡及其他建筑物连接处的防渗效果,布置有效的排水及反滤设施,确保工程施工质量,避免大坝发生渗流破坏。

(4)对坝顶和边坡采取适当的防护措施,防止波浪、冰冻、暴雨及气温变化等不利的自然因素对坝体的破坏作用。

(5)合理进行大坝安全监控系统设计,布置观测设备,监控大坝的安全运行。

3 土石坝的类型

3.1 按坝体高度分类

按坝体高度可分为高坝、中坝和低坝,其中低坝的高度为30 m以下,中坝的高度为

30～70 m,高坝的高度为70 m以上。土石坝的坝高应从坝体防渗体(不含混凝土防渗墙、灌浆帷幕、截水墙等坝基防渗设施)底部或坝轴线部位的建基面算至坝顶(不含防浪墙),取其大值。

3.2 按施工方法分类

按施工方法可分为碾压式土石坝、抛填式土石坝、水力冲填坝和定向爆破堆石坝等。其中,应用最为广泛的是碾压式土石坝,按土料在坝体中的配置和防渗体所用的材料又可分为均质坝、分区坝和人工防渗材料坝等。

3.2.1 均质坝

均质坝的坝体主要由一种材料组成,同时起防渗和稳定作用,不再另设专门的防渗体,如图3-2(a)所示。均质坝结构简单,施工方便,当坝址附近有合适的土料且坝高不大时可优先采用。

3.2.2 分区坝

分区坝与均质坝不同,分区坝在坝体中设置专门起防渗作用的防渗体。采用透水性较大、抗剪强度较高的砂石料作为坝壳,防渗体多采用防渗性能好的黏性土,其位置设在坝体中间的称为心墙坝,如图3-2(b)、(c)所示;或稍向上游倾斜的称为斜心墙坝,如图3-2(d)所示;将防渗体设在坝体上游面的或接近上游面的称为斜墙坝,如图3-2(e)、(f)、(g)所示。心墙坝由于心墙设在坝体中部,施工时要求心墙与坝体大体同时填筑,因而相互干扰大,影响施工进度;斜墙坝的斜度支承在坝体上游面,施工干扰小,但斜墙坝的抗震性能和适应不均匀沉陷的能力不如心墙坝。

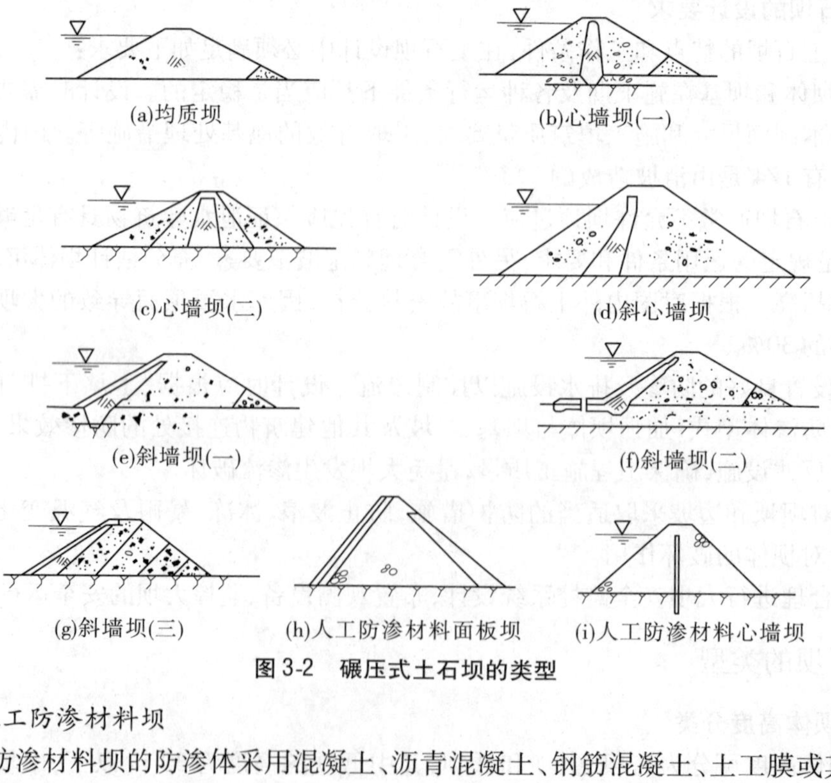

图3-2 碾压式土石坝的类型

3.2.3 人工防渗材料坝

人工防渗材料坝的防渗体采用混凝土、沥青混凝土、钢筋混凝土、土工膜或其他人工材料制成,其余部分用土石料填筑而成。其中防渗体在上游面的称为斜墙坝(或面板坝),如图 3-2(h)所示;防渗体在坝体中央的称为心墙坝,如图 3-2(i)所示。

3.3　按坝体材料分类

按坝体材料所占比例可分为土坝、土石混合坝、堆石坝。

(1)土坝。土坝的坝体材料以土和砂砾为主。

(2)土石混合坝。当两类材料均占相当比例时,称为土石混合坝。根据坝体防渗体位置和材料的不同,可分为心墙坝和斜墙坝。

(3)堆石坝。以石渣、卵石、爆破石料为主,除防渗体外,坝体的绝大部分或全部由石料堆筑起来的坝称为堆石坝。按防渗体布置分类,同样也有斜墙坝、心墙坝两种。钢筋混凝土刚性斜墙堆石坝也称为钢筋混凝土面板堆石坝。

任务 2　土石坝的剖面与构造

1　土石坝的基本剖面

土石坝的基本剖面是梯形断面,尺寸是根据坝高和坝的级别、筑坝材料、坝型、坝基情况及施工、运行等条件,参照工程经验初步拟订,然后通过渗流、稳定分析,最终确定的合理的剖面形状。

1.1　坝顶高程

坝顶高程等于水库静水位与相应的坝顶超高之和,应按以下运用条件计算,取其最大值:①设计洪水位加正常运用条件的坝顶超高。②正常蓄水位加正常运用条件的坝顶超高。③校核洪水位加非常运用条件的坝顶超高。④正常蓄水位加非常运用条件的坝顶超高,再加地震安全加高(地震区)。

坝顶超高值 y 用下式计算(适用于 $v < 20$ m/s,$D < 20$ km 的情况),如图 3-3 所示:

$$y = R + e + A \tag{3-1}$$

式中　y——坝顶超高,m;

R——波浪在坝坡上的最大爬高,m;

e——最大风壅水面高度,m;

A——安全加高,m。

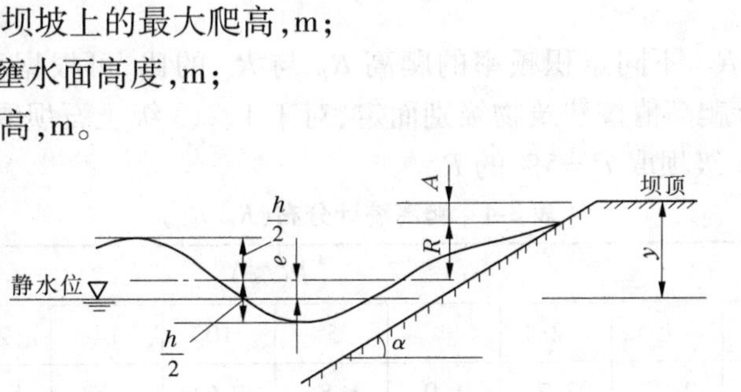

图 3-3　坝顶超高计算

波浪爬高 R,是指波浪沿建筑物坡面爬升的垂直高度(由风壅水面算起),如图 3-3 所示中的 R。它与坝前的波浪要素(波高和波长)、坝坡坡度、坡面糙率、坝前水深、风速等因素有

关。具体方法见《碾压式土石坝设计规范》(DL/T 5395—2007),其具体计算方法如下:

(1)波浪的平均爬高 R_m。当坝坡系数 $m=1.5\sim5.0$ 时,平均爬高 R_m 计算公式:

$$R_m = \frac{K_\Delta K_w}{\sqrt{1+m^2}}\sqrt{h_m L_m} \tag{3-2}$$

当 $m\leqslant1.25$ 时

$$R_m = K_\Delta K_w R_0 h_m \tag{3-3}$$

式中 R_0——无风情况下,平均波高 $h_m=1.0$ m,$K_\Delta=1$ 时的爬高值,可查表 3-1;

K_Δ——斜坡的糙率渗透性系数,根据护面的类型查表 3-2;

K_w——经验系数,按表 3-3 确定;

m——单坡的坡度系数,若单坡坡角为 α,则 $m=\cot\alpha$;

h_m、L_m——平均波高和波长,m,采用莆田试验站公式计算。

当 $1.25<m<1.5$ 时,可由为 1.25 和 1.5 的值按直线内插求得。

表 3-1 R_0 值

m	0	0.5	1.0	1.25
R_0	1.24	1.45	2.20	2.50

表 3-2 糙率渗透系数 K_Δ

护面类型	K_Δ	护面类型	K_Δ
光滑不透水护面(沥青混凝土)	1.0	砌石护面	0.75 ~ 0.80
混凝土板护面	0.9	抛填两层块石(不透水基础)	0.60 ~ 0.65
草皮护面	0.85 ~ 0.9	抛填两层块石(透水基础)	0.50 ~ 0.55

表 3-3 经验系数 K_w

$\frac{v_0}{\sqrt{gH}}$	≤1	1.5	2.0	2.5	3.0	3.5	4.0	>5.0
K_w	1	1.02	1.08	1.16	1.22	1.25	1.28	1.33

(2)设计爬高 R。不同累积频率的爬高 R_P 与 R_m 的比,可根据爬高统计分布表(见表 3-4)确定。设计爬高值按建筑物级别而定,对于 1、2、3 级土石坝取累积频率 $P=1\%$ 的爬高值 $R_{1\%}$;对 4、5 级坝取 $P=5\%$ 的 $R_{5\%}$。

表 3-4 爬高统计分布(R_P/R_m)

h_m/H	P(%)									
	0.1	1	2	4	5	10	14	20	30	50
<0.1	2.66	2.23	2.7	1.0	1.84	1.64	1.53	1.39	1.22	0.96
0.1 ~ 0.3	2.44	2.08	1.94	1.80	1.75	1.57	1.48	1.36	1.21	0.97
>0.3	2.3	1.86	1.76	1.65	1.61	1.48	1.39	1.31	1.19	0.99

当风向与坝轴的法线成一夹角β时，波浪爬高应乘以折减系数K_β，其值由表3-5确定。

表3-5 斜向坡折减系数K_β

β(°)	0	10	20	30	40	50	60
K_β	1	0.98	0.96	0.92	0.87	0.82	0.76

(3)风壅水面高度e可按式(3-4)计算：

$$e=\frac{Kv^2D}{2gH_m}\cos\beta \tag{3-4}$$

式中 D——风区长度，m，取值方法见重力坝；

H_m——坝前水域平均水深，m；

K——综合摩阻系数，一般取$K=3.6\times10^{-6}$；

β——风向与水域中心线(或坝轴线法线)的夹角，(°)；

v——计算风速，m/s，正常运用条件下的1级、2级坝采用多年平均最大风速的1.5~2.0倍，正常运用条件下的3级、4级和5级坝采用多年平均最大风速的1.5倍，非常运用条件下采用多年平均最大风速。

(4)安全加高A可按表3-6确定。

表3-6 安全加高A (单位：m)

运用情况		坝的级别			
		1	2	3	4、5
设计		1.50	1.00	0.70	0.50
校核	山区、丘陵区	0.70	0.50	0.40	0.30
	平原、滨海区	1.00	0.70	0.50	0.30

1.2 坝顶宽度

坝顶宽度应根据运行、施工、构造、交通和人防等要求综合确定。如无特殊要求，高坝可选用10~15 m，中低坝可选用5~10 m。

坝顶宽度必须考虑心墙和斜墙顶部以及反滤层的需求。寒冷地区还需有足够的宽度，以保护黏性土料防渗体免受冻害。

1.3 坝坡

土石坝的坝坡确定，直接影响坝体稳定性和工程量大小。因此，应当结合实际，按以下几个方面的规律综合进行选择：

(1)上游坝坡常缓于下游坝坡。上游坝坡长期处于水下饱和状态，水库水位也可能快速下降，为了保持坝坡稳定，一般应比下游坝坡缓，但堆石坝上、下游坝坡坡率的差别要比砂土料坝为小。

(2)上游坝坡斜墙坝较心墙坝缓，而下游坝坡心墙坝较斜墙坝缓。土质防渗体斜墙坝上游坝坡的稳定受斜墙土料特性控制。所以，斜墙的上游坝坡一般较心墙坝为缓。而心墙坝，特别是厚心墙坝的下游坝坡，因其稳定性受心墙土料特性的影响，一般较斜墙坝为缓。

(3)坝坡的上部较陡，下部较缓。黏性土料的稳定坝坡为一曲面，上部坝坡较陡，下部较缓，所以可沿竖直方向分段，一般每段10~30 m，自上而下逐渐放缓，相邻坡率差值取0.25或0.5；砂土和堆石的稳定坝坡为一平面，可采用均一坡率。由于地震荷载一般沿坝高呈非均匀分布，所以砂土和石料坝有时也设成变坡形式。

(4)当坝基或坝体土料沿坝轴线分布不一致时，应分段采用不同坡率，在各段间设过渡区。

(5)由粉土、砂、轻壤土修建的均质坝，透水性较大，为了保持渗流稳定，一般要适放缓下游坝坡。

初选土石坝的坝坡，可参照工程实践经验进行，见表3-7。

表3-7 坝坡经验值

<table>
<tr><th colspan="3">类型</th><th>上游坝坡</th><th>下游坝坡</th></tr>
<tr><td rowspan="4">土坝(坝高)(m)</td><td colspan="2"><10</td><td>1:2.00~1:2.50</td><td>1:1.50~1:2.00</td></tr>
<tr><td colspan="2">10~20</td><td>1:2.25~1:2.75</td><td>1:2.00~1:2.50</td></tr>
<tr><td colspan="2">20~30</td><td>1:2.50~1:3.00</td><td>1:2.25~1:2.75</td></tr>
<tr><td colspan="2">>30</td><td>1:3.00~1:3.50</td><td>1:2.50~1:3.00</td></tr>
<tr><td rowspan="3">分区坝</td><td rowspan="2">心墙坝</td><td>堆石(坝壳)</td><td>1:1.70~1:2.70</td><td>1:1.50~1:2.50</td></tr>
<tr><td>土料(坝壳)</td><td>1:2.50~1:3.50</td><td>1:2.00~1:3.00</td></tr>
<tr><td colspan="2">斜墙坝</td><td>石质比心墙坝缓0.2，土质缓0.5</td><td>取值比心墙坝可适当偏陡</td></tr>
<tr><td colspan="3">人工材料面板坝</td><td>1:1.40~1:1.70</td><td>1:1.30~1:1.40(堆石)
1:1.50~1:1.60(卵石)</td></tr>
<tr><td colspan="3">沥青混凝土面板坝</td><td>不陡于1:1.7</td><td></td></tr>
</table>

为了拦截雨水，防止坝面被冲刷，同时便于交通、检修和观测，并且利于坝坡稳定，碾压式土石坝上下游坝坡常沿高程每隔10~30 m设置一条马道，其宽度不小于1.5 m，马道一般设在坡度变化处。碾压堆石坝下游坝坡常设1~2条马道，土质防渗体分区坝和均质坝上游坡宜少设马道，非土质防渗体面板坝上游不宜设马道。

2 土石坝的构造

土石坝的构造主要包括坝顶、防渗体、排水设施、护坡与排水等部分。

2.1 坝顶

坝顶护面材料应根据当地材料情况及坝顶用途确定，宜采用砂砾石、碎石、单层砌石，或沥青混凝土等柔性材料，如图3-4所示。

坝顶面可向上、下游侧或下游侧放坡，坡度宜根据降雨强度，在2%~3%之间选择，并做好向下游的排水系统。坝顶上游侧宜设防浪墙，墙顶应高于坝顶1.0~1.2 m，墙底必须与防渗体紧密结合。防浪墙应坚固而不透水。

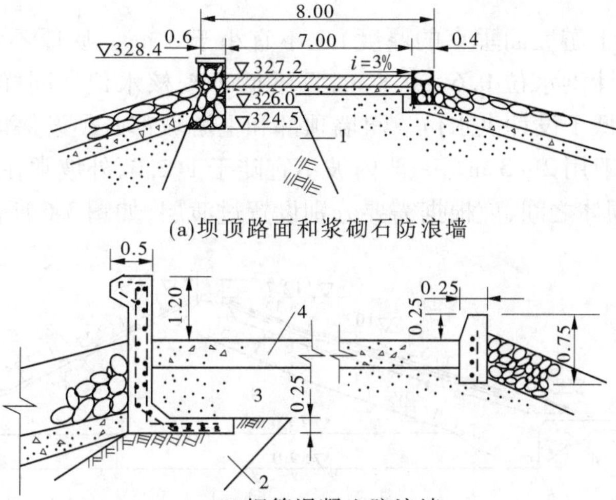

(a)坝顶路面和浆砌石防浪墙

(b)钢筋混凝土防浪墙

1—心墙;2—斜心墙;3—回填土;4—坝顶路面

图3-4　土石坝坝顶构造　(单位:m)

2.2　防渗体

设置防渗设施的目的:减少通过坝体和坝基的渗流量;降低浸润线,增加下游坝坡的稳定性;降低渗透坡降,防止渗透变形。防渗体主要是心墙、斜墙、铺盖、截水墙等,它的结构尺寸应能满足防渗、构造、施工和管理方面的要求。

2.2.1　黏土心墙

心墙一般布置在坝体中部,有时稍偏上游并稍微倾斜,如图3-5所示。

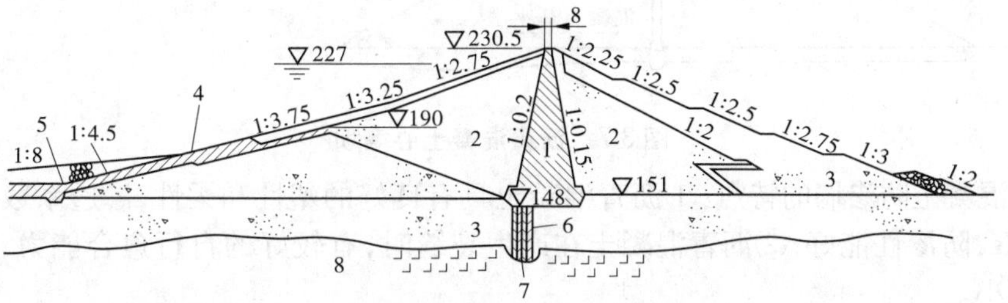

1—黏土心墙;2—半透水料;3—砂卵石;4—施工时挡土黏土斜墙;
5—盖层;6—混凝土防渗墙;7—灌浆帷幕;8—玄武岩

图3-5　毛家村黏土心墙土石坝　(单位:m)

心墙坝顶部厚度一般不小于3 m,底部厚度不宜小于作用水头的1/4。黏土心墙两侧边坡多为1:0.15~1:0.3。心墙的顶部应高出设计洪水位0.3~0.6 m,且不低于校核水位,当有可靠的防浪墙时,心墙顶部高程也不应低于设计洪水位。心墙顶与坝顶之间应设有保护层,厚度不小于该地区的冰冻或干燥深度,同时按结构要求不宜小于1 m。心墙与坝壳之间应设置过渡层,岩石地基上的心墙,一般还要设混凝土垫座,或修建1~3道混凝土齿墙。齿墙的高度为1.5~2.0 m,切入岩基的深度为0.2~0.5 m,有时还要在下部进行帷幕灌浆。

2.2.2　黏土斜墙

顶厚(指与斜墙上游坡面垂直的厚度)也不宜小于 3 m 。底厚不宜小于作用水头的 1/5。墙顶应高出设计洪水位 0.6 ~ 0.8 m,且不低于校核水位。同样,如有可靠的防浪墙,斜墙顶部也不应低于设计洪水位。斜墙顶部和上游坡都必须设保护层,厚度不得小于冰冻和干燥深度,一般用 2 ~ 3 m。一般内坡不宜陡于 1∶2.0,外坡常在 1∶2.5 以上。斜墙与保护层以及下游坝体之间,应根据需要分别设置过渡层,如图 3-6 所示。

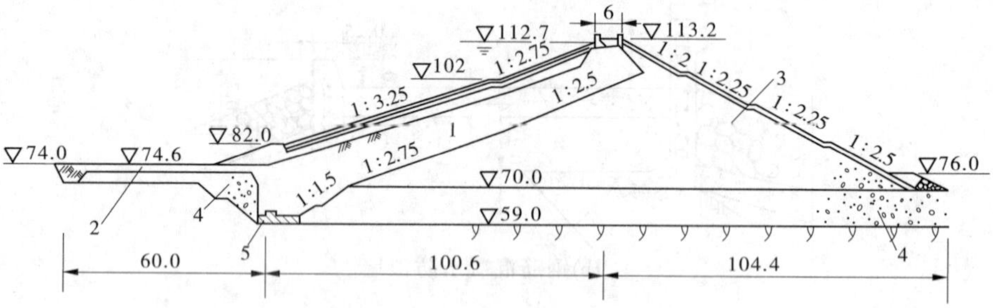

1—黏土斜墙;2—铺盖;3—坝坡;4—砂砾石;5—混凝土盖板齿墙

图 3-6　汤河土坝　(单位:m)

2.2.3　沥青混凝土防渗体

沥青混凝土防渗墙的结构形式有心墙(见图 3-7)、斜墙。

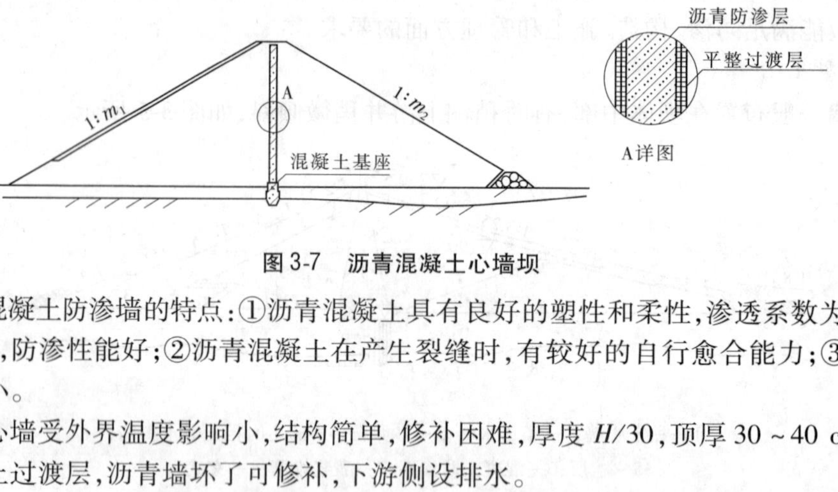

图 3-7　沥青混凝土心墙坝

沥青混凝土防渗墙的特点:①沥青混凝土具有良好的塑性和柔性,渗透系数为 10^{-7} ~ 10^{-10} cm/s,防渗性能好;②沥青混凝土在产生裂缝时,有较好的自行愈合能力;③施工受气候影响小。

沥青心墙受外界温度影响小,结构简单,修补困难,厚度 $H/30$,顶厚 30 ~ 40 cm,上游侧设黏性土过渡层,沥青墙坏了可修补,下游侧设排水。

沥青斜墙沥青不漏水,不需设排水;一层即可,斜墙与基础连接要适应变形,为柔性结构。

2.3　**排水设施**

由于在土石坝中渗流不可避免,所以土石坝应设置坝体排水,用以降低浸润线,改变渗流方向,防止渗流溢出处产生渗透变形,保护坝坡土不产生冻胀破坏。常用的坝体排水有以下几种型式。

2.3.1　贴坡排水

如图 3-8 所示,贴坡排水构造简单,用料节省,对坝体施工干扰较小,易于检修。可以防止坝坡土发生渗流破坏，保护坝坡免受下游波浪淘刷，但不能有效地降低浸润线，且易因冰冻而失效。多用于浸润线很低和下游无水的情况。土质防渗体分区坝常用这种排水体。

贴坡排水设计应遵守下列规定：顶部高程应高于坝体浸润线的逸出点，超过的高度应使坝体浸润线在该地区的冻结深度以下，1 级、2 级坝不小于 2.0 m，3 级、4 级和 5 级坝不小于 1.5 m，并应超过波浪沿坡面的爬高；底部应设排水沟和排水体，材料应满足防浪护坡的要求。

2.3.2 棱体排水

如图 3-9 所示，棱体排水可降低浸润线，防止渗透变形，保护下游坝脚不受尾水淘刷，且有支撑坝体增加稳定的作用。但石料用量较大、费用较高，与坝体施工有干扰，检修也较困难。

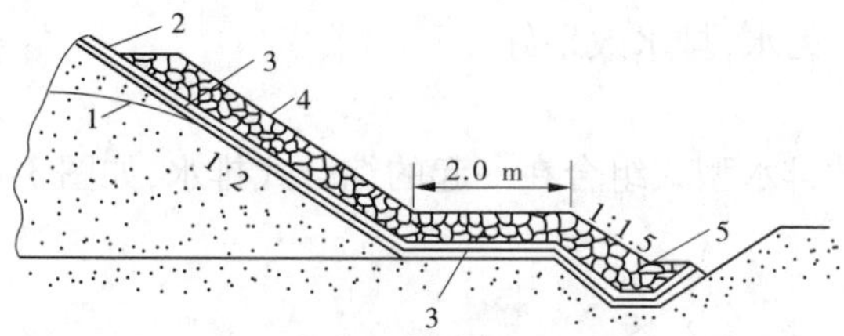

1—浸润线；2—护坡；3—反滤层；4—排水；5—排水沟

图 3-8 贴坡排水

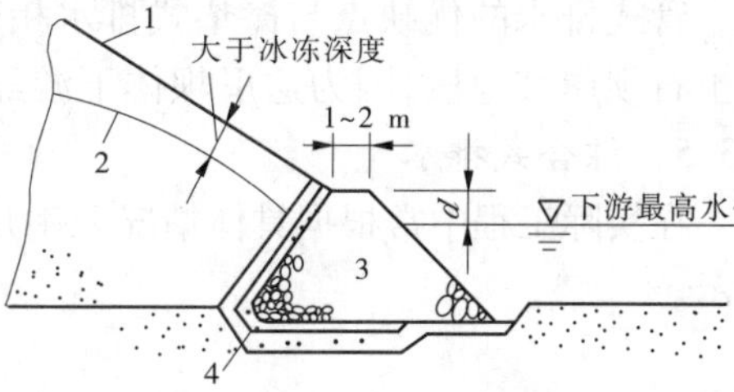

1—坝坡；2—浸润线；3—堆石棱体；4—反滤层

图 3-9 棱体排水

棱体排水设计应遵守下列规定：在下游坝脚处用块石堆成棱体，顶部高程应超出下游最高水位，超过的高度，1 级、2 级坝不小于 1.0 m，3 级、4 级和 5 级坝不小于 0.5 m，超出高度应大于波浪沿坡面的爬高；顶部高程应使坝体浸润线距坝面的距离大于该地区的冻结深度；顶部宽度应根据施工条件及检查观测需要确定但不宜小于 1.0 m；应避免在棱体上出现锐角。

2.3.3 褥垫排水

如图 3-10 所示，褥垫排水伸展到坝体内的排水设施，在坝基面上平铺一层厚为 0.4 ~ 0.5 m 的块石，并用反滤层包裹。褥垫伸入坝体内的长度应根据渗流计算确定，对黏性土均质坝为坝底宽的 1/2，对砂性土均质坝为坝底宽的 1/3。

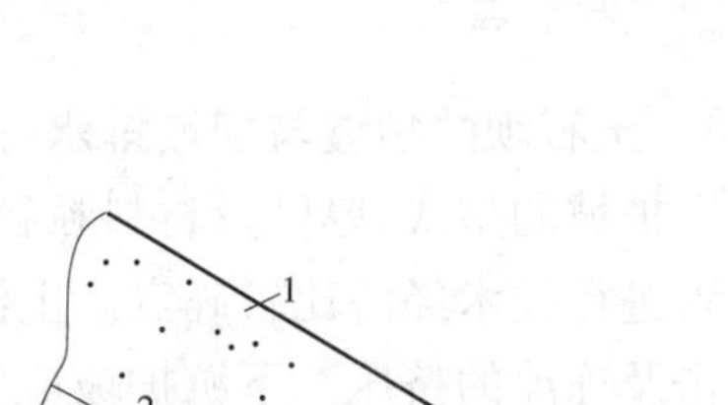

1—坝坡；2—浸润线；3—褥垫排水；4—反滤层

图 3-10 褥垫排水

当下游水位低于排水设施时，褥垫排水降低浸润线的效果显著，还有助于坝基排水固结。但当坝基产生不均匀沉陷时，褥垫排水层易遭断裂，而且检修困难，施工时有干扰。

2.3.4 管式排水

如图 3-11 所示，管式排水埋入坝体的暗管可以是带孔的陶瓦管、混凝土管或钢筋混凝土管，还可以是由碎石堆筑而成的。平行于坝轴线的集水管收集渗水，经由垂直于坝轴线的排水管排向下游。

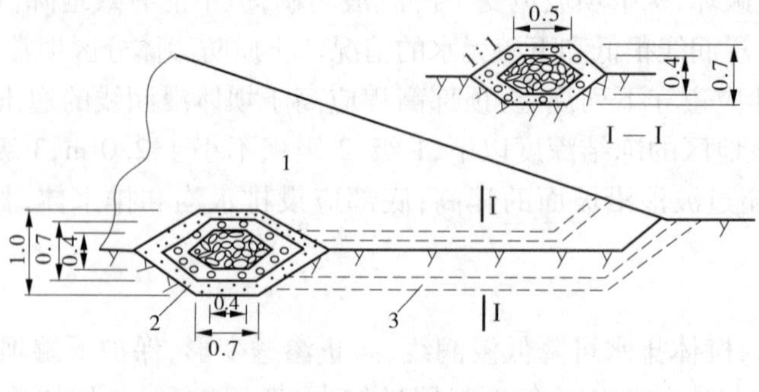

1—坝体;2—反滤层;3—横向排水带或排水管

图 3-11　管式排水　(单位:m)

管式排水的优缺点与褥垫式排水相似。排水效果不如褥垫式好,但用料少。一般用于土石坝岸坡地段,因为这里坝体下游经常无水,排水效果好。

2.3.5　综合式排水

在实际工程中常根据具体情况采用几种排水型式组合在一起的综合式排水,如图 3-12 所示。

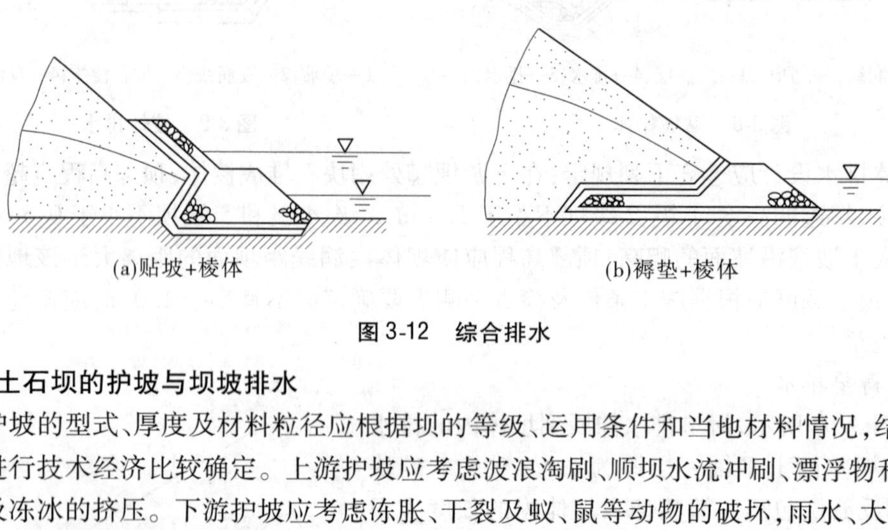

(a)贴坡+棱体　(b)褥垫+棱体

图 3-12　综合排水

2.4　土石坝的护坡与坝坡排水

护坡的型式、厚度及材料粒径应根据坝的等级、运用条件和当地材料情况,结合以下因素进行技术经济比较确定。上游护坡应考虑波浪淘刷、顺坝水流冲刷、漂浮物和冰层的撞击及冻冰的挤压。下游护坡应考虑冻胀、干裂及蚁、鼠等动物的破坏,雨水、大风、水下部位的风浪、冰层和水流的作用。

2.4.1　上游护坡

上游护坡的型式有堆石(抛石)护坡、干砌石护坡、浆砌石、预制或现浇的混凝土或钢筋混凝土板(或块)、沥青混凝土、其他形式(如水泥土)。

护坡的范围为:上部自坝顶起,如设防浪墙时应与防浪墙连接;下部至死水位以下,不宜小于 2. 50 m,4 级、5 级坝可减至 1. 50 m,最低水位不确定时应护至坝脚。

2.4.1.1　抛石(堆石)护坡

抛石(堆石)护坡是将适当级配的石块倾倒在坝面垫层上的一种护坡。其优点是施工速度快,节省人力,但工程量比砌石护坡大。堆石厚度一般认为至少要包括 2 ~ 3 层块石,这样便于在波浪作用下自动调整,不致因垫层暴露而遭到破坏。当坝壳为黏性小的细粒土料时,往往需要两层垫层,靠近坝壳的一层垫层最小厚度为15 cm。

2.4.1.2 砌石护坡

砌石护坡是用人工将块石铺砌在碎石或砾石垫层上,有干砌石和浆砌石两种。要求石料比较坚硬并耐风化。

干砌石应力求嵌紧,石块大小及护坡厚度应根据风浪大小经过计算决定,通常厚度为20~60 cm。有时根据需要用2~3层的垫层,它也起反滤作用。砌石护坡构造如图3-13所示。

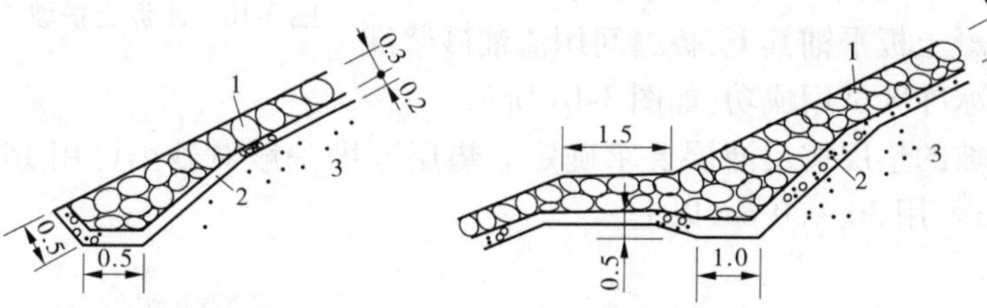

1—干砌石;2—垫层;3—坝体

图3-13 砌石护坡构造 (单位:m)

浆砌块石护坡能承受较大的风浪,也有较好的抗冰层推力的性能。但水泥用量大,造价较高。若坝体为黏性土,则要有足够厚度的非黏性土防冻垫层,同时要留有一定缝隙,以便排水通畅。

2.4.1.3 混凝土和钢筋混凝土板护坡

当筑坝地区缺乏石料时可考虑采用此种型式。预制板的尺寸一般采用:方形板为1.5 m×2.5 m、2 m×2 m或3 m×3 m,厚为0.10~0.20 m。预制板底部设砂砾石或碎石垫层。现场浇筑的尺寸可大些,可采用5 m×5 m、10 m×10 m,甚至20 m×20 m。严寒地区冰推力对护坡危害很大,因此也有用混凝土板做护坡的,但其垫层厚度要超过冻深,如图3-14所示。

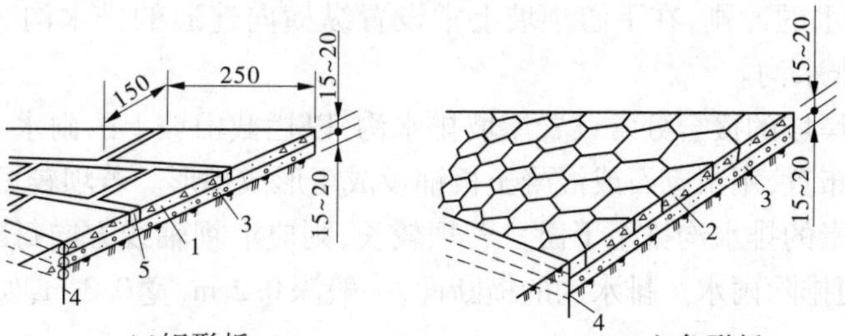

1—矩形混凝土板;2—六角形混凝土板;3—碎石或砾石;4—木档柱;5—结合缝

图3-14 混凝土板护坡 (单位:cm)

2.4.1.4 水泥土护坡

将粗砂、中砂、细砂掺上7%~12%的水泥(质量比),分层填筑于坝面作为护坡,叫水泥土护坡。它是随着土石坝逐层填筑压实的,每层压实后的厚度不超过15 cm。这种护坡厚度为0.6～0.8 m,相应的水平宽度2～3 m,如图3-15所示。

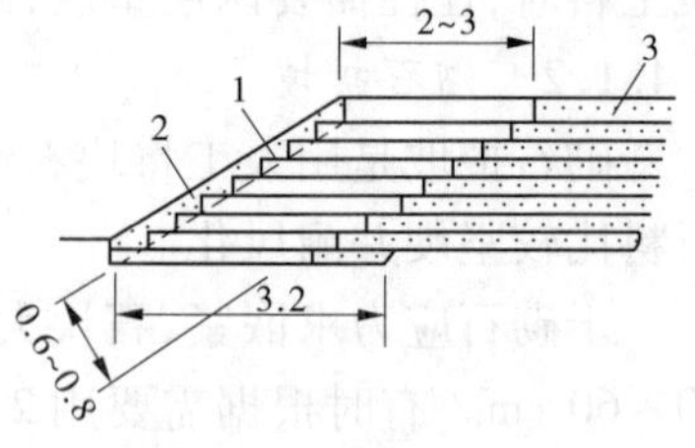

1—土壤水泥护坡;2—潮湿土壤保护层;3—压实的透水土料

图3-15　水泥土护坡　(单位:m)

2.4.1.5　渣油混凝土护坡

在坝面上先铺一层厚3 cm的渣油混凝土(夯实后的厚度),上铺10 cm的卵石做排水层(不夯),第三层铺8～10 cm的渣油混凝土,夯实后在第三层表面倾倒温度为130～140 ℃的渣油砂浆,并立即将0.5 m×1.0 m×0.15 m的混凝土板平铺其上,板缝间用渣油砂浆灌满。这种护坡在冰冻区试用成功,如图3-16所示。

以上各种护坡的垫层按反滤层要求确定。垫层厚度一般对砂土可用15～30 cm以上,卵砾石或碎石可用30～60 cm以上。

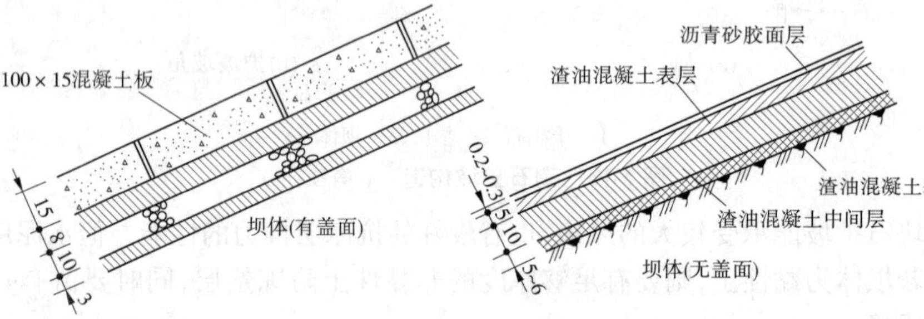

图3-16　渣油混凝土护坡　(单位:cm)

2.4.2　下游护坡

下游护坡形式有干砌石,堆石、卵石和碎石、草皮,钢筋混凝土框格填石,其他形式(如土工合成材料)。

护坡的范围为由坝顶护至排水棱体,无排水棱体时护至坝脚。

2.4.3　坝坡排水

为了防止雨水的冲刷,在下游坝坡上常设置纵横向连通的排水沟。常用的形式有纵沟、横沟和岸坡排水沟。

沿土石坝与岸坡的接合处常设置岸坡排水沟,以拦截山坡上的雨水。坝面上的纵向排水沟沿马道内侧布置,用浆砌石或混凝土板铺设成矩形或梯形。若坝较短,纵向排水沟拦截的雨水可引至两岸的排水沟排至下游。若坝较长,则应沿坝轴线方向每隔50～100 m设一横向排水沟,以便排除雨水。排水沟的横断面,一般深0.2 m,宽0.3 m,如图3-17所示。

3　筑坝材料选择与填筑标准

3.1　坝体各组成部分对材料的要求

坝体不同部分由于任务和工作条件不同,对材料的要求也有所不同。

3.1.1　均质坝材料

均质坝土料应具有一定的抗渗性能,其渗透系数不宜大于10^{-4} cm/s;黏粒含量一般

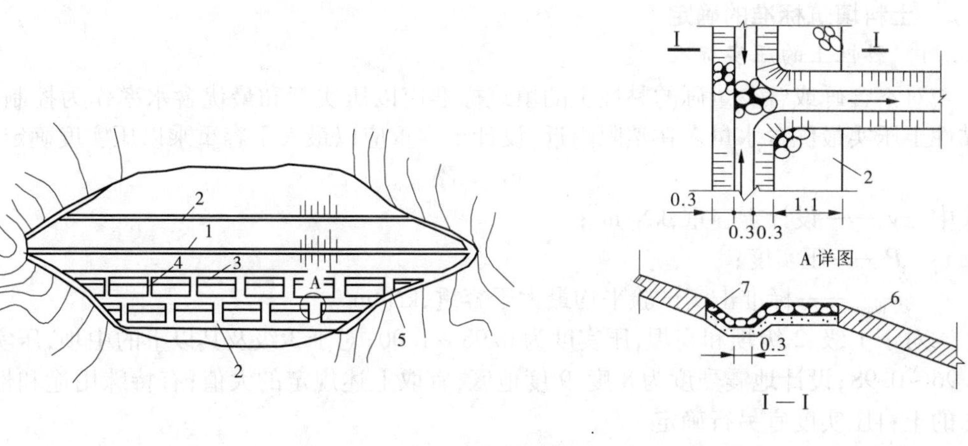

1—坝顶;2—马道;3—纵向排水沟;4—横向排水沟;5—岸坡截水沟;

6—草皮护坡;7—浆砌石排水沟

图 3-17 排水沟布置与构造 (单位:m)

为10%~30%;有机质含量(按质量计)不大于5%,最常用于均质坝的土料是砂质黏土和壤土。

3.1.2 防渗体土料

防渗体土料应满足下列要求:①渗透系数:均质坝应不大于 1×10^{-4} cm/s,心墙和斜墙应不大于 1×10^{-5} cm/s;②水溶盐(指易溶盐、中溶盐,按质量计)含量不大于3%;③有机质含量(按质量计):均质坝应不大于5%,心墙和斜墙应不大于2%;④具有较好的塑性和渗透稳定性;⑤浸水与失水时体积变化较小。

以下几种黏性土不宜作为坝的防渗体填筑料,必须采用时,应根据其特性采取相应的措施:塑性指数大于20和液限大于40%的冲积黏土,膨胀土,开挖、压实困难的干硬黏土,冻土,分散性黏土。

3.1.3 坝壳土石料

料场开采和建筑物开挖的无黏性土(包括砂、砾石、卵石、漂石等)、石料和风化料、砾石土均可作为坝壳料,并应根据材料性质用于坝壳的不同部位。均匀中、细砂及粉砂可用于中、低坝坝壳的干燥区,但地震区不宜采用。采用风化石料和软岩填筑坝壳时,应按压实后的级配研究确定材料的物理力学指标,并应考虑浸水后抗剪强度的降低、压缩性增加等不利情况。对软化系数低、不能压碎成砾石的风化石料和软岩宜填筑在干燥区。下游坝壳水下部位和上游坝壳水位变动区应采用透水料填筑。

3.1.4 排水体、护坡石料

反滤料、过渡层料和排水体料应符合下列要求:质地致密;抗水性和抗风化性能满足工程运用的技术要求;具有符合使用要求的级配和透水性;反滤料和排水体料中粒径小于0.075 mm的颗粒含量应不超过5%。

反滤料可利用天然或经过筛选的砂砾石料,也可采用块石、砾石轧制,或天然和轧制的掺合料。3级低坝经过论证可采用土工织物作为反滤层。

护坡石料应采用质地致密、抗水性和抗风化性能满足工程运用条件要求的硬岩石料。

3.2 土料填筑标准的确定

3.2.1 黏性土的压实标准

对不含砾或含少量砾的黏性土的填筑标准应以压实度和最优含水率作为控制指标。黏性土压实最优含水量多在塑限附近,设计干容重应以最大干容重乘以压实度确定。

$$\gamma_d = P\gamma_{dmax} \tag{3-5}$$

式中 γ_d——设计干容重,kN/m^3;

P——压实度;

γ_{dmax}——标准击实试验平均最大干容重,kN/m^3。

对于1级、2级坝和高坝,压实度为0.98~1.00;对于3级及其以下的中坝,压实度为0.96~0.98;设计地震烈度为8度、9度地区,宜取上述规定的大值;有特殊用途和性质特殊的土料压实度宜另行确定。

3.2.2 非黏性土料的压实标准

砂砾石和砂的填筑标准以相对密度为设计控制指标,并应符合下列要求:砂砾石的相对密度不应低于0.75,砂的相对密度不应低于0.70,反滤料宜为0.70;砂砾料中粗粒料含量小于50%时,应保证细料(小于5 mm的颗粒)的相对密度也符合上述要求;地震区的相对密度设计标准应符合《水工建筑物抗震设计标准》(GB 51247—2018)的规定。压密程度一般与含水量关系不大,而与粒径级配和压实功能有密切关系。非黏性土料设计中的一个重要问题是防止产生液化,解决的途径除要求有较高的密实度外,还要注意颗粒不能太小,级配要适当,不能过于均匀。

堆石料的填筑标准宜用孔隙率为设计控制指标,并应符合下列要求:土质防渗体分区坝和沥青混凝土心墙坝的堆石料,孔隙率宜取20%~28%;沥青混凝土面板坝堆石料的孔隙率宜在混凝土面板堆石坝和土质防渗体分区坝的孔隙率之间选择;采用软岩、风化岩石筑坝时,孔隙率宜根据坝体变形、应力及抗剪强度等要求确定;设计地震烈度为8度、9度的地区,可取上述孔隙率的小值。

任务3 土石坝的渗流分析

1 渗流计算的任务

(1)确定坝体浸润线和下游逸出点位置,绘制坝体及地基内的等势线分布图或流网图,为坝体稳定核算、应力应变分析和排水设备的选择提供依据。

(2)计算坝体和坝基渗流量,以便估算水库的渗漏损失和确定坝体排水设备的尺寸。

(3)确定坝坡逸出段和下游地基表面的逸出比降,以及不同土层之间的渗透比降,以判断该处的渗透稳定性。

(4)确定库水位降落时上游坝壳内自由水面的位置,估算由此产生的孔隙压力,供上游坝坡稳定分析使用,并根据这些分析成果,对初步拟订的坝体断面进行修改。

2 渗流计算的方法

土石坝渗流分析通常是把一个实际比较复杂的空间问题近似转化为平面问题。土石坝的渗流分析方法主要有解析法、手绘流网法、实验法和数值法四种。

解析法分为流体力学法和水力学法。本节主要介绍水力学法。

手绘流网法是一种简单易行的方法，能够求渗流场内任一点渗流要素，并具有一定的精度，但在渗流场内具有不同土质，且其渗透系数差别较大的情况下较难应用。

2.1 渗流分析的计算情况

(1)上游正常蓄水位与下游相应的最低水位。

(2)上游设计洪水位与下游相应的水位。

(3)上游校核洪水位与下游相应的水位。

(4)库水位降落时上游坝坡稳定最不利的情况。

2.2 渗流分析的水力学法

2.2.1 基本假定

(1)坝体土是均质的，坝内各点在各个方向的渗透系数相同。

(2)渗流是层流，符合达西定律，$v = KJ$。

(3)渗流是渐变流，过水断面上各点的坡降和流速是相等的。

2.2.2 渗流计算基本公式

对于不透水地基上矩形土体内的渗流，如图3-18所示。

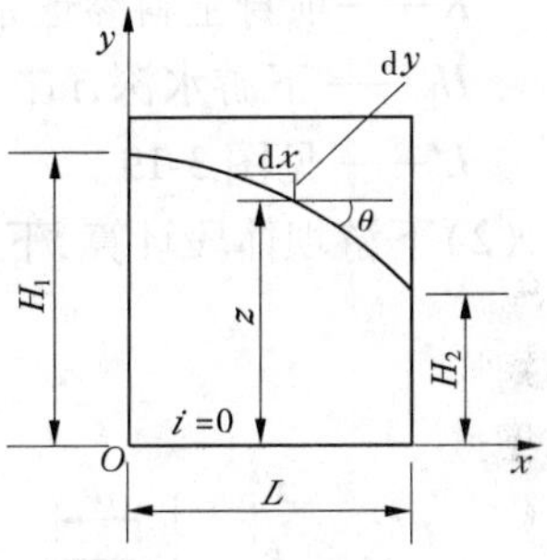

图3-18 渗流计算图

应用达西定律，并假定任一铅直过水断面内各点的渗透坡降相等，对不透水地基上的矩形土体，流过断面上的平均流速为：

$$v = -K\frac{dy}{dx} = -KJ \tag{3-6}$$

单宽流量：

$$q = vy = -Ky\frac{dy}{dx} \tag{3-7}$$

自上游向下游积分：

$$q = \frac{K(H_1^2 - H_2^2)}{2L} \tag{3-8}$$

自上游向区域中某点(x,y)积分，得浸润线方程：

$$y = \sqrt{H_1^2 - \frac{2q}{K}x} \tag{3-9}$$

由上式可知，浸润线是一个二次抛物线。当渗流量q已知时，即可绘制浸润线，若边界条件已知，即可计算单宽渗流量。

3 均质坝的渗流计算

3.1 不透水地基上均质土石坝的渗流计算

3.1.1 土石坝下游有水而无排水设备的情况

以下游有水而无排水设备或设有贴坡排水的情况。过B'点作铅垂线将坝体分为两部分，用虚拟矩形 $AEOF$ 代替三角形 AMF，如图 3-19 所示。

等效矩形宽度：$\Delta L=\lambda H_1$，λ 值由下式计算：

$$\lambda=\frac{m_1}{2m_1+1} \tag{3-10}$$

式中　m_1——上游坝面的边坡系数，如为变坡则取平均值；

H_1——上游水深，m。

（1）上游坝体段计算：

$$q_1=K\frac{H_1^2-(H_2+a_0)^2}{2L'} \tag{3-11}$$

式中　a_0——浸润线出逸点在下游水面以上高度，m；

K——坝身土料渗透系数；

H_2——下游水深，m；

L'——见图 3-19。

（2）下游坝体段计算，下游水位以上部分单宽渗流量（如图 3-20 所示）：

$$q_2'=K\frac{a_0}{m_2+0.5} \tag{3-12}$$

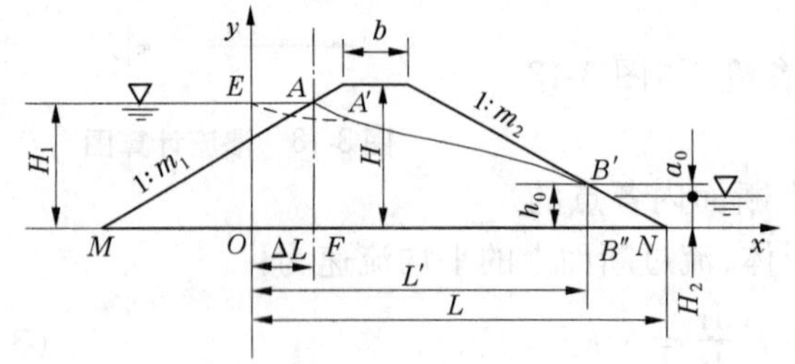

图 3-19　不透水地基上均质土坝的渗流计算图

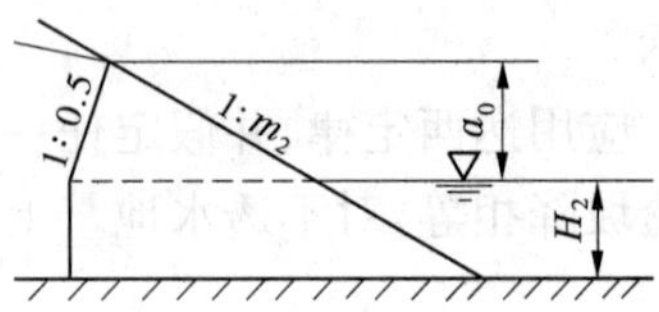

图 3-20　下游楔形体渗流计算图

下游水位以下部分单宽渗流量：

$$q_2''=K\frac{a_0H_2}{(m_2+0.5)a_0+\dfrac{m_2H_2}{1+2m_2}} \tag{3-13}$$

通过下游坝体总单宽渗流量：

$$q_2=q_2'+q_2''=K\frac{a_0}{m_2+0.5}\left(1+\frac{H_2}{a_0+a_mH_2}\right) \tag{3-14}$$

式中

$$a_m=\frac{m_2}{2(m_2+0.5)^2} \tag{3-15}$$

根据水流连续条件：

$$q_1=q_2=q \tag{3-16}$$

可求两个未知数渗流量 q 和逸出点高度 a_0。

可由式(3-9)确定浸润线。上游坝面附近的浸润线需作适当修正，自 A 点作与坝坡 AM 正交的平滑曲线，曲线下端与计算求得的浸润线相切于 A' 点。

当下游无水时，以上各式中的 $H_2=0$；当下游有贴坡排水时，因贴坡式排水基本上不影响坝体浸润线的位置，所以计算方法与下游不设排水时相同。

3.1.2　土石坝下游有褥垫排水

如图3-21所示，浸润线为抛物线，其方程为：

$$L' = \frac{y^2 - h_0^2}{2h_0} + x \tag{3-17}$$

$$h_0 = \sqrt{L'^2 + H_1^2} - L' \tag{3-18}$$

通过坝身的单宽渗流量：

$$q = \frac{K}{2L'}(H_1^2 - h_0^2) \tag{3-19}$$

3.1.3　土石坝下游有棱体排水

如图3-22所示，当下游无水时，按上述褥垫式排水情况计算。

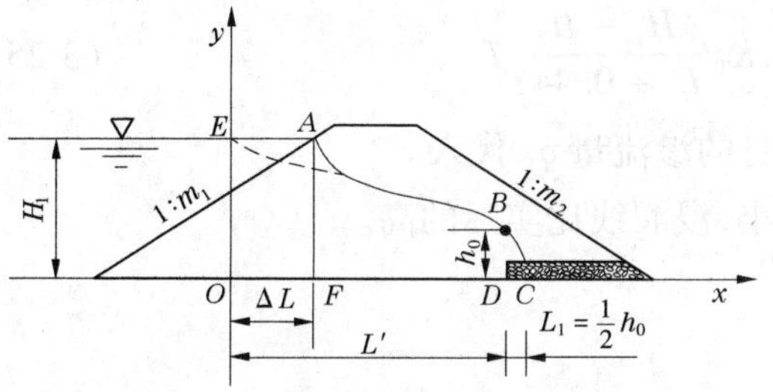

图3-21　有褥垫排水时渗流计算图

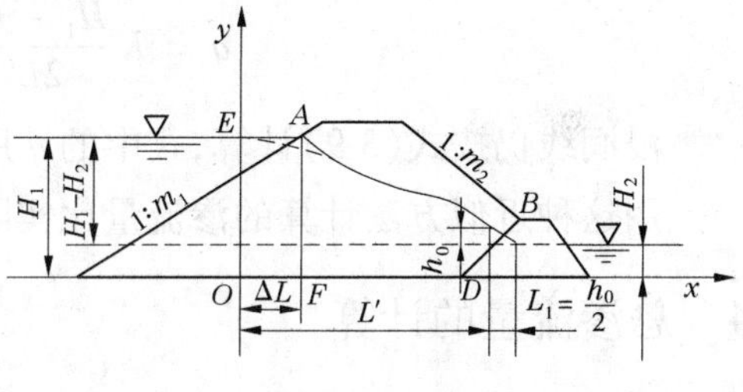

图3-22　有棱体排水时渗流计算图

当下游有水时，将下游水面以上部分按照褥垫式下游无水情况处理，浸润线可按下式计算：

$$y = \sqrt{H_1^2 - \frac{2q}{K}x} \tag{3-20}$$

$$q = \frac{h}{2L'}[H_1^2 - (H_2 + h_0)^2] \tag{3-21}$$

$$h_0 = \sqrt{L'^2 + (H_1 - H_2)^2} - L' \tag{3-22}$$

3.2　有限深透水地基上均质土石坝的渗流计算

对坝体和地基渗透系数相近的均质土坝，可先假定地基不透水，按上述方法确定坝体的渗流量 q_1 和浸润线；坝体浸润线可不考虑坝基渗透的影响，仍用地基不透水情况下算出的结果，然后假定坝体不透水，计算坝基的渗流量 q_2；最后将 q_1 和 q_2 相加，即可近似地得到坝体坝基的渗流量。当坝体的渗透系数是坝基渗透系数的百分之一时，认为坝体是不透水的；反之，当坝基的渗透系数是坝体渗透系数的百分之一时，认为坝基是不透水地基。

考虑坝基透水的影响，上游面的等效矩形宽度应按下式计算：

$$\Delta L = \frac{\beta_1\beta_2 + \beta_3\dfrac{K_T}{K}}{\beta_1 + \dfrac{K_T}{K}} \tag{3-23}$$

$$\beta_1 = \frac{2m_1 H_1}{T} + \frac{0.44}{m_1} - 0.12$$

$$\beta_2 = \frac{m_1 H_1}{1 + 2m_1}$$

$$\beta_3 = m_1 H_1 + 0.44T$$

式中　T——透水地基厚度；

K_T——透水地基的渗透系数。

下游无水时，通过坝体和坝基的单宽渗流量为：

$$q = q_1 + q_2 = K\frac{H_1^2}{2L'} + K_T\frac{TH_1}{L' + 0.44T} \tag{3-24}$$

下游有水时，通过坝体和坝基的单宽渗流量为：

$$q = K\frac{H_1^2 - H_2^2}{2L'} + K_T\frac{H_1 - H_2}{L' + 0.44T}T \tag{3-25}$$

浸润线仍按式(3-9)计算，式中的 q 用坝身的渗流量 q_1 代入。

用这种近似方法计算的渗流量比实际值小，浸润线比实际的高。

4　总渗流量的计算

计算总流量时，应根据地形、地质、防渗排水的变化情况，将土石坝沿坝轴线分为若干段，如图 3-23 所示，然后分别计算各段的平均单宽渗流量，再按式(3-26)计算总渗流量：

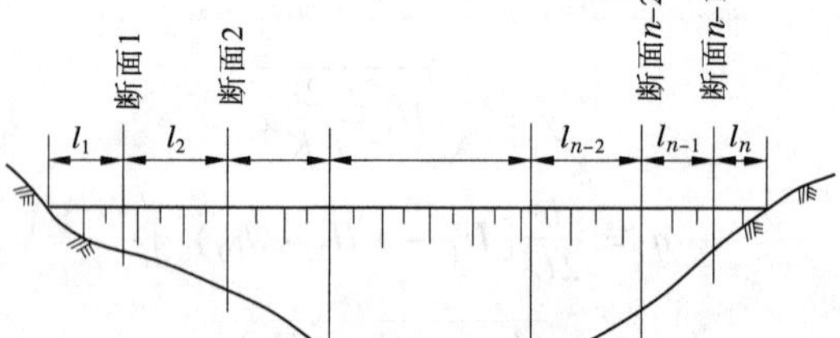

图 3-23　总渗流量计算图

$$Q = \frac{1}{2}[q_1 l_1 + (q_1 + q_2) l_2 + \cdots + (q_{n-2} + q_{n-1}) l_{n-1} + q_{n-1} l_n] \tag{3-26}$$

式中　$l_1, l_2, \cdots, l_n$——各段坝长，m；

$q_1, q_2, \cdots, q_{n-1}$——断面 1,2,…,$n-1$ 处的单宽流量，$m^3/(s \cdot m)$。

5　土石坝的渗透变形及其防止措施

5.1　渗透变形的形式

在渗透水流的物理或化学作用下，土石坝坝身及地基中的土体颗粒流失，土壤发生局部破坏的现象，称为渗透变形。渗透变形的形式及其发生、发展过程，与土料性质、土粒级配、水流条件以及防渗、排水措施等因素有关，一般有管涌、流土、接触冲刷和接触流失等类型。工程中以管涌和流土最为常见。

5.1.1 管涌

在渗流作用下，坝体或坝基中的细小颗粒被渗流带走逐步形成渗流通道的现象称为管涌，常发生在坝的下游坡或闸坝下游地基面渗流逸出处。没有凝聚力的无黏性砂土、砾石砂土中容易出现管涌；黏性土的颗粒之间存在凝聚力（或称黏结力），渗流难以把其中的颗粒带走，一般不易发生管涌。

5.1.2 流土

在渗流作用下，成块土体被掀起浮动的现象称为流土。它主要发生在黏性土及均匀非黏性土体的渗流出口处。发生流土时的水力坡降称为流土的破坏坡降。

5.1.3 接触冲刷

当渗流沿两种不同土壤的接触面流动时，把其中细颗粒带走的现象，称为接触冲刷。接触冲刷可能使临近接触面的不同土层混合起来。

5.1.4 接触流土和接触管涌

渗流方向垂直于两种不同土壤的接触面时，例如在黏土心墙（或斜墙）与坝壳砂砾料之间，坝体或坝基与排水设施之间，以及坝基内不同土层之间的渗流，可能把其中一层的细颗粒带到另一层的粗颗粒中去，称为接触管涌。当其中一层为黏性土，由于含水量增大凝聚力降低而成块移动，甚至形成剥蚀时，称为接触流土。

5.2 防止渗透变形的工程措施

土体是否发生渗透变形主要取决于渗透坡降、土颗粒的性质，因此防止渗透变形从以下两个方面考虑：一是在渗流的上游或源头采用防渗措施，拦截渗水或延长渗径，从而减小渗透流速和渗透压力，降低渗透比降；二是在渗流的出口段采用排水减压措施和渗透反滤保护措施，提高渗流出口段抵御渗透变形的能力。

一般采用的工程措施有：①设置垂直或水平防渗设施（如截水墙、斜墙、心墙和水平铺盖等）；②设置排水设施；③盖重压渗措施；④设置反滤层。

反滤层作用是滤土排水，它是提高抗渗破坏能力、防止各类渗透变形，特别是防止管涌的有效措施。在任何渗流流入排水设施处一般都要设置反滤层。反滤层设置应满足如下要求：①结构合理。层面应尽量与渗流方向垂直，沿渗流方向粒径逐层增大。②材料质量要好。质地坚硬，抗风化能力较强。③级配合理。反滤层应有足够的渗透性，能通畅地排除渗透水流；使被保护的土层不发生渗透变形，即被保护的土料（包括反滤层砂石料）不得穿越下一层反滤料的孔隙；反滤层不致被淤塞而失效。

砂石反滤层的结构：反滤层一般是由 2 ~ 3 层不同粒径的非黏性土、砂和砂砾石组成的。层次排列应尽量与渗流的方向垂直，各层次的粒径则按渗流方向逐层增加，如图 3-24 所示。

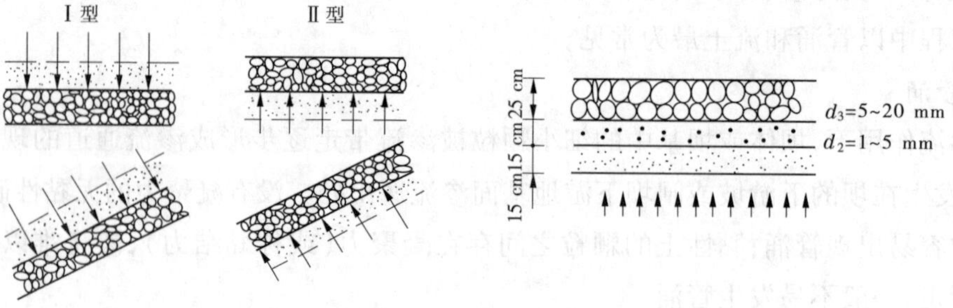

图 3-24　反滤层布置图

任务 4　土石坝的稳定分析

1　稳定计算的目的

稳定分析是确定坝的设计剖面经济安全的主要依据。土坝的体积和重量都比较大，一般不会在水平水压力的作用下发生整体滑动。其失稳形式主要是坝坡或坝坡与地基一起滑动。土石坝稳定分析的目的是保证土石坝在自重、孔隙压力和外界荷载作用下，坝坡安全经济。

2　滑裂面的形状及工作情况

坝坡稳定计算时，应先确定滑裂面的形状，土石坝滑坡的型式与坝体结构、土料和地基的性质以及坝的工作条件密切相关，图 3-25 所示为各种可能的滑裂面型式。

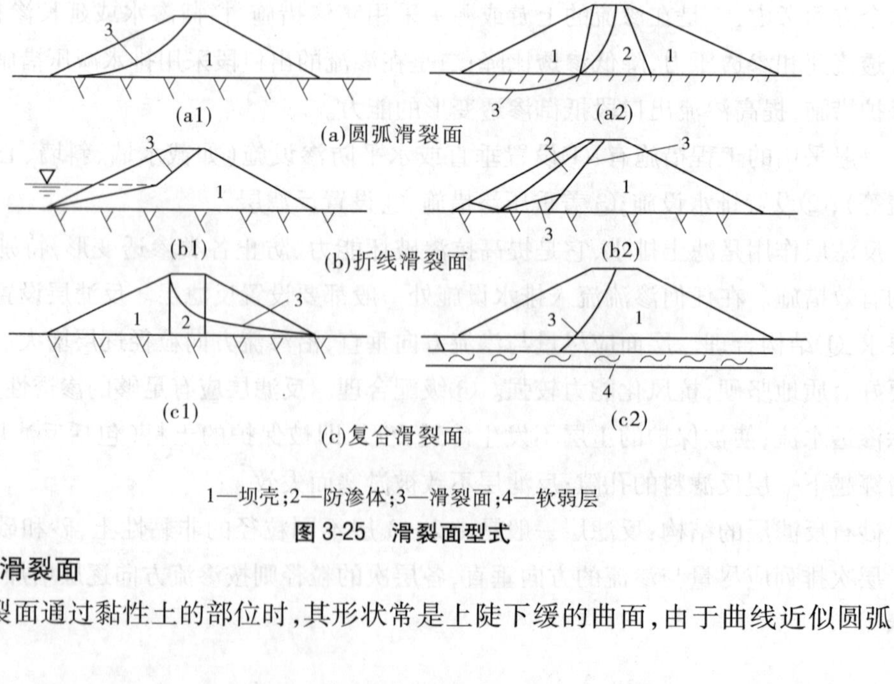

1—坝壳；2—防渗体；3—滑裂面；4—软弱层

图 3-25　滑裂面型式

2.1　曲线滑裂面

当滑裂面通过黏性土的部位时，其形状常是上陡下缓的曲面，由于曲线近似圆弧，因而在实际计算中常用圆弧表示，如图3-25(a)所示。

2.2 直线或折线滑裂面

滑裂面通过无黏性土时，滑裂面的形状可能是直线或折线形。当坝坡干燥或全部浸入水中时呈直线形；当坝坡部分浸入水中时呈折线形，如图3-25(b1)所示。斜墙坝的上游坡失稳时，通常是沿着斜墙与坝体交界面滑动，如图3-25(b2)所示。

2.3 复合滑裂面

当滑裂面通过性质不同的几种土料时，可能是由直线和曲线组成的复合形状滑裂面，如图3-25(c)所示。

3 荷载及其组合

3.1 荷载

土石坝稳定计算必须考虑的荷载有自重、渗透动水压力、孔隙压力和地震惯性力。

3.1.1 自重

坝体自重一般在浸润线以上的土体按湿容重计算，浸润线以下、下游水位以上的按饱和容重计算。下游水位以下的按浮容重计算。

3.1.2 渗透动水压力

动水压力的方向与渗透方向相同，作用在单位土体上的渗透动水压力为γJ(γ为水的容重，J为该处的渗透坡降)。

3.1.3 孔隙压力

孔隙压力是黏性土体中常存在的一种力。它的产生有两种情况：一种是土体内由于水的渗流在土的孔隙内形成的孔隙压力；另一种是黏性土在外荷载作用下产生压缩时，由于土内空气和水来不及排除，外荷载便由土粒及孔隙中水和空气共同承担。

孔隙压力的存在使土的抗剪强度降低，对于黏性填土或坝基，在施工期和水库水位降落期必须计算相应的孔隙压力，必要时还要考虑施工末期孔隙压力消散的情况。

孔隙压力的大小及消散速度，主要随土料性质、填土含水量、填筑速度、坝内各点荷载和排水不同而异，随时间变化，因而孔隙压力的计算一般较为复杂。

3.2 荷载组合情况

3.2.1 正常运用情况

(1)上游为正常蓄水位，下游为相应的最低水位或上游为设计洪水位，下游为相应的最高水位时，坝内形成稳定渗流时，上游、下游坝坡的稳定计算。

(2)水库水位位于正常和设计水位之间范围内的正常降落，上游坝坡的稳定计算。

3.2.2 非常运用情况Ⅰ

(1)施工期，考虑孔隙压力时的上游、下游坝坡稳定计算。

(2)水库水位非常降落，如自校核洪水位降落至死水位以下，以及大流量快速泄空等情况下的上游坝坡稳定计算。

(3)校核洪水位下有可能形成稳定渗流时的下游坝坡稳定计算。

3.2.3　非常运用情况Ⅱ

正常运用情况遇到地震时上游、下游坝坡稳定验算。

4　稳定安全系数标准

采用计入条块间作用力计算方法时，坝坡的抗滑稳定安全系数应不小于表3-8规定的数值。采用不计入条块间作用力的瑞典圆弧法计算坝坡稳定时，对1级坝，正常应用情况下最小稳定安全系数应不小于1.30，其他情况应比表中规定的降低8%。

表3-8　容许最小抗滑稳定安全系数

运用条件	工程等级			
	1	2	3	4、5
正常运用	1.50	1.35	1.30	1.25
非常运用Ⅰ	1.30	1.25	1.20	1.15
非常运用Ⅱ	1.20	1.15	1.15	1.10

5　稳定分析方法

现行的边坡稳定分析方法基本上都属于刚体极限平衡法。首先判断破坏面的形式，然后选取可能的最危险的破坏面，求出最小安全系数即为土石坝的安全系数。我们这里只介绍圆弧滑动面的稳定计算方法。

基本原理：假定滑动面为圆柱面，将滑动面内土体看作刚体脱离体，土体绕滑动面的圆心转动即为边坡失稳。分析时在坝轴线方向取单位坝长1 m按平面问题研究。工程实践中常采用条分法：将脱离体按一定的宽度分成若干铅直土条，分别计算各土条对圆心的抗滑力矩 M_r 和滑动力矩 M_s，再求和，最后即得该滑动面的安全系数 $K = \sum M_r / \sum M_s$。

目前，最常见的有瑞典圆弧法和简化的毕肖普法。瑞典圆弧法计算简单，但理论上有缺陷，且当孔隙压力较大和地基软弱时误差较大。简化的毕肖普法计算比瑞典圆弧法复杂，但由于计算机的广泛应用，目前应用较多。

5.1　瑞典圆弧法

瑞典圆弧法（如图3-26所示）是不计条块间作用力的方法，计算简单，已积累了丰富的经验，但理论上有缺陷，且孔隙压力较大和地基软弱时误差较大。其基本原理是将滑动面上的土体按一定宽度分为若干个铅直土条，不计条块间作用力，计算各土条对滑动圆心的抗滑力矩和滑动力矩，再分别取其总和，其比值即为该滑动面的稳定安全系数。

安全系数的计算步骤：

（1）确定圆心、半径，绘制圆弧。

（2）将土条编号。为便于计算，土条宽度取 $b=0.1R$（圆弧半径）。各块土条编号的顺序为：零号土条位于圆心之下，向上游（对下游坝坡而言）各土条的顺序为1、2、3…，往下游的顺序为 -1、-2、-3…。

（3）计算各土条重量。计算抗滑力时，浸润线以上部分用湿容重，浸润线以下用浮容

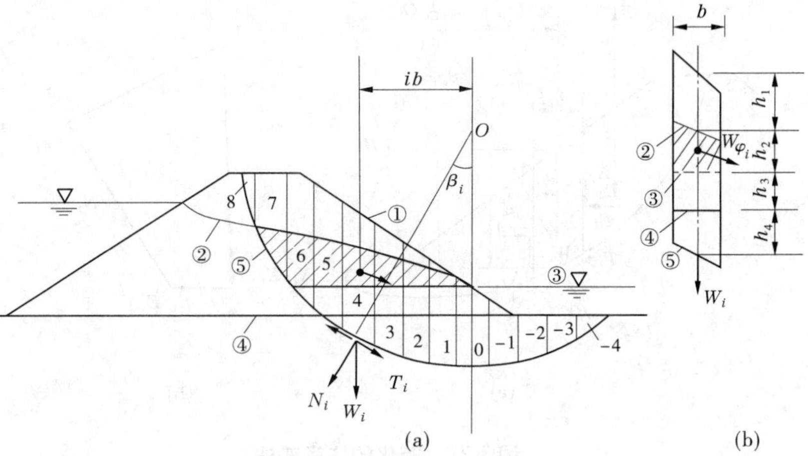

①—坝坡线；②—浸润线；③—下游水面；④—地基面；⑤—滑裂面

图3-26　圆弧滑动计算简图

重；计算滑动力时，下游水面以上部分用湿容重，下游水面以下部分用饱和容重。

(4)计算稳定安全系数。计算公式为：

$$K = \frac{\sum\{[(W_i \pm V)\cos\beta_i - ub\sec\beta_i - Q\sin\beta_i]\tan\varphi_i' + c_i' b\sec\beta_i\}}{\sum[(W_i \pm V)\sin\beta_i + M_c/R]} \tag{3-27}$$

式中　W_i——土条重量，kN；

Q——水平地震惯性力，kN；

V——垂直地震惯性力（向上为负，向下为正），kN；

u——作用于土条底面的孔隙压力，kN/m^2；

β_i——条块重力线与通过此条块底面中点的半径之间的夹角；

b——土条宽度，m；

c_i'、φ_i'——土条底面的有效应力抗剪强度指标；

M_c——水平地震惯性力对圆心的力矩，kN · m；

R——圆弧半径，m。

5.2　简化的毕肖普(Bishop)法

简化的毕肖普法（如图3-27所示），近似考虑了土条间相互作用力的影响，能反映土体滑动土条之间的客观状况，但计算比瑞典圆弧法复杂。图中 E_i 和 X_i 分别表示土条间的法向力和切向力；W_i 为土条自重，在浸润线上、下分别按湿容重和饱和容重计算；N_i 和 T_i 分别为土条底部的总法向力和总切向力。为使问题可解，毕肖普假设 $X_i = X_{i+1}$，即略去土条间的切向力，使计算工作量大为减少，而成果与精确法计算的仍很接近，故称简化的毕肖普法。计算公式为：

$$K = \frac{\sum\{[(W_i \pm V)\sec\beta_i - ub\sec\beta_i]\tan\varphi_i' + c_i' b\sec\beta_i\}[1/(1 + \tan\beta_i\tan\varphi_i'/K)]}{\sum[(W_i \pm V)\sin\beta_i + M_c/R]} \tag{3-28}$$

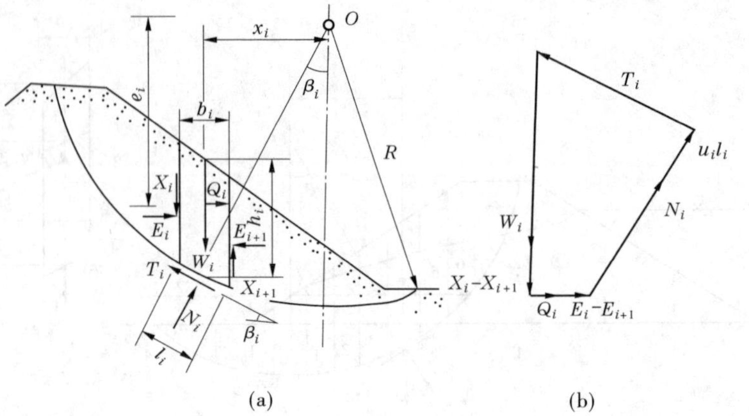

图 3-27　简化的毕肖普法

6　最危险圆弧位置的确定

如图 3-28 所示，首先由下游坝坡中点 a 引出两条直线，一条是铅直线，另一条与坝坡线成 85°角，再以 a 为圆心，以 $R_内$、$R_外$ 为半径（$R_内$、$R_外$ 由表 3-9 查得）作两个圆弧，得到扇形 $bcdf$，然后按图示作直线 M_1M_2 并延长使其与扇形相交，交点为 e、g。最危险的滑弧圆心就在扇形面积中的 eg 线附近。

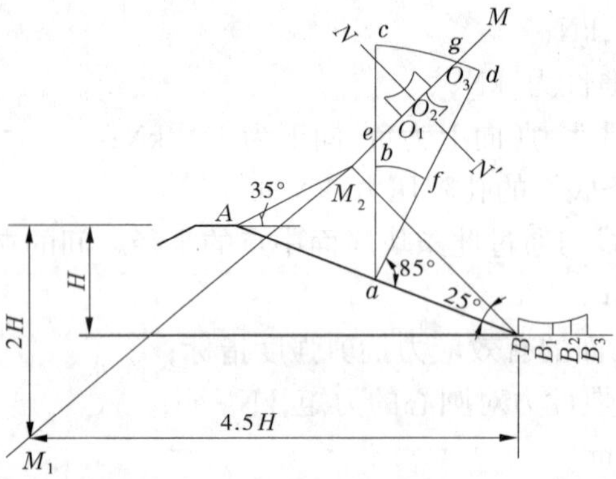

图 3-28　最危险滑弧求解

表 3-9　$R_内$、$R_外$ 值

坝坡	1:1	1:2	1:3	1:4
$R_内/H$	0.75	0.75	1.0	1.5
$R_外/H$	1.5	1.75	2.3	3.7

计算最小稳定安全系数的步骤如下：

（1）首先在 eg 线上假定几个圆心 O_1、O_2、O_3 等，从每个圆心作滑弧通过坝脚点，按公式分别计算其 K_c 值。按比例将 K_c 值画在相应的圆心上，绘制 K_c 值的变化曲线，可找到

该曲线上的最小 K_c 值,例如 O_2 点。

(2)再通过 eg 线上 K_c 最小的点 O_2,作 eg 垂线 NN'。在 NN'线上取数点为圆心,画弧仍通过 B 点,求出 NN'线上最小的 K_c 值。一般认为该 K_c 值即为通过 B 点的最小安全系数,并按比例画在 B 点。

(3)根据坝基土质情况,在坝坡上或坝脚外,再选数点 B_1、B_2、B_3 等,仿照上述方法,求出相应的最小安全系数 K_{c1}、K_{c2}、K_{c3}等,并标注在相应点上,与 B 点的 K_c 连成曲线,找到 K_{cmin}。一般至少要计算 15 个滑弧才能得到答案。

任务5　土石坝的地基处理

土石坝对地基的要求比混凝土低,可不必挖除地表透水土壤和砂砾石等,但地基性质对土石坝的构造和尺寸仍有很大的影响。据资料统计,土石坝约有 40% 的失事是由地基问题所引起的。

土石坝地基处理的任务是:

(1)控制渗流,使地基与坝身不产生渗透变形,并把渗流流量控制在允许的范围内。

(2)保证地基稳定不发生滑动。

(3)控制沉降与不均匀沉降,以限制坝体裂缝的发生。

1　砂砾石地基的处理

砂砾石地基处理的主要问题:地基透水性大。处理的目的是减少地基的渗流量并保证地基和坝体的抗渗稳定。处理方法是"上防下排"。"上防"包括水平和垂直防渗措施,"下排"主要是排水减压。

1.1　垂直防渗设施

垂直防渗措施能够截断地基渗流,可靠而有效地解决地基渗流问题。

1.1.1　黏土截水墙

当覆盖层深度在 15 m 以内时,可开挖深槽直达不透水层或基岩,槽内回填黏性土而成截水墙(也称截水槽),心墙坝、斜墙坝常将防渗体向下延伸至不透水层而成截水墙,如图 3-29 所示。

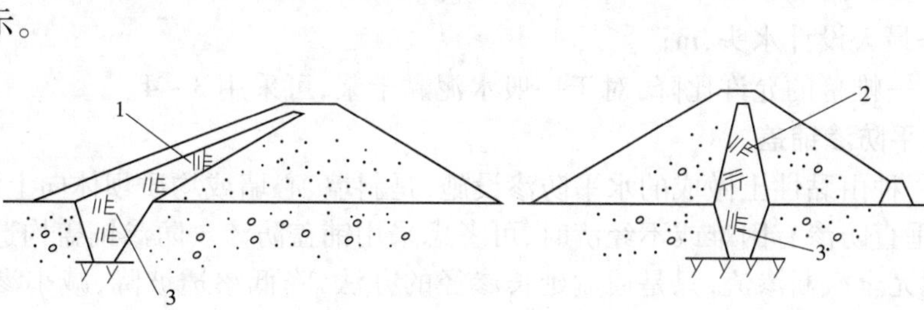

1—黏土斜墙;2—黏土心墙;3—黏土截水墙

图 3-29　透水地基截水墙

截水墙结构简单、工作可靠、防渗效果好,得到了广泛的应用。缺点是槽身挖填和坝体填筑不便同时进行,若汛前要达到一定的坝高拦洪度汛,工期较紧。

1.1.2　混凝土防渗墙

用钻机或其他设备沿坝轴线方向造成圆孔或槽孔，在孔中浇混凝土，最后连成一片，成为整体的混凝土防渗墙，适用于透水层深度大于 50 m 的情况，如图 3-30 所示。

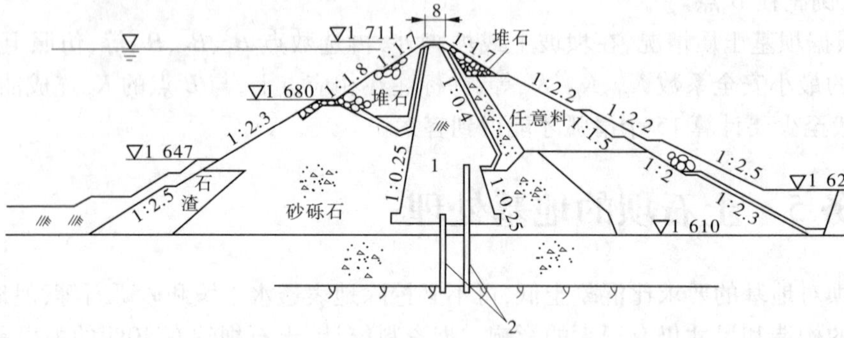

1—黏土心墙；2—混凝土防渗墙

图 3-30　混凝土防渗墙　（单位：m）

1.1.3　帷幕灌浆

当砂卵石层很厚时，用上述处理方法都较困难或不够经济，可采用灌浆帷幕防渗。

帷幕灌浆的施工方法是：采用高压定向喷射灌浆技术，通过喷嘴的高压气流切割地层成缝槽，在缝槽中灌压水泥砂浆，凝结后形成防渗板墙。其特点是可以处理较深的砂砾石地基，但对地层的可灌性要求高，地层的可灌性：$M < 5$，不可灌；$M = 5 \sim 10$，可灌性差；$M > 10 \sim 15$，可灌水泥黏土砂浆或水泥砂浆。

$$M = \frac{D_{15}}{d_{85}} \tag{3-29}$$

式中　D_{15}——受灌土层中小于此粒径的土重占总土重的 15%，mm；

d_{85}——灌浆材料中小于此粒径的土重占总土重的 85%，mm。

灌浆帷幕的厚度 T，根据帷幕最大作用水头 H 和允许水力坡降 $[J]$，按下式估算：

$$T = \frac{H}{[J]} \tag{3-30}$$

式中　H——最大设计水头，m；

$[J]$——帷幕的允许比降，对于一般水泥黏土浆，可采用 3 ~ 4。

1.2　上游水平防渗铺盖

铺盖是一种由黏性土做成的水平防渗设施，是斜墙、心墙或均质坝体向上游延伸的部分。当采用垂直防渗有困难或不经济时，可考虑采用铺盖防渗。防渗铺盖构造简单，造价低，但它不能完全截断渗流，只是通过延长渗径的办法，降低渗透坡降，减小渗透流量，但防渗效果不如垂直防渗体。

1.3　下游排水减压措施

常用的排水减压设施有排水沟和排水减压井。

排水沟在坝趾稍下游平行坝轴线设置，沟底深入到透水的砂砾石层内，沟顶略高于地面，以防止周围表土的冲淤。按其构造，可分为暗沟和明沟两种。两者都应沿渗流方向按反滤层布置,明沟沟底与下游的河道连接,其构造如图 3-31 所示。

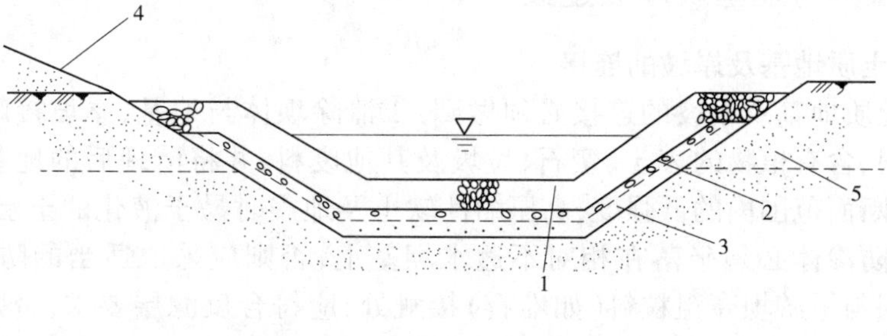

1—干砌石;2—碎石;3—粗砂;4—坝坡;5—砂砾石层

图 3-31 排水沟

将深层承压水导出水面,然后从排水沟中排出,其构造如图 3-32 所示。在钻孔中插入带有孔眼的井管,周围包以反滤料,管的直径一般为 20 ~ 30 cm,井距一般为 20 ~ 30 m。

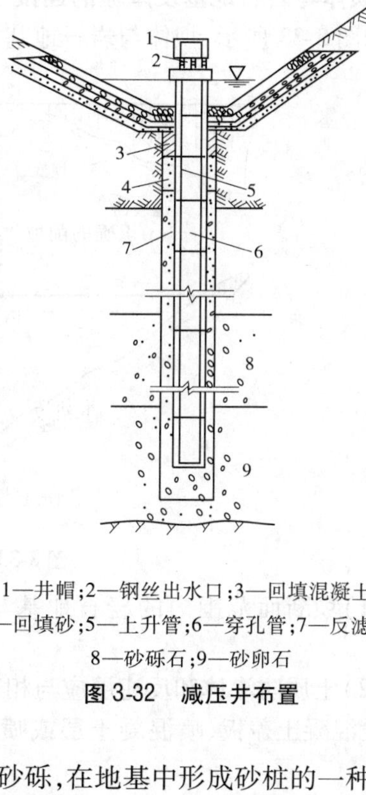

1—井帽;2—钢丝出水口;3—回填混凝土;
4—回填砂;5—上升管;6—穿孔管;7—反滤层;
8—砂砾石;9—砂卵石

图 3-32 减压井布置

2 细砂与淤泥地基处理

2.1 细砂地基

饱和的均匀细砂地基在动力作用下,特别是在地震作用下易于液化,应采取工程措施加以处理。当厚度不大时,可考虑将其挖除。当厚度较大时,可首先考虑采取人工加密措施,使之达到与设计地震烈度相适应的密实状态,然后采取加盖重,加强排水等附加防护设施。

2.2 淤泥地基

淤泥层地基天然含水量大,容重小,抗剪强度低、承载能力小。当埋藏较浅且分布范围不大时,一般应把它全部挖除;当埋藏较深,分布范围又较宽时,则常采用压重法或设置砂井加速排水固结。压重施加于坝趾处。

砂井排水法,是在坝基中钻孔,然后在孔中填入砂砾,在地基中形成砂桩的一种方法。设置砂井后,地基中排除孔隙水的条件大为改善,可有效地增加地基土的固结速度。

3 软黏土和黄土地基处理

软黏土层较薄时,一般全部挖除。当土层较薄而其强度并不太低时,可只将表面较薄的可能不稳定的部位挖除,换填较高强度的砂,称为换砂法。

黄土地基在我国西北部地区分布较广,其主要特点是浸水后沉降较大。处理的方法一般有:预先浸水,使其湿陷加固;将表层土挖除,换土压实;夯实表层土,破坏黄土的天然结构,使其密实等。

4　土石坝坝体与地基及岸坡连接

4.1　坝体与土质地基及岸坡的连接

坝体与土质地基及岸坡的连接必须做到：①清除坝体与地基、岸坡接触范围内的草皮、树干、树根、含有植物的表土、蛮石、垃圾及其他废料，并将清理后的地基表面土层压实；②对坝体断面范围内的低强度、高压缩性软土及地震时易于液化的土层，进行清除或处理；③土质防渗体必须坐落在相对不透水坝基上，否则应采取适当的防渗处理措施；④地基覆盖层与下游坝壳粗粒料（如堆石）接触处，应符合反滤层要求，否则必须设置反滤层，以防止坝基土流失到坝壳中。

心墙和斜墙在与两端岸坡连接处应扩大其断面，加强连接处防渗性。

4.2　坝体与岩石地基及岸坡的连接

如图 3-33 所示，坝体与岩石地基及岸坡的连接必须做到以下几点：

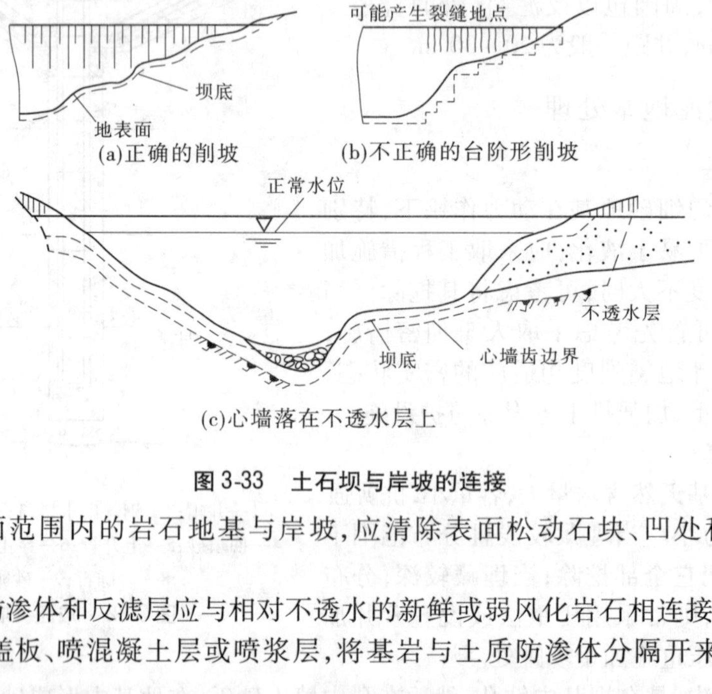

图 3-33　土石坝与岸坡的连接

（1）坝断面范围内的岩石地基与岸坡，应清除表面松动石块、凹处积土和突出的岩石。

（2）土质防渗体和反滤层应与相对不透水的新鲜或弱风化岩石相连接。基岩面上一般宜设混凝土盖板、喷混凝土层或喷浆层，将基岩与土质防渗体分隔开来，以防止接触冲刷。

（3）对失水时很快风化变质的软岩石（如页岩、泥岩等），开挖时应预留保护层，待开始回填时，随挖除、随回填。

（4）土质防渗体与岩石或混凝土建筑物相接处，如防渗土料为细粒黏性土，则在邻近接触面 0.5 ~ 1.0 m 范围内，在填土前用黏土浆抹面。如防渗土料为砾石土，临近接触面应采用纯黏性土或砾石含量少的黏性土，在略高于最优含水量下填筑，使其结合良好。

任务 6　溢洪道

在水利枢纽中，为了防止洪水漫过坝顶，危及大坝和枢纽的安全，必须布置泄水建筑物,以宣泄水库按运行要求不能容纳的多余来水量。常用的泄水建筑物有河床式溢洪道、河岸溢洪道。对于土石坝及某些轻型坝等水利枢纽,常在坝体以外的岸边或天然垭口布置溢洪道,称为河岸溢洪道。河岸溢洪道又以正槽式溢洪道运用最多,本节主要介绍正槽式溢洪道。

正槽式溢洪道一般由引水渠、控制段(溢流堰)、泄槽、消能防冲设施及出水渠五部分组成,如图3-34所示。

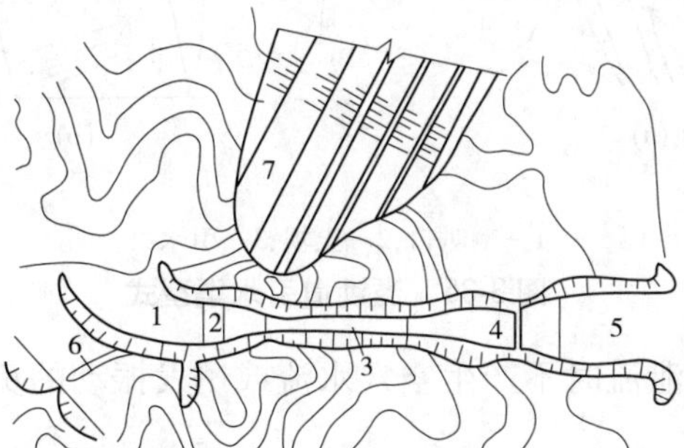

1—引水渠;2—控制段;3—泄槽;4—消能防冲段;
5—出水渠;6—非常溢洪道;7—土石坝

图3-34 正槽式溢洪道

1 引水渠

引水渠的作用是将水库的水平顺地引至溢流堰前。其设计原则是在合理的开挖方量下尽量减小水头损失,以增加溢洪道的泄洪能力。为此,引水渠布置时应注意以下几点:

(1)平面布置。引水渠在平面上宜布置成直线。若受地形或地质条件限制,引水渠必须转弯时,应使弯曲半径不小于4倍的渠底宽度,并力求在控制段前有一直线段,直线段的长度不小于2倍堰上水头,以保证控制段为正向进水。

引水渠长度应尽量短,在不引起其他组成部分工程量增加过多的情况下,应尽量使溢流堰直接面临水库,这样就不需要进水渠,只在堰前做一个喇叭形进水口即可,如图3-35所示。

(2)横断面。引水渠的横断面尺寸应足够大,以降低渠内流速,减小水头损失。渠内设计流速应大于悬移质不淤流速,小于渠道不冲流速,且水头损失较小,一般采用3~5 m/s。进水渠的边坡根据稳定要求确定。为了减小糙率和防止冲刷,进水渠应做衬砌。

(3)纵断面。应做成平底或底坡较小的反坡。当溢流堰为实用堰时,渠底在溢流堰处宜低于堰顶至少$0.5H_d$(H_d为堰面定型设计水头),但对于宽顶堰则无此要求。

2 控制段

溢洪道的控制段包括溢流堰及两侧连接建筑物,是控制溢洪道泄流能力的关键部位。

2.1 溢流堰的形式

溢流堰通常选用宽顶堰、实用堰,有时也采用驼峰堰、折线形堰。溢流堰的体形应尽

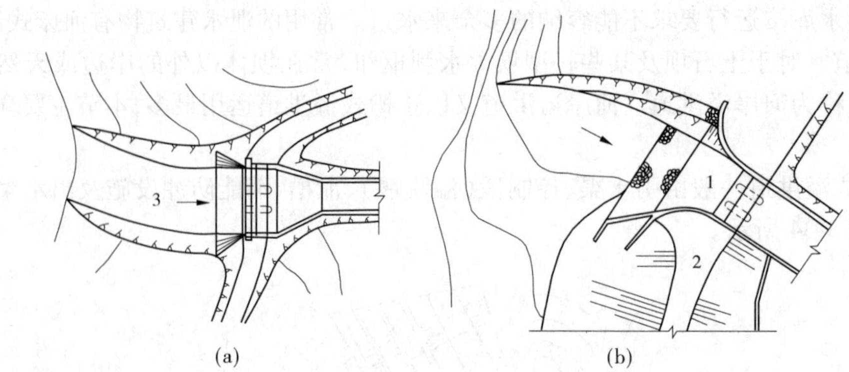

1—喇叭口;2—土坝;3—引水渠

图 3-35　溢洪道引水渠型式

量满足增大流量系数,在泄流时不产生空穴水流或诱发振动的负压等。

2.1.1　宽顶堰

宽顶堰的特点是结构简单,施工方便,但流量系数较低。由于宽顶堰荷载小,对承载力较差的土基适应能力较强。因此,在泄量不大或附近地形较平缓的中、小型工程中应用较广,如图 3-36 所示。

2.1.2　实用堰

实用堰与宽顶堰相比较,实用堰的流量系数比较大,在泄量相同的条件下需要的溢流前缘较短,工程量相对较小,但施工较复杂。大、中型水库,特别是岸坡较陡时,多采用这种型式,如图 3-37 所示。

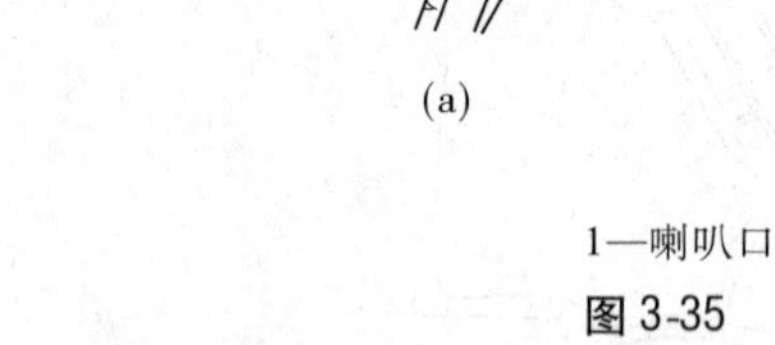

图 3-36　宽顶堰图

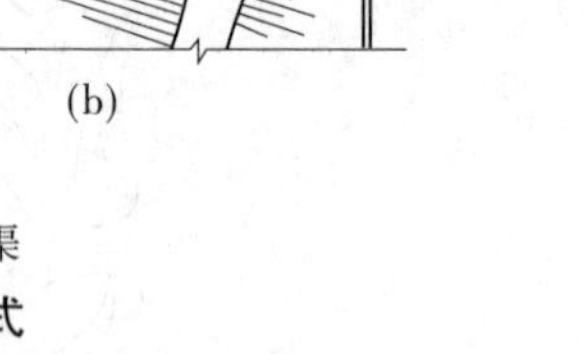

图 3-37　实用堰图

溢洪道中的实用堰一般比较低,其流量系数介于溢流重力坝和宽顶堰之间。实用堰的泄流能力与其上下游堰高、定型设计水头、堰面曲线形式等因素有关。

实用堰的断面形式很多,在溢洪道设计规范中建议优先采用 WES 型堰。溢流堰按上游堰高 P_1 和定型设计水头 H_d 的比值分为高堰($P_1/H_d>1.33$)和低堰($P_1/H_d\leqslant 1.33$)。高堰的流量系数接近一个常数,一般不随 P_1/H_d 的变化而受影响;低堰的流量系数则随 P_1/H_d 的减小而降低。这是因为进水渠中流速加大,水头损失加大,同时过堰水舌下缘垂直收缩不完全,压能增大,动能减小。为了获得较大的流量系数,一般上游堰高 $P_1\geqslant 0.3H_d$。低堰的流量系数还与下游堰高 P_2 有关。当堰顶水头较大,下游堰高 P_2 不足,堰后水流不能保证自由泄流时,将会出现流量系数随水头增加而降低的现象。为了消除这种现象,一般要求下游堰高 $P_2\geqslant 0.6H_d$。

低堰泄流时由于下游堰面水深比较大,堰面一般不会出现过大的负压,不致发生破坏性的空蚀和振动,因此在设计溢洪道的低堰时,可选择较小的定型设计水头,使高水位时的流量系数加大。根据试验研究,堰面定型设计水头 H_d 可采用 0.6~0.75 倍的堰顶最大水头。

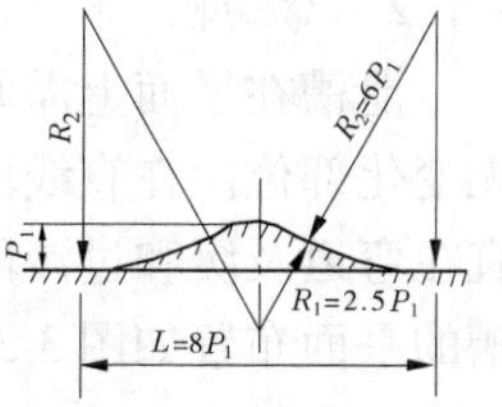

图 3-38 驼峰堰

2.1.3 驼峰堰

驼峰堰是一种复合圆弧的溢流低堰,堰面由不同半径的圆弧组成,如图 3-38 所示。其流量系数可达 0.42 以上,设计与施工简便,对地基的要求低,适用于软弱地基。

2.1.4 折线形堰

为获得较长的溢流前缘,在平面上将溢流堰做成折线形,称为折线形堰。

2.2 溢流孔口尺寸的拟订

溢洪道的溢流孔口尺寸,主要是溢流堰堰顶高程和溢流前缘长度的确定。中、小型水库溢洪道,特别是小型水库,溢洪道常不设闸门,堰顶高程就是水库的正常蓄水位;溢洪道设闸门时,堰顶高程低于水库的正常蓄水位。堰顶是否设置闸门,应从工程安全、洪水调度、水库运行、工程投资等方面论证确定。侧槽式溢洪道的溢流堰一般不设闸门。

溢流堰前缘长度和孔口尺寸的拟订以及单宽流量的选择,与溢流重力坝基本相同。但由于溢洪道出口一般离坝脚较远,其单宽流量可以比溢流重力坝所采用数值大一些。

3 泄槽

正槽溢洪道在溢流堰后多用泄槽与消能防冲设施相连,以便将过堰洪水安全地泄向下游河道。河岸溢洪道的落差主要集中在该段。泄槽的底坡常大于水流的临界坡,所以又称陡槽。槽内水流处于急流状态、紊动剧烈,由急流产生的高速水流对边界条件的变化非常敏感。当边墙有转折时就会产生冲击波,并可能向下游移动;当槽壁不平整时,极易产生掺气、空蚀等问题。

3.1 泄槽的平面布置

泄槽在平面上应尽可能采用直线、等宽、对称布置,力求使水流平顺、结构简单、施工方便。当泄槽的长度较大,地形、地质条件不允许做成直线,或为了减少开挖工程量、便于洪水归河和有利于消能等原因,常设置收缩段、扩散段或弯道段。

3.1.1 收缩角与扩散角

泄槽段水流属于急流,当泄槽的边墙向内收缩时,将使槽内水流产生陡冲击波。冲击波的波高取决于边墙的偏转角 θ,其值越大,波高则越大。当边墙向外扩散时,水流将产生缓冲击波。若扩散角 θ 过大,水流将产生脱离边墙的现象。因此,应严格控制其边墙的收缩角和扩散角。一般不宜大于 6°~8°,也可按下式确定:

$$\tan\theta = \frac{1}{kFr} = \frac{\sqrt{gh}}{kv} \tag{3-31}$$

式中 θ——边墙与泄槽中心线夹角,(°);

k——经验系数,一般取 3.0;

Fr——扩散段或收缩段的起、止断面的平均弗劳德数;

h——扩散段或收缩段的起、止断面的平均水深,m;

v——扩散段或收缩段的起、止断面的平均流速，m/s。

3.1.2 弯曲段

泄槽在平面上需要设置弯道时，弯道段宜设置在流速小、水流比较平稳、底坡较缓且无变化部位。在直线段和弯曲段之间，可设置缓和过渡段。为降低边墙高度和调整水流，宜在弯道及缓和过渡段渠底设置横向坡。弯道的转弯半径可采用6~10倍泄槽底宽。泄槽的平面布置如图3-39所示。

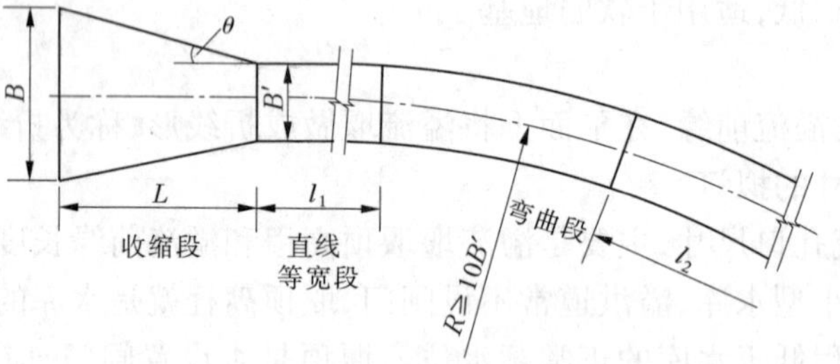

图3-39 泄槽的平面布置

3.2 泄槽的纵剖面

泄槽的纵剖面应尽量按地形、地质以及工程量少、结构安全稳定、水流流态良好的原则进行布置。泄槽纵坡必须保证槽中的水位不影响溢流堰自由泄流，使水流处于急流状态。因此，泄槽纵坡必须大于水流临界坡度。常用的纵坡为1%~5%，有时可达10%~15%，坚硬的岩石上可以更大，实践中有用到1∶1的。

为了节省开挖方量，泄槽的纵坡通常是随地形、地质条件而改变，但变坡次数不宜过多，而且在不同坡度连接处要用平滑曲面相连接，以免高速水流在变坡处发生脱离槽底引起负压或槽底遭到动水压力的破坏。

当坡度由陡变缓时，可采用半径为(6~12)h(h为反弧段水深)的反向弧段连接，流速大者宜选用大值；当底坡由缓变陡时，可采用竖向射流抛物线连接，如图3-40所示。其抛物线方程可按下式计算。

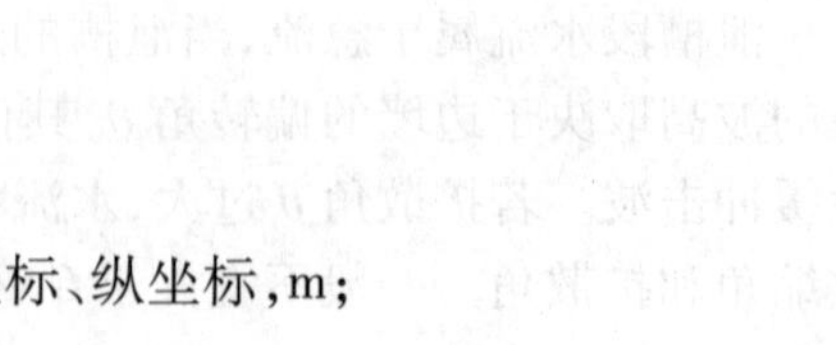

图3-40 变坡处抛物线连接

$$y = x\tan\theta + \frac{x^2}{K(4H_0\cos^2\theta)} \qquad (3\text{-}32)$$

$$H_0 = h + \frac{\alpha v^2}{2g}$$

式中 x、y——以缓坡泄槽末端为原点的抛物线横坐标、纵坐标，m；

θ——缓坡泄槽底坡坡角，(°)；

H_0——抛物线起始断面比能，m；

h——抛物线起始断面水深，m；

v——抛物线起始断面流速，m/s；

α——流速分布不均匀系数，通常取α=1.0；

K——系数，对于落差较大的重要工程取1.5，对于落差较小者取1.1~1.3。

3.3 泄槽的横剖面

泄槽横剖面形状在岩基上多做成矩形或近似于矩形，以使水流均匀分布和有利于下游消能，边坡坡比为1∶0.1～1∶0.3；在土基上则采用梯形，但边坡不宜太缓，以防止水流外溢和影响流态，为1∶1～1∶2。

泄槽边墙顶高程，应根据波动和掺气后的水面线，加上0.5～1.5 m的超高来确定。对非直线段、过渡段、弯道等水力条件比较复杂的部位，超高应适当增加。掺气程度与流速、水深、边界糙率及进口形状等因素有关。

掺气水深可用下式估算：

$$h_b = \left(1 + \frac{\zeta v}{100}\right) h \tag{3-33}$$

式中 h、h_b——泄槽计算断面不掺气水深及掺气后水深，m；

v——不掺气情况下计算断面的平均流速，m/s；

ζ——修正系数，一般为1.0～1.4 s/m，当流速大时宜取大值。

在泄槽转弯处的横剖面，弯道处水流流态复杂，由弯道离心力及冲击波共同作用下形成的外墙水面与中心线水面的高差Δz（如图3-41(a)所示），可按下式计算：

$$\Delta z = K\frac{v^2 b}{gR_0} \tag{3-34}$$

式中 Δz——横向水面差，m；

R_0——弯道段中心线曲率半径，m；

b——按直线段计算所得水面宽度，m；

v——计算断面平均流速，m/s；

K——超高系数，其值可按表3-10查取。

表3-10 不同断面形状泄槽的超高系数K值

泄槽断面形状	弯道曲线的几何形状	K值
矩形	简单圆曲线	1.0
梯形	简单圆曲线	1.0
矩形	带有缓和曲线过渡段的复曲线	0.5
梯形	带有缓和曲线过渡段的复曲线	1.0
矩形	既有缓和曲线的过渡段，槽底又横向倾斜	0.5

为消除弯道段的水面干扰，保持泄槽轴线的原底部高程、边墙高程等不变，以利施工，常将内侧渠底较轴线高程下降Δz，而外侧渠底则抬高Δz，如图3-41所示。

3.4 泄槽的构造

3.4.1 泄槽的衬砌

泄槽通常均需衬砌。为了保证泄槽安全泄水，衬砌必须做到光滑平整、止水可靠、排水通畅、坚固耐用。衬砌表面光滑平整可以防止引起不利的负压和空蚀；衬砌接缝处的止水可靠，可以避免高速水流钻入底板以下，因脉动压力引起破坏；底板下的排水系统通畅，

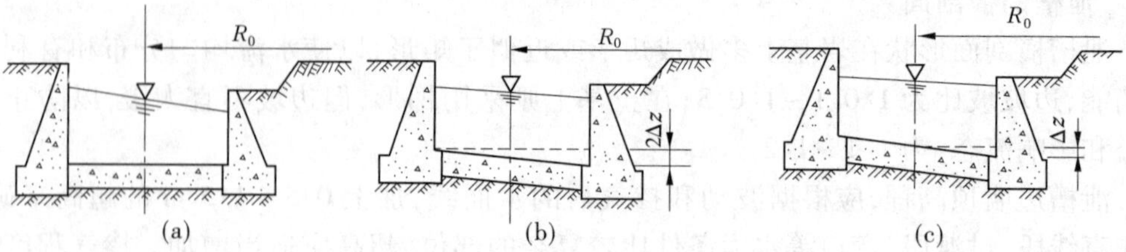

图 3-41　弯道横向水面超高

可以减小作用于底板上的扬压力，以增加衬砌的稳定性；衬砌材料应能抵抗水流冲刷、适应温度变化、抵御风化剥蚀和冻融循环的作用，以延长使用寿命。

如岩基很好，在离开溢流堰较远的地方也可不衬砌，只需将岩石加以平整即可。

泄槽一般采用混凝土衬砌，流速不大的中、小型工程也可以采用水泥砂浆或细石混凝土砌石衬砌，但应适当控制砌体表面的平整度。

衬砌的厚度应满足其稳定、不漏水，以及在气温变化下不裂缝，或当水流挟沙时不致被磨损破坏等要求。由于作用在衬砌上的各种力难以准确计算，目前尚未形成成熟的计算方法和公式，设计中一般是参照条件类似的已建工程拟定，一般取 0.4 ~ 0.5 m，不应小于 0.3 m。当单宽流量或流速较大时，衬砌厚度应适当加厚，甚至可达 0.8 m。

为了防止温度变化引起温度裂缝，重要的工程常在衬砌临水面配置适量的钢筋网，每个方向的含钢率为 0.1% ~ 0.2%。岩基上的衬砌，在必要的情况下可布置锚筋插入新鲜岩层，以增加衬砌的稳定性。锚筋的直径为 25 mm 以上，间距 1.5 ~ 3.0 m，插入基岩 1.0 ~ 1.5 m。在土基上，由于衬砌与地基之间基本无黏着力，又不能采用锚筋，为增加衬砌的稳定性，可适当增加衬砌厚度或增设上下游齿墙。

3.4.2　衬砌的分缝、止水和排水

为防止产生温度裂缝，除了配置温度钢筋外，在衬砌上还应设置横缝和纵缝，并与堰体及边墙贯通。衬砌分缝的缝宽一般多采用 1 ~ 2 cm。由于岩基对衬砌的约束力大，所以岩基上的混凝土衬砌分缝的间距不宜太大，一般采用 10 ~ 15 m，衬砌较薄时对温度影响较敏感，应取小值。衬砌的接缝有平接、搭接和键槽接等多种型式，如图 3-42 所示。垂直于流向的横缝比纵缝要求高，宜采用搭接式，岩基较坚硬且衬砌较厚时也可采用键槽缝，纵缝可采用平接的型式。

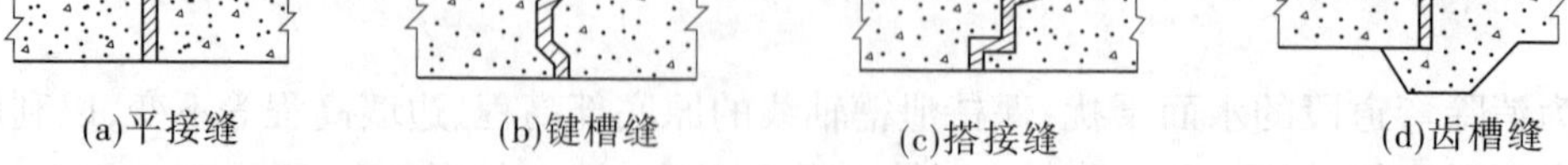

图 3-42　衬砌接缝的型式

为防止高速水流通过缝口钻入衬砌底面，将衬砌掀动，所有的伸缩缝都应布置止水，其布置要求与水闸底板基本相同。

衬砌的纵缝和横缝下面应设置排水设施，且互相连通，渗水集中到纵向排水管内排向下游。岩基上的横向排水通常是在岩石上开挖沟槽并回填不易风化的碎石，沟槽尺寸一

般采用0.3 m×0.3 m,顶面盖上木板或沥青油毛毡,防止浇筑、衬砌时砂浆进入而影响排水效果。纵向排水通常是在沟槽内放置透水的混凝土管,管径一般采用10~20 cm。管与横向排水沟的接口不封闭,以便收集渗水,管周围用不易风化的卵石或碎石填满。为了防止排水管有可能被堵塞而影响排水,纵向排水管至少应有两排,以确保排水通畅。

土基或破碎软弱的岩基,常在衬砌底板下面设置厚约30 cm的碎石垫层,形成平面排水,以减小底板承受的渗透压力,如图3-43所示。如果地基为黏性土,先铺一层厚0.2~0.5 cm的砂砾垫层,垫层以上再铺卵石或碎石排水层,或直接在砂砾垫层中做纵、横排水管,管周围做反滤层。如果地基为细砂,应先铺一层0.2~0.4 m的粗砂,再做碎石排水层,以防止渗透破坏。

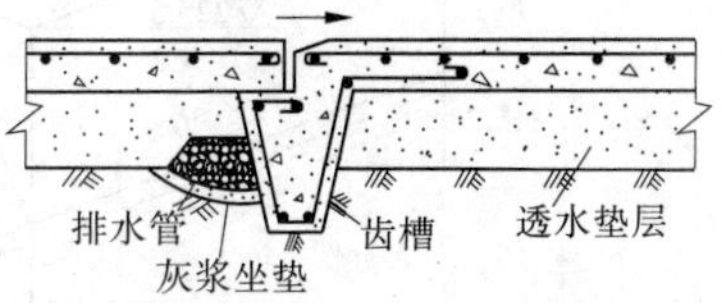

图3-43 衬砌接缝与排水构造

泄槽边墙的构造基本上与底板相同。边墙的横缝间距与底板一致,缝内设止水,其后设排水并与底板下的排水管连通。在排水管靠近边墙顶部的一端设通气孔,以便排水通畅。边墙的断面形式,根据地基条件和泄槽断面形状而定,岩石良好,可采用衬砌式,厚度一般不小于30 cm,当岩石较弱时,需将边墙做成重力式挡土墙。混凝土边墙顶宽应不小于0.5 m,以利通行。

4 消能防冲设施

溢洪道宣泄的洪水,单宽流量大,流速高,能量集中。因此,消能防冲设施应根据地形地质条件、泄流条件、运行方式、下游水深及河床抗冲能力、消能防冲要求、下游水流衔接及对其他建筑物的影响等因素,通过技术经济比较选定。

河岸式溢洪道一般采用挑流消能或底流消能。

挑流消能一般适用于较好岩石地基的高、中水头枢纽,有关计算内容和方法与重力坝类似。

挑流坎的结构型式一般有重力式和衬砌式两种,如图3-44所示。前者适用于较软弱岩基,后者适用于坚实完整岩基。挑流坎下游常做一段短护坦,以防止小流量时产生贴流而冲刷齿墙底脚。挑流坎上还常设置通气孔和排水孔,如图3-45所示。通气孔的作用是从边墙顶部孔口向水舌补充空气,避免形成真空影响挑距或造成结构空蚀。坎上排水孔用来排除反弧段积水;坎底排水孔则用来排放地基渗水,降低扬压力。

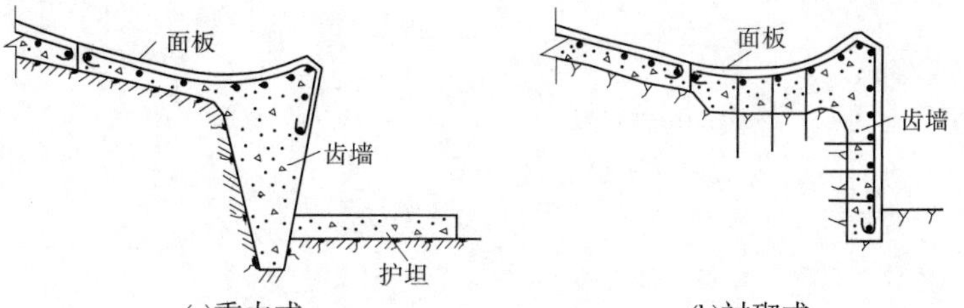

图3-44 挑坎结构型式

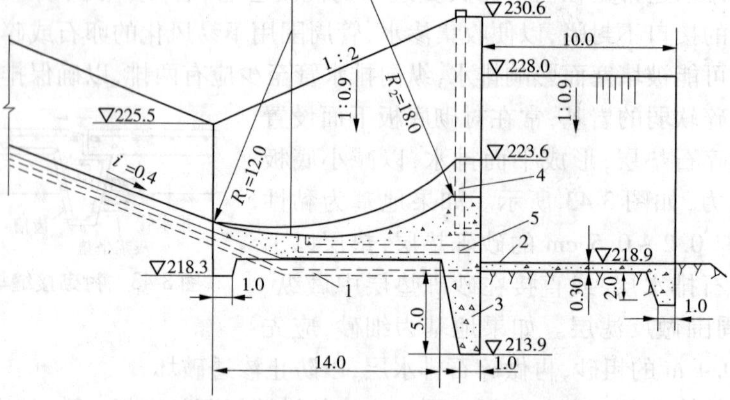

1—纵向排水;2—护坦;3—混凝土齿墙;4—Φ 50 cm 通气孔;5—Φ 10 cm 排水管

图 3-45　挑坎构造　(单位:m)

底流消能一般适用于土基或破碎软弱的岩基,其消能原理和布置与水闸相应内容基本相同。

5　出水渠

溢洪道下泄水流经消能后,不能直接泄入河道而造成危害时,应设置出水渠。选择出水渠线路应遵守经济合理的原则,其轴线方向应尽量顺应河势,利用天然冲沟或河沟。

项目4 混凝土面板堆石坝

任务1 基础知识

混凝土面板堆石坝主要由堆石作为支承体和弱透水材料作为防渗体这两部分组成。按防渗体的位置分为心墙坝和斜墙坝,按防渗体材料的性质分为刚性防渗体(如混凝土、钢筋混凝土、木板和钢板等)坝和塑性防渗体(如土料和沥青混凝土等)坝,按施工方法分为抛填坝、碾压坝和定向爆破坝。

1 混凝土面板堆石坝的特点

混凝土面板堆石坝与其他坝型相比,有如下主要特点:

(1)就地取材,在经济上有较大的优越性。

(2)施工度汛问题比土石坝较为容易解决。

(3)对地形、地质和自然条件适应性较混凝土坝强。

(4)方便机械化施工,有利于加快施工工期和减少沉降。

(5)坝身不能泄洪,一般需另设泄洪和导流设施。

2 混凝土面板堆石坝的剖面设计

2.1 坝顶

混凝土面板堆石坝普遍在其顶部设置L形的钢筋混凝土防浪墙,以利于节省坝体堆石量,防浪墙高可采用4~6 m,墙顶高出坝顶1~1.2 m。防浪墙与面板间要保证良好的止水连接,其底面与坝顶连接处的堆石宽度不宜小于9 m,以便浇筑面板时有足够的工作场地进行滑模设备的操作,按此设计,坝顶填筑堆石后的宽度约为5 m。

2.2 坝坡

面板堆石坝的坝坡与石料性质、坝高、坝型和地基条件有关,其上、下游坝坡坡度可参照类似工程确定,一般采用1:1.3~1:1.4。对于地质条件较差或堆石体填料抗剪强度较低以及地震区的面板堆石坝,其坝坡应适当放缓。

3 混凝土面板堆石坝的构造

混凝土面板堆石坝主要由堆石体、钢筋混凝土面板及其与河床和岸坡相连接的趾板等构成的防渗系统组成。

3.1 堆石体

堆石体是混凝土面板堆石坝的主体部分,根据其受力情况和在坝体所发挥的功能,又可划分为垫层区（2A 区）、过渡区（3A 区）、主堆石区（3B 区）和次堆石区（3C 区），如图 4-1所示。

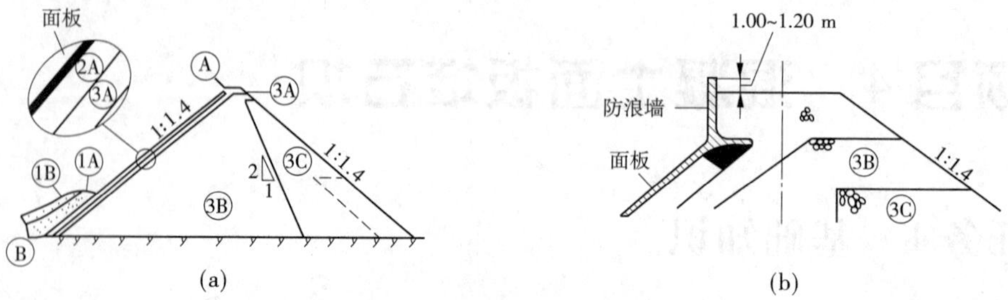

图 4-1　混凝土面板堆石坝

3.1.1　垫层区

垫层区应选用质地新鲜、坚硬且耐久性较好的石料，可采用经筛选加工的砂砾石、人工石料或者由两者混合掺配。高坝垫层料应具有连续级配，一般最大粒径为 80～100 mm，粒径小于 5 mm 的颗粒含量为 35%～55%。

3.1.2　过渡区

过渡区介于垫层区与主堆石区之间，起过渡作用，石料的粒径级配和密实度应介于垫层区与主堆石区两者之间。

3.1.3　主堆石区

主堆石区为面板坝堆石的主体，是承受水压力的主要部分，它将面板承受的水压力传递到地基和下游次堆石区，该区既应具有足够的强度和较小的沉降量，同时也应具有一定的透水性和耐久性。

3.1.4　次堆石区

下游次堆石区承受水压力较小，其沉降和变形对面板变形影响也一般不大，因而对填筑要求可酌情放宽。

3.2　防渗面板的构造

3.2.1　钢筋混凝土面板

钢筋混凝土面板防渗体主要由防渗面板和趾板组成。面板是防渗的主体，对质量有较高的要求，即要求面板具有符合设计要求的强度、不透水性和耐久性。面板底部厚度宜采用最大工作水头的 1%，考虑施工要求，顶部最小厚度不宜小于 30 cm。

3.2.2　趾板（底座）

趾板是面板的底座，其作用是保证面板与河床及岸坡之间的不透水连接，同时也作为坝基帷幕灌浆的盖板和滑模施工的起始工作面。

面板接缝设计（包括面板与趾板的周边接缝和趾板之间接缝）主要是止水布置，周边缝止水布置最为关键。面板中间部位的伸缩缝，一般设 1～2 道止水，底部用止水铜片，上部用聚氯乙烯止水带。周边缝受力较复杂，一般采用 2～3 道止水，在上述止水布置的中部再加 PVC 止水。如布置止水困难，可将周边缝面板局部加厚。

3.2.3　面板与岩坡的连接

为保证趾板与岸坡紧密结合和加大灌浆压重，趾板与岸坡之间应插锚筋固定。锚筋直径一般为25~35 mm,间距1.0~1.5 m,长3~5 m。

趾板范围内的岸坡应满足自身稳定和防渗要求,为此,应认真做好该处岸坡的固结灌浆和帷幕灌浆设计。固结灌浆可布置两排,深3~5 m。帷幕灌浆宜布置在两排固结灌浆之间,一般为一排,深度按相应水头的1/3~1/2确定。灌浆孔的间距视岸坡地质条件而定,一般取2~4 m,重要工程应根据现场灌浆试验确定。为了保证岸坡的稳定,防止岸坡坍塌而砸坏趾板和面板,趾板高程以上的上游坡应按永久性边坡设计。

任务2　柏叶口水库面板堆石坝设计

1　工程概况

柏叶口水库是一座以城市生活和工业供水、文峪河水库防洪为主,兼顾提高现有灌区的灌溉保证率、发电等综合利用的中型水利枢纽工程,主要由大坝、溢洪道、泄洪发电洞和水电站等建筑物组成。

柏叶口水库位于山西省吕梁市交城县会立乡柏叶口村上游约500 m的文峪河干流上,控制流域面积875 km^2,距下游已建的文峪河水库约30.7 km。

柏叶口水库混凝土面板堆石坝方案枢纽主要建筑物由大坝、溢洪道、泄洪发电洞、发电站等组成。坝址区位于柏叶口村上游,距柏叶口村约500 m,文峪河在柏叶口村附近形成150°~160°弯道,柏叶口坝址位于河流弯道的上半部,柏叶口村位于河流弯道下半部,(河流刚转弯处)左岸山坡下,坝址区河谷底宽约120 m,河谷形状呈U形,区内有320省道沿库区左岸通过。

坝轴线走向为N63.23°E。坝顶长296 m,宽10 m,坝顶高程1 138.3 m,最大坝高88.3 m,坝顶上游侧设防浪墙,墙顶高出坝顶1.2 m,上下游坝坡均为1∶1.4。坝基防渗采用单排帷幕,帷幕深50~30 m,右岸自左坝端向山体延伸30 m,左岸穿过溢洪道向左延伸30 m。

溢洪道进口位于左坝端,出口距下游坝脚约90 m,轴线走向为正北。它由进口段、控制段、泄槽段、挑流消能段组成。进口段为喇叭形,平底,底高程1 128 m;控制段为平底宽顶堰,堰顶高程1 128 m,共布置3孔闸室,闸室长19.8 m,单孔净宽8 m,弧形工作门挡水;泄槽段长179 m,净宽27~16 m,纵坡1/2.888;挑流消能段长15.15 m,净宽16 m,反弧半径20 m,挑射角25°,挑流鼻坎高程1 067.5 m。溢洪道总长度305.45 m,最大泄量894 m^3/s。

泄洪发电洞进口位于坝轴线上游左岸,距坝轴线上游约210 m,出口位于河流弯道下游距柏叶口村约250 m,洞轴线走向为N80.37°W。由进口段、洞身段、出口控制闸、急流槽和挑流消能段组成。进口段包括进口喇叭段和进水塔,长22.7 m,喇叭口设两孔拦污栅,单孔宽5.35 m,高8.5 m,进水塔内布置事故检修门,孔口尺寸5 m×5 m,闸门为平板钢闸门;洞身段长600 m,洞径5 m,纵坡2.25%;出口控制闸闸室长20 m,闸孔净宽4 m,弧形工作门挡水,孔口尺寸4 m×4 m;急流槽和挑流消能段长49.5 m,急流槽长42 m,净宽4~8 m,纵坡1/20;挑流消能段长7.5 m,净宽8 m,反弧半径20 m,挑射角20°,挑流鼻坝高程 1 054.12 m。泄洪洞总长度 692.2 m，最大泄量 402 m^3/s。

发电站位于泄洪发电洞西侧，厂区紧临 320 省道，布置于山坡下，厂区内布置主副厂房和 35 kV 开关站。主厂房长 30.5 m，宽 12.24 m，布置两台发电机组，单机容量 1 600 kW。副厂房布置于主厂房上游侧，长 33.8 m，宽 6.5 m，分两层布置，下层为控制、配电、开关室等设备，上层为电站管理站的办公区。厂区地面高程高于公路路面 0.5 m。电站引水系统是从泄洪发电洞桩号 0 + 549.92 处岔开发电支洞，其轴线与主洞夹角 40.23°，洞径 2 m，长 45 m。出洞后通过长 15 m，直径 1.5 m 的钢管和 0.9 m 直径的支管接入机组进水蝶阀。厂房下游侧布置尾水渠将电站尾水送入主河道。

柏叶口水库的任务是以城市生活和工业供水、文峪河水库防洪为主，兼顾提高现有灌区的灌溉保证率、发电等综合利用。

水库总库容 9 886 万 m^3。工程等别为Ⅲ等，主要建筑物为 3 级，次要建筑物为 4 级，临时建筑物为 5 级；水库洪水标准为 100 年一遇设计，2 000 年一遇校核；水电站洪水标准为 50 年一遇设计，100 年一遇校核；文峪河水库下游河道防洪按 25 年一遇洪水标准设计。工程总投资为 87 151 万元，建设工期 4 年，工程建成后，与文峪河水库实行联合调度，可增加向城市生活和工业供水 4 400 万 m^3，增加文峪河水库农业供水量 237 万 m^3，同时提高文峪河水库校核洪水标准达到 2 000 年一遇。

2 大坝设计

2.1 基本资料

2.1.1 气象

文峪河流域属于半干旱地区，基本气候特征是：冬季寒冷干燥，夏季炎热多雨，降雨主要集中在 6 ~ 9 月。

（1）气温：多年平均气温 10.1 ~ 12.5 ℃，极端最高气温 39.9 ℃，极端最低气温 −27.4 ℃。

（2）降水：由于受水气来源、地形等因素的影响，区内降水量分布不均，多年平均降水量为 422.2 ~ 463.8 mm，汛期降水量占全年的 73% ~ 85%，最大月降水量多发生在 7 月、8 月两个月。由于降水年内、年际分配不均，形成了灌区春旱秋涝、旱涝交错和连续干旱的灾害性气候。

（3）蒸发：区内 20 cm 蒸发皿年蒸发量为 1 547 ~ 1 822 mm。

（4）其他：初霜期 9 月中旬至 10 月中旬，终霜期 4 月上旬至 5 月上旬，无霜期 100 ~ 170 d，最大风速 22 m/s，风向多偏北风，最大冻土深 92 cm。

2.1.2 泥沙

柏叶口水库以上大部分为变质岩石山林区，植被覆盖比较好，属山西省水土流失最轻微的地区之一，少量泥沙主要来自汛期，非汛期基本为清水流量。

2.1.3 坝址水位—流量关系

柏叶口水库坝址无实测水位、流量资料，为推求其坝下水位—流量关系，见表 4-1，坝址横断面见图 4-2。为了给水库施工和运行提供可靠的水位—流量关系，建议在柏叶口坝址处设立水位观测尺进行水位观测。

表4-1 柏叶口坝址处水位—流量关系

水位(m)	1 065.20	1 066.42	1 067.02	1 067.4	1 067.90	1 068.21	1 068.55
流量(m^3/s)	0	100	300	500	800	1 000	1 300

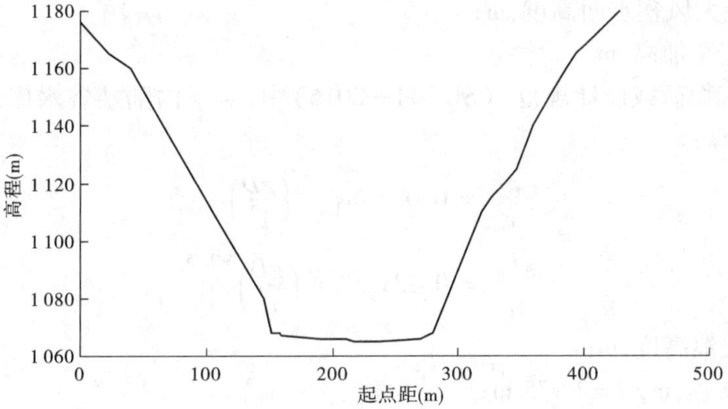

图4-2 柏叶口坝址横断面图

2.1.4 坝址地形地质

柏叶口坝址区河谷底宽 95 ~ 140 m,谷底高程 1 065 ~ 1 070 m,河床覆盖层一般厚 7 ~ 8 m,坝基存在沿覆盖层及基岩风化裂隙带渗漏问题,坝基覆盖层及强风化基岩存在管涌渗透变形问题,两岸存在绕坝渗漏问题。右辉 2#推测变质辉长岩(辉绿岩)带岩体较破碎,与周围岩石接触带附近部分呈泥状,蓄水后可能存在岩石软化及渗透稳定问题。两岸全强风化带内可能产生坍塌、掉块及小规模塌滑等。

2.1.5 建筑材料

工程区混凝土用天然砂料质量、储量满足要求,据坝址约 10 km;砾料质量较差;堆石料质量及储量满足要求,距坝址约 1 km;块石料、人工骨料质量及储量满足要求,据坝址约 21 km。反滤料及垫层料储量满足要求,垫层料需人工添加某粒径料。柳林电厂粉煤灰料质量和储量满足要求,柳林电厂粉煤灰运距约 150 km。天然建筑材料料场均有公路通坝址,开采运输条件较好。

2.2 大坝剖面设计

2.2.1 坝顶高程确定

柏叶口水库面板坝正常蓄水位 1 133.00 m,设计洪水位 1 135.66 m,校核洪水位 1 136.45 m。依据《混凝土面板堆石坝设计规范》(SL 228—2013),坝顶上游侧应设置防浪墙,墙高可采用 4 ~6 m,墙顶高出坝顶 1 ~1.2 m,防浪墙的底部高程宜高于正常蓄水位。

柏叶口水库面板坝设计,初步考虑设高 5 m 防浪墙,墙底高程 1 134.00 m。正常蓄水位低于防浪墙底 1 m,计算超高时宜按上游坝坡 1:1.4 考虑波浪爬高对大坝的影响;设计洪水位、校核洪水位均高于防浪墙底,作用于防浪墙的铅直面上,故在计算超高时应有别于正常蓄水位工况,充分考虑防浪墙的作用。

2.2.1.1　正常蓄水位工况

按照《碾压式土石坝设计规范》(DL/T 5395—2007)，坝顶在水库静水位以上的超高：

$$y = R + e + A \tag{4-1}$$

式中　y——坝顶超高，m；

R——最大波浪在坝坡上的爬高，m；

e——最大风壅水面高度，m；

A——安全加高，m。

《水工建筑物荷载设计规范》(SL 744—2016)中，对于内陆峡谷水库，波浪要素按官厅水库公式计算：

$$\frac{gh}{v_0^2} = 0.0076 v_0^{-1/12} \left(\frac{gD}{v_0^2}\right)^{1/3} \tag{4-2}$$

$$\frac{gL_m}{v_0^2} = 0.331 v_0^{-1/2.15} \left(\frac{gD}{v_0^2}\right)^{1/3.75} \tag{4-3}$$

式中　h——波浪高度，m；

D——吹程，m，D = 2 975 m；

v_0——计算风速，m/s，正常工况下取多年平均年最大风速的 1.5 倍，校核工况下取多年平均年最大风速，20 m/s；

L_m——平均波长，m。

《碾压式土石坝设计规范》(DL/T 5395—2007)中，风壅水面高度可按下式计算：

$$e = \frac{KW^2 D}{2gH_m}\cos\beta \tag{4-4}$$

式中　K——综合摩阻系数，取 3.6×10^{-6}；

W——计算风速，m/s，同前；

D——风区长度，m，同前；

H_m——水域平均水深，m；

β——计算风向与坝轴线法线的夹角，(°)，取 27°。

计算结果见表 4-2。

表 4-2　正常蓄水位工况坝顶高程计算结果

工况	水库静水位(m)	计算风速(m/s)	波浪爬高 R(m)	风壅水面高度 e(m)	安全加高 A(m)	坝顶超高 y(m)	防浪墙顶高程(m)
正常蓄水位	1 133.00	30	4.2	0.01	0.7	4.91	1 137.91

2.2.1.2　设计洪水位、校核洪水位工况

按照《混凝土重力坝设计规范》(SL 319—2018)，防浪墙顶至静水位的高差：

$$\Delta h = h_{1\%} + h_z + h_c \tag{4-5}$$

式中　$h_{1\%}$——累积频率为 1% 的波高，m；

h_z——波浪中心线至水库静水位的高差，m；

h_c——安全超高，m。

据《水工建筑物荷载设计规范》(SL 744—2016)，波浪要素按官厅水库公式计算，公式同式(4-2)、式(4-3)；波浪中心线至水库静水位的高差 h_z，按下式计算：

$$h_z = \frac{\pi h_{1\%}^2}{L_m} \operatorname{cth} \frac{2\pi H}{L_m} \tag{4-6}$$

式中 L_m——平均波长，m；

H——迎水面水深，m。

计算结果见表 4-3。

表 4-3 设计洪水位、校核洪水位工况坝顶高程计算结果

工况	水库静水位(m)	计算风速(m/s)	波高 $h_{1\%}$ (m)	波浪中心线高差 h_z (m)	安全超高 h_c (m)	防浪墙顶高差 Δh (m)	防浪墙顶高程(m)
设计洪水位	1 135.66	30	2.1	1.0	0.7	3.8	1 139.46
校核洪水位	1 136.45	20	1.3	0.5	0.4	2.2	1 138.65

2.2.1.3 坝顶高程的确定

根据以上计算结果可知，设计洪水位工况为坝顶高程的控制工况。因此，选定防浪墙顶高程为 1 139.50 m。考虑到防浪墙顶较坝顶高出 1.2 m，最终确定坝顶高程为 1 138.30 m。

2.2.2 坝体断面设计

柏叶口水库采用混凝土面板堆石坝，坝顶宽 10 m，坝顶长 296.0 m，坝顶高程 1 138.30 m，趾板面最低高程 1 050.00 m，最大坝高 88.3 m。坝顶上游侧设 L 形 C25 钢筋混凝土防浪墙，墙顶高程 1 139.50 m，高出坝顶 1.2 m。墙高 5.5 m，顶宽 50 cm，底板为带角撑的断面，底宽 4.0 m，防浪墙上游侧底部设置宽 0.8 m 的小道，其高程为 1 134.00 m，高出正常蓄水位 1 m，以利检查行走。坝顶下游侧设预制混凝土块路缘石，路缘石设计为高 0.8 m、长 0.5 m、厚 0.2 m。坝顶为水库内部交通道路，采用 C25 混凝土路面，厚 20 cm，其下设 20 cm 厚水泥稳定碎石垫层。路面横向坡度 2%，坡向下游，路面下游侧路缘石预埋Φ60 间距 5 mPVC 排水管。

坝坡的选择是根据已建工程采用类比法确定的，上下游坝坡均为 1∶1.4，下游坝坡每 20 m 高设一马道，马道宽 2 m。

2.2.3 坝体分区与坝料设计

坝体堆石分区填筑，分区碾压，上游到下游依次分为上游铺盖区(1A)、上游盖重区(1B)、垫层区(2A)、特殊垫层区(2B)、过渡区(3A)、主堆石区(3B)、下游堆石区(3C)、下游护坡区(3D)区。

上游铺盖区(1A)：采用粉土、粉细砂填筑，顶宽 3 m，上游坡 1∶1.75。

上游盖重区(1B)：采用渣料填筑，顶宽 5 m，上游坡 1∶2.5。

2A 垫层区：要求具有连续级配，石料最大粒径 80 mm，小于 5 mm 的颗粒含量为 30% ~ 50%，小于 0.075 mm 的颗粒含量不超过 8%。垫层水平宽度 3.0 m，铺筑层厚度 40 cm，设计孔隙率为15% ~20%。压实后应具有内部渗透稳定性、低压缩性、高抗剪强度。

2B特殊垫层区:为趾板周边缝下的特殊垫层区,薄层碾压密实。石料最大粒径40 mm,小于5 mm的颗粒含量为30% ~50%,小于0.075 mm的颗粒含量不大于8%,铺筑层厚度20 cm,设计孔隙率为15% ~20%。

3A过渡区:要求级配连续,石料最大粒径300 mm,小于5 mm的颗粒含量不大于20%,小于0.075 mm的颗粒含量不超过6%。垫层水平宽度5.0 m,铺筑层厚度40 cm,设计孔隙率为18% ~22%。压实后应具有低压缩性和高抗剪强度,并具有自由排水性能。

3B主堆石区:石料最大粒径800 mm,小于5 mm的颗粒含量不大于20%,小于0.075 mm的颗粒含量不超过5%。铺筑层厚度80 cm,设计孔隙率为20% ~25%。压实后能自由排水,有较高的压实密度和变形模量。

3C下游堆石区:石料最大粒径800 mm,小于5 mm的颗粒含量不大于20%,小于0.075 mm的颗粒含量不超过5%。铺筑层厚度80 cm,设计孔隙率为23% ~28%。

3D下游护坡区:厚40 cm,下游坝坡分别在高程1 118.00 m、1 098.00 m和1 078.00 m处设置马道,宽2 m。

2.2.4 坝基处理

大坝基础开挖标准依位置不同而异,分为趾板和堆石基础开挖。

趾板基础开挖要求,河床部位趾板及下游40 m范围内开挖至弱风化带上限,两岸从坡底至坝顶,趾板基础开挖从弱风化带上限渐变至强风化带的中部。趾板基础开挖面应力求平顺,避免陡坎和反坡。

河床部位坝体基础开挖,根据勘察结果河床两侧河漫滩及Ⅰ级堆积阶地处进行过人工筛砂,开采厚度一般在现水位以下1 m左右,其下砂卵石试料试样为低压缩性,可作为坝基。因此,坝基覆盖层清除至水位以下1.5 m。保留部分的砂砾石层在堆石填筑前采用振动碾碾压。

左右岸坡坝体基础开挖要求将表层沉积物和全风化岩清除,在此范围内的反坡、倒悬体、卸荷带予以清除,开挖成不陡于1∶0.5的平顺边坡,达到完整的基岩面,以便于压实坝体,减少不均匀沉陷。在开挖面与堆石之间铺设反滤过渡层厚1.0 m,防止地基中细颗粒逸出。

为提高基岩的整体性和抗渗能力,对趾板的岩石地基进行固结和帷幕灌浆处理。

沿趾板中部布置单排帷幕灌浆,孔距2 m,河谷中5 Lu线深度达80 m以上,从钻孔压水实验资料来看,沿防渗线河谷三个钻孔ZK09-3最大,透水率19.2 Lu,一般不大于15 Lu,其他两钻孔ZK09-1、ZK09-2一般不大于10 Lu,两岸的5个钻孔透水率一般也小于10 Lu,所以帷幕灌浆采用悬挂式。河床段孔深按坝高的1/2确定,深入基岩50 m,两岸按坝高的1/3确定,深入基岩30 m,左岸帷幕灌浆沿溢洪道底板向外延伸30 m,右岸坝头帷幕灌浆沿坝轴线向外延伸30 m。

沿趾板帷幕上下游侧各布置一排固结灌浆,灌浆深度10 m,梅花形布置,孔距为3 m。

对横穿趾板的节理密集带20 m宽范围内帷幕灌浆进行了局部加密,布置3排帷幕灌浆。

2.2.5 面板

大坝面板混凝土强度等级 C30，抗渗等级 W10，抗冻等级 F200。面板顶高程 1 134.00 m，与坝顶防浪墙底部相接，底部坐落在趾板上。面板共分 25 块，23 块分块宽度 12 m，2 块 10 m 宽。

面板厚度按下式计算：

$$t = 0.3 + aH \tag{4-7}$$

式中 t——面板厚度，m；

H——坝高，m；

a——系数，取 $a = 0.003\,5$。

因此，上游 C30 钢筋混凝土面板顶部厚 30 cm，底部厚 65 cm。

面板配筋采用单层双向配筋。考虑面板厚度较小，钢筋配置在面板中部，使面板具有柔性，上下两个方向的抗弯刚度相同，以能较好地适应面板基础的变形。对不同部位面板的含钢量有所区别，靠近两岸岩坡的坝坡受拉区面板，单向配筋率为 0.5%，其余部位为 0.4%。

2.2.6 趾板

为方便在趾板上钻孔灌浆施工，河床段趾板底部为水平面，岸坡段趾板横截面上基底面线采用水平线。

趾板宽度采用设计水头的 1/10 确定，厚度为 1.0 m，河床部位趾板长 6 m，两岸趾板 4 ~6 m。混凝土趾板材料选用 C30 钢筋混凝土，抗渗等级 W10，抗冻等级为 F200。

趾板伸缩缝间距 10 m，趾板配筋采用单层双向配筋，钢筋放在表部，保护层厚度 10 cm，单向含钢率为 0.4%。

趾板用锚杆锚固在基岩上，与基础形成牢固连接，锚杆采用直径 25 mm 螺纹钢，长 5 m，间、排距 1.5 m，顶部设“『”型与趾板钢筋相搭接。

趾板后接渗径延长区在河床部位水平段长 40 m，岸坡部位长 30 m，采用Φ 10@ 20 cm × 20 cm 钢筋网，喷 15 cm 厚混凝土。

2.2.7 止水

混凝土面板堆石坝的结构缝分为周边缝、面板垂直缝、趾板伸缩缝和防浪墙伸缩缝等几种。

面板与趾板之间、面板与防浪墙之间设周边缝。周边缝缝宽 1.5 cm，缝间填浸沥青木板。周边缝设三道止水即底部为铜片止水，中间 PVC 止水，顶部缝口设凸体，充填性能良好的 SR 塑性填料，表面用橡胶板或不锈钢片封闭。塑性填料的作用是在正常情况下能阻止库水进入缝中，接缝产生变形时能在水压力作用下挤入缝中，因此要求它具有可塑性、耐久性、水稳定性，且便于施工。

面板不设水平缝，仅设垂直缝。垂直缝分张性缝和压性缝，张性缝缝间设止水两道，底部为铜片止水，顶部为 SR 塑性填料。压性缝只设底部铜片止水。张性缝和压性缝均采用硬平缝结构，缝面一侧涂沥青乳液防黏剂。

趾板伸缩缝底部设铜片止水、顶部为 SR 塑性填料。防浪墙伸缩缝设铜片止水，并与周边缝止水铜片相接，组成封闭防渗系统。

3 溢洪道设计

3.1 溢洪道布置

根据地形条件，大坝左岸布置正槽溢洪道，其轴线与大坝轴线的夹角为67.2°，沿山坡呈直线开凿而成，其挑流位于大坝下游左岸，距大坝坡角约100 m。进水闸孔净宽3 m×8 m，最大泄量为894 m^3/s。溢洪道总长305.45 m（桩号为溢0－091.5～溢0＋213.95），由引渠段、闸室控制段、泄槽段、挑流鼻坎段等组成。闸室、泄槽底板及边墙基础均坐落在弱风化基岩上。

3.1.1 引渠段

溢洪道溢0＋000桩号设在闸墩的前缘，之前为引水渠，长91.5 m（桩号为溢0－091.5～溢0＋000.0），平底，底板高程1 128.0 m，向上游沿弧线呈喇叭形扩散布置，宽度由27 m渐变为36 m，溢0－060～溢0＋000段采用30 cm C25钢筋混凝土护底。引渠左边墙为贴坡直墙，墙顶高程1 137.00 m，采用C25钢筋混凝土，为增强导墙的稳定性，在导墙上部布设锚筋，直径25 mm，间排距均为2 m，每排2～3根，梅花形布置。导墙以上部分开挖边坡1∶0.7，喷C20混凝土10 cm护坡。右导墙也为直墙，靠近进水闸右边墩的墙顶与左边墙齐平，呈圆弧型布置，以1∶1.4的坡度与大坝趾板相接，C25钢筋混凝土现浇而成；引渠右岸底板与大坝趾板的开挖边坡相接。整个引渠段由山体削坡开挖而成。

3.1.2 闸室段

桩号溢0＋000～溢0＋022为闸室段，设计全部挖除其表面强风化层，闸室完全坐落于弱风化基岩上。闸孔净宽3 m×8 m，为无底坎宽顶堰，堰顶高程1 128.0 m，堰上设3扇8 m×8.5 m弧形闸门。闸室内布置叠梁检修门和弧形工作门，检修叠梁门布置于闸室进口处，在启闭机室挑梁上启吊；检修叠梁门下游侧布置弧形工作门，启吊设备采用卷扬启闭机，闸墩顶部设检修平台，其高程为1 138.60 m，卷扬启闭机室布置于闸室上部，其底板高程为1 145.70 m，排架顶部设挑梁，布置检修门启吊设备。闸室的上游侧设检修平台，其高程1 138.60 m；下游侧布设交通桥接上坝公路，桥面高程1 138.30 m，宽8 m。

闸底板厚2 m，长19.8 m，宽30 m；闸墩高10.6 m，长19.8 m，厚1.5 m，上、下游为半圆形墩头；闸墩及底板均采用C25钢筋混凝土。工作桥为Π形梁，面板尺寸100 cm×20 cm，梁80 cm×20 cm，共3根；交通桥为预制钢筋混凝土T梁桥，桥面宽8 m，高1.1 m，梁截面为0.6 m^2，共15根；排架柱断面为50 cm×60 cm，长7.1 m，共8根。排架柱、工作桥及交通桥均为C30钢筋混凝土。

溢洪道进水闸布置吹冰系统，吹冰的范围为正常挡水位1 133.0 m至闸底板高程1 128.0 m之间，吹冰的部位主要是检修叠梁门、工作闸门、门槽、闸墩等受浮冰影响的部位，使其免受（减少）冰压力。

3.1.3 泄槽段

桩号溢0＋021.8～溢0＋198.8为泄槽段，泄槽进口底板高程1 128.0 m，泄槽段长177 m，断面为矩形，底宽由桩号溢0＋021.8处的27 m渐变为桩号溢0＋069.8处的16 m，溢0＋069.8～溢0＋198.8段宽度均为16 m；溢洪道纵坡为$i=1/2.888$。桩号溢0＋198.8～溢0＋213.95为挑流段，该段长15.15 m，挑角25°，反弧段半径为20 m。泄槽段开挖最大高度为19.3 m,开挖边坡:泄槽挡墙以下为1∶0.5,以上为1∶0.7。

溢洪道泄槽挡墙采用衡重式,最高7.24 m,最低4.26 m。边墙及底板表面20 cm为C40抗冲磨混凝土,其余为C25混凝土。泄槽底板厚50 cm,边墙顶宽50 cm,背面以1∶0.3坡度向下延至墙高的60%处,再以平坡延至开挖面,成一整体边墙。边墙背面回填石渣,为一马道;挡墙以上部分喷10 cm C20混凝土护坡。泄槽及边墙伸缩缝间距为12 m,纵缝为一直线,桩号为溢0+019.8~溢0+198.8,纵横缝宽度均为2 cm,缝内设止水。

3.1.4 挑流鼻坎段

溢洪道出口消能方式采用挑流消能。桩号溢0+198.8~溢0+213.95为挑流段,该段长15.15 m,反弧半径20 m,挑角25°。因遇$P=0.05\%$的校核洪峰流量时,溢洪道出口处的河道水位为1 067.39 m,挑流鼻坎顶高程定为1 067.5 m。

挑流鼻坎采用C25混凝土,断面为矩形,净宽16 m,两边墙厚度均为1 m,其顶高程为1 073.67 m,挑流鼻坎圆弧最低处至开挖面的距离为2.5 m,其下游设齿墙,底宽1.5 m,以1∶0.5的坡度与泄槽底板相交。底板和边墙表面设20 cm厚的C40抗冲磨混凝土。

3.1.5 下游防护工程

溢洪道下游主要防护对象包括柏叶口村、柏叶口变电站等。其区间水量,仅考虑溢洪道下泄流量(洪水频率1%、0.05%)。经分析计算,溢洪道下游水面线见表4-4、表4-5。

表4-4 $P=1\%$的水面线计算

距溢洪道距离(m)	河底高程(m)	水位(m)	流速(m/s)
0	1 064.2	1 066.57	3.46
96	1 063.4	1 065.42	3.33
170	1 062.1	1 064.66	2.79
241	1 061.5	1 063.81	3.95
425	1 060.5	1 062.87	2.4

表4-5 $P=0.05\%$的水面线计算表

距溢洪道距离(m)	河底高程(m)	水位(m)	流速(m/s)
0	1 064.2	1 067.39	4.16
96	1 063.4	1 066.16	4.07
170	1 062.1	1 065.65	3.32
241	1 061.5	1 064.77	4.49
425	1 060.5	1 063.48	3.00

由于溢洪道出口位于柏叶口村上游,挑流冲坑距河道左岸的变电站和柏叶口村部分民房较近,为防止洪水和挑流冲坑危及变电站和民房,顺河道布置防护堤,基础外侧设塑料格栅石笼,护堤从溢洪道出口挑流起,至坝后交通桥止。挑流冲坑影响范围内护堤采用钢筋混凝土扶壁式挡土墙,墙高17.5 m,基础深至基岩,长120 m;其后长165 m护堤采用

浆砌石挡土墙，根据水面线计算结果并考虑适当超高，顶高程为 1 070.5 ~ 1 067.0 m，墙高 5.0 m。

3.2 水力学计算

3.2.1 泄流能力计算

根据《水力学计算手册》，宽顶堰泄量可用下式计算：

$$Q = \sigma_c mnb\ \sqrt{2g}H_0^{3/2} \tag{4-8}$$

$$H_0 = H + \frac{v_0^2}{2g} \tag{4-9}$$

式中 b——每孔净宽；

n——闸孔孔数；

H_0——包括行近流速水头的堰前水头；

v_0——行近流速；

m——自由溢流的流量系数；

σ_c——侧收缩系数。

经计算，溢洪道水位—泄量关系见表 4-6，水位—泄量关系曲线见图 4-3。

表 4-6 溢洪道水位—泄量关系

水位(m)	溢洪道泄量(m^3/s)	水位(m)	溢洪道泄量(m^3/s)
1 128.0	0	1 133.5	489
1 128.5	14	1 134.0	554
1 129.0	40	1 134.5	620
1 129.5	74	1 135.0	688
1 130.0	113	1 135.5	757
1 130.5	156	1 136.0	828
1 131.0	204	1 136.5	900
1 131.5	256	1 137.0	973
1 132.0	310	1 137.5	1 047
1 132.5	367	1 138.0	1 122
1 133.0	427		

3.2.2 泄槽水面线计算及边墙高度确定

3.2.2.1 计算工况

校核洪水位情况：该水位情况下的水面线是溢洪道宣泄洪水的最高水位线，该水面线计入波动及掺气影响，再加上 0.5 ~1.5 m 的安全超高，是确定泄槽边墙及其衬砌高程的依据。校核洪水位为 1 136.44 m，校核泄量为 894 m^3/s。

设计洪水位情况：用以确定溢洪道泄槽宣泄设计水位的水面线，设计洪水位为 1 135.66 m，相应的泄量为 483 m^3/s。设计洪水位下，泄量较小，故对设计洪水位下泄槽

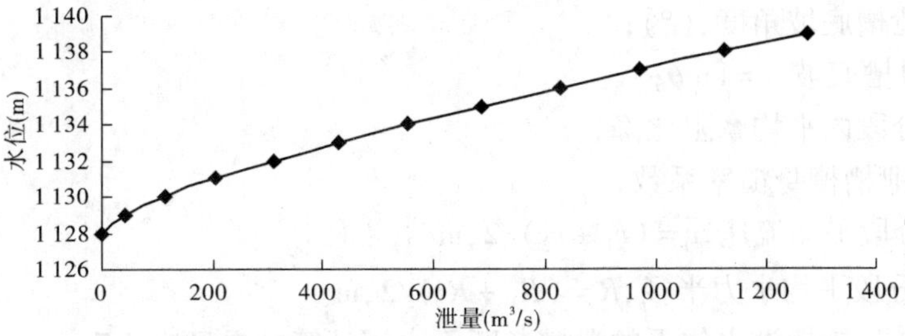

图4-3 溢洪道水位—泄量关系图

的水面线不做推求。

3.2.2.2 临界底坡分析与水流流态判别

闸室后接泄槽底坡为 $i=1/2.888=0.346$，据《溢洪道设计规范》(SL 253—2018)附录A.3规定，需根据临界底坡来判别其坡度型式。临界底坡的计算公式为：

$$i_{\mathrm{k}}=\frac{g\chi_{\mathrm{k}}}{\alpha C_{\mathrm{k}}^{2}B_{\mathrm{k}}} \tag{4-10}$$

式中 C_{k}、χ_{k} 和 B_{k}——水深为 h_{k} 时的舍齐系数、湿周和水面宽；

α——动以修正系数。

经计算，在校核洪水位下，$i_{\mathrm{k}}=0.009<0.346$，即该段为陡坡，判别水流流态为急流。

3.2.2.3 控制水深计算

对于宽顶堰溢洪道，闸后水流为急流时，闸室接陡坡处临界水深即为泄槽水面线控制水深。对于矩形断面，临界水深可用下式计算：

$$h_{\mathrm{k}}=\sqrt[3]{\frac{\alpha q^{2}}{g}} \tag{4-11}$$

式中 h_{k}——临界水深；

q——单宽流量。

经计算，在校核洪水位下，桩号溢0+022处的临界水深为4.78 m，即该处控制水深为4.896 m。

3.2.2.4 水面线计算

依据《溢洪道设计规范》(SL 253—2018)附录A.3.1规定，溢洪道泄槽水面线应根据能量方程，用分段求和法计算，计算基本公式为：

$$\frac{\left(h_{2}\cos\theta+\frac{v_{i}^{2}}{2g}\right)-\left(h_{1}\cos\theta+\frac{v_{i+1}^{2}}{2g}\right)}{\Delta l_{1-2}}=i-\overline{J} \tag{4-12}$$

$$\overline{J}=\frac{n^{2}\overline{v}^{2}}{\overline{R}^{\frac{4}{3}}} \tag{4-13}$$

式中 Δl_{1-2}——分段长度，m；

h_1、h_2——分段始、末断面水深，m；

v_1、v_2——分段始、末断面的平均流速，m/s；

α_1、α_2——流速分布不均匀系数，取1.05；

θ——泄槽底坡角度,(°);

i——泄槽底坡,$i=\tan\theta$;

$\overline{J}$——分段内平均摩阻比降;

n——泄槽槽身糙率系数;

$\overline{v}$——分段平均流速,$\overline{v}=(v_1+v_2)/2$,m/s;

$\overline{R}$——分段平均水力半径,$\overline{R}=(R_1+R_2)/2$,m。

按上述各式,校核洪水位下的泄槽各断面水深计算结果见表4-7。

3.2.2.5 校核洪水位下掺气水深计算

经计算,泄槽断面流速 $v=9.35\sim30.83$ m/s,为高速水流,需考虑水流波动及掺气的影响,用下式对掺气水深进行估算,计算结果见表4-7。

$$h_a=\left(1+\frac{\zeta v}{100}\right)h \tag{4-14}$$

式中 ζ——修正系数;

h_a、v——不掺气时计算断面水深及流速。

3.2.2.6 泄槽边墙高度确定

在考虑掺气水深后,再加上1.0~2.0 m的安全超高,即为泄槽边墙的高度,不同桩号泄槽边墙的高度见表4-7。

表4-7 校核水位下溢洪道泄槽水面线计算结果

桩号	水深(m)	断面平均流速 $\overline{v}$(m/s)	掺气水深 h_a(m)	安全超高(m)	边墙高度(m)
溢0+021.8	4.896	6.76	5.33	1.91	7.24
溢0+045.8	2.703	15.38	3.24	1.84	5.08
溢0+069.8	2.875	19.44	3.60	1.89	5.49
溢0+093.8	2.444	22.86	3.17	1.84	5.01
溢0+117.8	2.183	25.06	2.91	1.81	4.72
溢0+141.8	2.004	27.88	2.73	1.79	4.52
溢0+165.8	1.875	29.81	2.60	1.78	4.38
溢0+189.8	1.776	30.64	2.48	1.76	4.24
溢0+198.8	1.717	32.00	2.43	1.73	4.16
溢0+213.95	1.766	31.65	2.49	1.77	4.26

3.2.3 挑流消能计算

3.2.3.1 挑流射程计算

挑流水舌外缘挑距按下式计算:

$$L=\frac{v_1^2\sin\theta\cos\theta+v_1\cos\theta\sqrt{v_1^2\sin^2\theta+2g(h_2+h_1\cos\theta)}}{g} \tag{4-15}$$

式中　L——自挑流鼻坎末端算起至下游河床床面的挑流水舌外缘挑距，m；

h_1——挑流鼻坎末端法向水深，m；

v_1——鼻坎坎顶水面流速，m/s，按鼻坎处平均流速 v 的 1.1 倍计算；

θ——挑流水舌水面出射角，(°)，近似取鼻坎挑角；

h_2——鼻坎顶点至下游河床高程差，m；

g——重力加速度，$g=9.81\ m^2/s$。

设计洪水和校核洪水情况下挑距分别为 64.2 m 和 83.8 m。

3.2.3.2　冲刷坑最大水垫深度

冲刷坑最大水垫深度按下式计算：

$$T = Kq^{0.5}Z^{0.25} \tag{4-16}$$

式中　T——自下游水面至坑底最大水垫深度，m；

q——鼻坎末端断面单宽流量，$m^3/(s \cdot m)$；

Z——上、下游水位差，m；

K——综合冲刷系数，根据《溢洪道设计规范》(SL 25—2006)，取 $K=1.2$ 计算。

设计洪水和校核洪水情况下最大冲刷坑深度见表 4-8。

表 4-8　挑流计算结果

水位	总挑距(m)	冲刷坑深度(m)
校核洪水位	83.8	25.4
设计洪水位	64.2	13.9

3.2.3.3　冲刷坑对岸坡冲刷影响

冲刷坑后坡：$i=t/L_1$，校核水位时 $i=25.4/83.8=0.3$；设计水位 $i=13.7/64.2=0.21$，而许可最大后坡 $i_k=0.40$，所以冲刷坑不会影响挑流鼻坎及岸坡安全。

3.3　闸室稳定计算

3.3.1　设计依据

3.3.1.1　特征水位

正常蓄水位：1 133.0 m；

设计洪水位：1 135.66 m($P=1\%$)；

校核洪水位：1 136.45 m($P=0.05\%$)。

3.3.1.2　地震裂度

该地区地震动峰值加速度为 0.10g，相当于地震基本烈度Ⅶ度。

3.3.1.3　摩擦系数

闸室处基岩为砂岩、泥岩，抗剪断摩擦系数 $f'=0.8$，抗剪断凝聚力 $c'=0.5$ MPa。

3.3.1.4　扬压力折减系数

溢洪道在桩号溢 0－001.0 设帷幕灌浆，考虑其对扬压力的折减作用，取扬压力折减系数为 $\alpha=0.5$。

3.3.1.5　抗滑稳定安全系数

溢洪道按3级建筑物设计，根据《溢洪道设计规范》(SL 253—2018)，选择闸室及其边墩的抗滑稳定安全系数，见表4-9。

表4-9　抗滑稳定安全系数

荷载组合		按抗剪断强度公式计算的安全系数
基本组合	正常蓄水位情况	3.0
	设计洪水位情况	
特殊组合	校核洪水位情况	2.5
	正常蓄水位 + 地震	2.3

3.3.2　荷载及荷载组合

作用在闸室的荷载分为基本荷载和特殊荷载两种。水库设计洪水位高于正常蓄水位，溢洪道闸门最高挡水位为设计洪水位。所以，基本荷载组合只计算设计洪水位和完建期工况，正常蓄水位不考虑。特殊荷载组合中，校核洪水位时，闸门全开，不属于最不利工况，该工况不予考虑，所以特殊荷载组只考虑正常水位加地震以及检修工况。

荷载组合情况如表4-10所示。

表4-10　荷载组合情况

荷载组合	组合情况	荷载								
		自重	水重	水压力	浪压力	扬压力	泥沙压力	土压力	风压力	地震力
基本组合	完建期	√						√	√	
	设计洪水位	√	√	√	√	√	√	√	√	
特殊组合	检修期	√		√	√	√	√	√	√	
	地震	√	√	√	√	√	√	√	√	√

3.3.3　闸室稳定及应力计算

依据《水闸设计规范》(SL 265—2016)，对闸室进行抗滑、抗浮稳定计算，并验算基底应力。该闸室在中孔底板设两道横缝，将该闸室分为两个部分，每个部分包括两个闸墩，为一整体结构，取其中一个作为计算单元，对不同工况分别计算。

3.3.3.1　闸室基底面的抗滑稳定验算

根据《水闸设计规范》(SL 265—2016)，闸室基底面的抗滑稳定可按下式计算：

$$K = \frac{f' \sum W + c'A}{\sum P} \tag{4-17}$$

式中　K——按抗剪断强度计算的抗滑稳定安全系数；

f'——闸墩与基岩面接触的抗剪断摩擦系数；

c'——闸墩与基岩面接触的抗剪断凝聚力；

$\sum W$——作用于闸墩上的全部荷载对计算滑动面的法向合力；

$\sum P$——作用于闸墩上的全部荷载对计算滑动面的切向合力；

A——闸墩与基岩接触面的截面面积。

经计算，闸室抗滑稳定安全系数见表4-11中。

3.3.3.2 闸室抗浮稳定验算

$$K_f = \frac{\sum V}{\sum U} \tag{4-18}$$

式中 K_f——闸室抗浮稳定安全系数；

$\sum V$——作用在闸室上的全部向下的铅直力之和，kN；

$\sum U$——作用在闸室基底面上的扬压力，kN。

3.3.3.3 闸室基底应力计算

$$P_{\substack{max\\min}} = \frac{\sum G}{A} \pm \frac{\sum M}{W} \tag{4-19}$$

式中 $P_{\substack{max\\min}}$——闸室基底应力的最大值、最小值，kPa；

$\sum G$——作用在闸室上的全部竖向荷载，kN；

$\sum M$——作用在闸室上的全部竖向和水平荷载对于基础底面垂直水流方向的形心轴的力矩，kN·m；

A——闸室基底面的面积，m^2；

W——闸室基底面对于该底面垂直水流方向的形心轴的截面矩，m^3。

表4-11 稳定计算结果表

荷载组合	工况	σ_{max}（kPa）	σ_{min}（kPa）	$\sigma_{max}/\sigma_{min}$	$\sigma_{max}/\sigma_{min}$允许值	抗滑稳定安全系数K	抗浮稳定安全系数K_f
基本组合	完建期	103.3	96.3	1.07	2.0		6.16
	设计洪水位	112.92	107.21	1.05	2.0	5.12	2.67
特殊组合	检修期	116.28	100.06	1.16	2.5	7.2	2.54
	地震	119.27	100.85	1.18	2.5	3.95	2.65

《水闸设计规范》（SL 265—2016）规定：抗滑稳定安全系数基本组合不小于3.00，特殊组合不小于2.50；抗浮稳定安全系数基本组合不小于1.1，特殊组合不小于1.05。与允许值相比，以上计算结果均满足要求。

项目5 水 闸

任务1 概 述

水闸是一种利用闸门的启闭来调节水位、控制流量，以满足水利事业的各种要求的低水头水工建筑物，多修建在软土地基上，具有挡水和泄(引)水的双重功能。在防洪、灌溉、供水、治涝、航运、发电、挡潮、冲沙等水利工程中的应用十分广泛。

1 水闸的类型

1.1 按水闸所承担的任务分类

水闸按其所承担的任务可分为节制闸、进水闸、分洪闸、排水闸、挡潮闸、冲沙闸等，如图5-1所示。

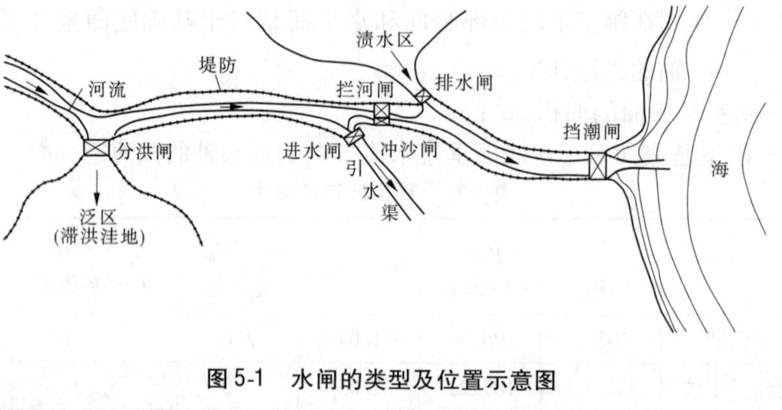

图5-1 水闸的类型及位置示意图

(1)节制闸。一般拦河(或渠)建造。枯水期用来拦截河道，抬高水位，以满足上游取水或航运要求；洪水期则开闸泄洪，控制下泄流量。位于河道上的节制闸又称为拦河闸。

(2)进水闸。又称取水闸或渠首闸，建在河道、水库或湖泊的岸边，用来控制引水流量，以满足灌溉、发电或供水需求。

(3)分洪闸。常建在河道的一侧，用来将超过下游河道安全泄量的洪水泄入预定的湖泊、洼地(滞洪洼地)，及时削减洪峰，保证下游河道的安全。

(4)排水闸。常建在江、河沿岸的支流河口或排水渠首末端，用以排除两岸低洼地区的涝渍水及防止江河洪水倒灌。该闸具有双向挡水的作用，江河水位高于内湖或洼地时，关闸以防外水倒灌；江河水位低于内湖或洼地时，开闸排涝排渍。

(5)挡潮闸。建在入海河口附近，涨潮时关闸阻挡海水沿河上溯，退潮时开闸泄水。挡潮闸具有双向挡水的特点。

(6)冲沙闸。常建于取水闸首或水电站进水口的旁边,用来排除闸前淤积的泥沙,防止泥沙淤积,减少泥沙入渠。

此外,还有为排除冰块、漂浮物等而设置的排冰闸、排污闸等。

1.2 按闸室结构型式分类

按闸室结构型式水闸可分为开敞式和封闭(涵洞)式两种。

(1)开敞式水闸。是闸室上面不填土、不封闭的水闸。一般有泄洪、排水、过木等要求时,多采用不带胸墙的开敞式水闸,常用于拦河闸、排冰闸等;当上游水位变幅大,而下泄流量又有限制时,为避免闸门过高,常采用带胸墙的开敞式水闸,如进水闸、排水闸、挡潮闸等。

(2)涵洞式水闸。是闸(洞)身上面填土封闭的水闸,又称封闭式水闸。穿堤取水或排水的水闸多采用这种型式。洞内水流可以是有压的或者是无压的。

1.3 按过闸流量大小分类

按过闸流量大小可将水闸分为大、中、小型水闸。大型水闸,过闸流量大于1 000 m^3/s;中型水闸,过闸流量为100~1 000 m^3/s;小型水闸,过闸流量小于100 m^3/s。

2 水闸的组成及其各部分的作用

水闸通常由上游连接段、闸室段和下游连接段三部分组成,如图5-2所示。

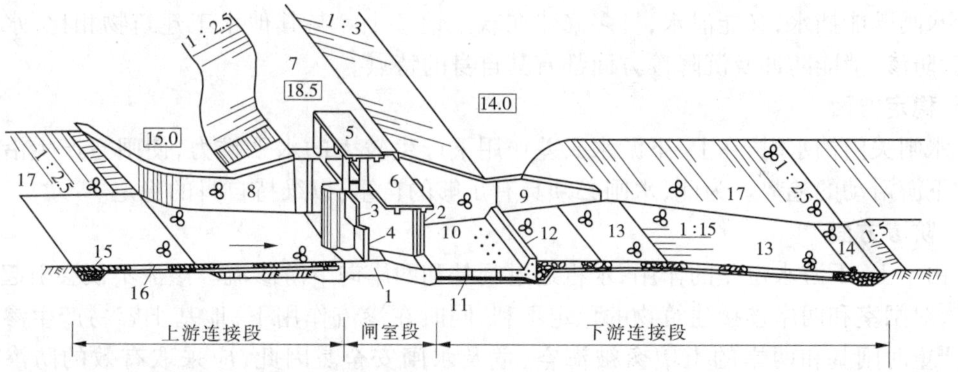

1—闸室底板;2—闸墩;3—胸墙;4—闸门;5—工作桥;6—交通桥;7—堤顶;8—上游翼墙;9—下游翼墙;10—护坦;11—排水孔;12—消力槛;13—海漫;14—下游防冲槽;15—上游防冲槽;16—上游护底;17—上、下游护坡

图5-2 水闸的组成

2.1 上游连接段

上游连接段处于水流行近区,其作用是引导水流平稳地进入闸室,同时起防冲、防渗、挡土等作用。一般包括上游翼墙、铺盖、护底、两岸护坡及上游防冲槽等。

上游翼墙的作用是引导水流平顺地进入闸孔,同时具有侧向防渗的作用。

铺盖主要起防渗作用,其表面应满足抗冲要求。

护坡、护底和上游防冲槽(齿墙)的作用是保护两岸土质、河床及铺盖头部不受冲刷。

2.2 闸室段

闸室是水闸的主体部分，起着控制水流、连接两岸的作用，通常包括底板、闸墩、闸门、胸墙、工作桥及交通桥等。

底板是闸室的基础，承受闸室全部荷载，并均匀地传给地基，此外还有防冲、防渗作用。闸门横跨闸孔安放在闸底板上，由左右两侧闸墩支撑，用以挡水和控制下泄水流。

闸墩的作用是分隔闸孔并支撑闸门、工作桥等上部结构。

胸墙用来挡水以减小闸门高度。工作桥用于安置启闭机和工作人员操作之用。

交通桥的作用是连接两岸交通。

2.3 下游连接段

下游连接段具有消能、防冲和扩散水流的作用。一般包括护坦、海漫、下游防冲槽、下游翼墙及护坡等。

下游翼墙的作用是引导水流均匀扩散，同时具有防冲及侧向防渗等作用。

护坦是消力池底板，具有消能防冲作用。

海漫的作用是进一步消除护坦出流的剩余动能、扩散水流、调整流速分布、防止河床受冲。

下游防冲槽是海漫末端的防护设施，避免冲刷向上游扩展。

3 水闸的工作特点

水闸既能挡水，又能泄水，且多修建在软土地基上。与其他水工建筑物相比，水闸在稳定、防渗、消能防冲及沉降等方面都有其自身的特点。

3.1 稳定方面

水闸关门挡水时，在上、下游水头差作用下产生较大的水平推力，使闸室产生沿闸基面向下游滑动的趋势。为此，水闸必须具有足够的自重，以维持自身的稳定。

3.2 防渗方面

由于上、下游水位差的作用，水将通过闸基和两岸向下游渗流。渗流不仅会引起水量损失，对闸室和两岸连接建筑物的稳定不利，同时在渗流作用下，地基土容易产生渗透变形，严重时闸基和两岸的土壤会被淘空，危及水闸安全。因此，应采取有效的防渗排水措施。

3.3 消能防冲方面

水闸开闸泄水时，在上、下游水位差的作用下，过闸水流往往具有较大的动能，流态也较复杂，而土质河床的抗冲能力较低，可能引起河床的冲刷。此外，水闸下游常出现波状水跃和折冲水流，会进一步加剧对河床和两岸的淘刷。因此，在设计水闸时，除应保证闸室具有足够的过水能力外，还必须采取有效的消能防冲措施，以防止河道产生有害的冲刷。

3.4 沉降方面

土基上建闸，由于土基的压缩性大，抗剪强度低，在闸室自重和外部荷载的作用下，可能产生较大的沉降而影响水闸正常使用，尤其是不均匀沉降会导致水闸倾斜，甚至断裂。因此，必须合理地选择闸型、构造，安排好施工程序，采取必要的地基处理等措施，以减少过大的地基沉降和不均匀沉降。

4 水闸的设计内容及所需的基本资料

水闸的设计内容有：闸址选择，水闸等级划分及洪水标准确定，水闸枢纽布置，确定孔口型式和尺寸，消能防冲设计，防渗排水设计，闸室布置，稳定计算，沉降计算，结构计算，地基处理及两岸连接建筑物设计等。

水闸设计所需的各项基本资料主要包括：闸址处的地形、地质、水文、气象、试验资料、工程施工条件、建筑材料、河流规划、运用要求及所在地区的生态环境、社会经济状况等。

任务2 闸址选择和闸孔设计

1 闸址选择

闸址应根据水闸的功能、特点、运用要求及区域经济条件，综合考虑地形、地质、水文、水流、施工、管理、潮汐、泥沙、冻土、冰情、周围环境等因素，经技术经济比较后选定。

闸址选择时，应具体注意以下几个方面的问题：

(1)地形地质方面：闸址宜选择在地形开阔、岸坡稳定、岩土坚实和地下水水位较低的地点。特别应考虑选在地质条件良好的天然地基。

(2)水流条件方面：应考虑建闸后，过闸水流平顺，流量分布均匀，不出现偏流和危害性冲刷或淤积。

(3)施工管理方面：应考虑材料来源较近，施工导流易解决，对外交通、场地布置、基坑排水、施工水电供应方便及水闸建成后工程管理维修方便、防汛抢险易进行的地点。另外，选择闸址还要考虑占用土地及拆迁房屋少，尽量利用周围已有公路、航运、动力、通信等公用设施，有利于绿化、净化、美化环境和生态环境保护，有利于开展综合经营等。

2 闸孔设计

2.1 闸孔型式

常见的闸孔型式有平底板宽顶堰、低实用堰和胸墙孔口等三种，如图5-3所示。

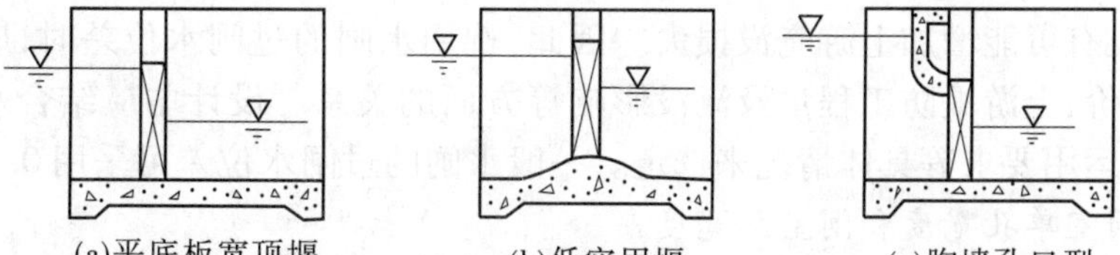

(a)平底板宽顶堰 (b)低实用堰 (c)胸墙孔口型

图5-3 闸孔型式

2.1.1 平底板宽顶堰

平底板宽顶堰是最常用的闸孔型式，其优点是结构简单、施工方便，泄流能力比较稳定，有利于泄洪、冲沙、排淤、通航等；缺点是自由泄流时流量系数较小，且闸后容易产生波状水跃。

2.1.2 低实用堰

低实用堰有梯形堰、WES 曲线形和驼峰堰等型式。实用堰在自由泄流时流量系数较大，水流条件较好，选用适宜的堰面曲线可以消除波状水跃；但泄流能力受尾水位变化的影响较为明显，当淹没水深 $h_s>0.6H$（H 为堰上水深）以后，泄流能力将急剧降低，不如宽顶堰泄流时稳定。上游水深较大时，采用这种型式，可以减小闸门高度。

2.1.3 胸墙孔口

当上游水位变幅较大而过闸流量有限制要求时，常采用胸墙孔口。用胸墙代替部分闸门，可以减小闸门高度和启门力，从而降低工作桥高和工程造价。

2.2 闸底板顶面高程的确定

闸底板应置于较为坚实的地基上，并应尽量利用天然地基。闸底板顶面高程的确定关系到闸孔型式和尺寸的确定，也直接影响整个水闸的工程量和造价。如将闸底板高程定得低些，闸前水深和过闸单宽流量都要大些，从而使闸孔总宽度缩短，减少工程投资。但是，闸底板高程定得太低，将增大闸身和两岸结构的高度，并增加基坑开挖和闸下消能防冲布置上的困难，可能反而增加工程投资。可见，闸底板高程的确定应依据河（渠）底高程、水流、泥沙、闸址地形、闸址地质等条件，结合水闸规模、所选用的堰型、门型，经技术经济比较确定。

一般情况，拦河闸和冲沙闸的底板顶面可与河底齐平；进水闸的底板顶面在满足引用设计流量的条件下，应尽可能高些，以防止泥沙进入渠道。

2.3 闸孔尺寸的确定

2.3.1 闸孔总净宽 B_0

根据给定的设计流量、上下游水位和初拟的底板高程以及选定的闸孔型式，分别对不同的水流情况计算闸孔总净宽。具体计算方法参见《水闸设计规范》（SL 265—2016）。

闸孔总净宽的增大和减小，意味着过闸单宽流量的减小和加大。过闸单宽流量将直接影响消能防冲的工程量和造价。为此，需要选用适宜的过闸单宽流量。根据我国的经验，黏土地基可取 15 ~ 25 $m^3/(s\cdot m)$，壤土地基可取 15 ~ 20 $m^3/(s\cdot m)$，砂壤土地基可取 10 ~ 15 $m^3/(s\cdot m)$，粉砂、细砂、粉土和淤泥地基可取 5 ~ 10 $m^3/(s\cdot m)$。

过闸水位差的选用，关系到水闸的上游淹没影响和工程造价。若采用较大的过闸水位差，虽可减小闸孔总净宽，降低工程造价，但却抬高了闸的上游水位，不仅要加高上游堤坝顶高程，而且有可能增加上游淹没损失。因此，选用水闸的过闸水位差时，应认真处理好水闸工程造价、上游堤防工程量及淹没影响等方面的关系。设计中应结合水闸所承担的任务、特点、运用要求等具体情况来选定。一般水闸的过闸水位差可采用 0.1 ~ 0.3 m。

2.3.2 确定闸室单孔宽度和闸室总宽度

闸室单孔宽度 b_0，根据闸门型式、启闭设备条件、闸孔的运用要求和工程造价，并参照闸门系列综合比较选定。我国大、中型水闸的单孔宽度一般采用 8 ~ 12 m。

闸孔孔数 $n\approx B_0/b_0$，n 值取略大于计算值的整数，但总净宽不宜超过计算值的 3% ~ 5%。当闸孔孔数少于 8 孔时，n 值最好采用单数，以使过闸水流匀称。

闸室总宽度 $B=nb_0+(n-1)d_z+2d_b$，其中 d_z 为中墩厚，d_b 为边墩厚。

闸室总宽度拟定后，需要考虑闸墩等的影响，进一步验算水闸的过水能力。一般实际过流量与设计过流量的差值不得超过 ±5%，否则需调整闸孔尺寸，直至满足要求为止。

从过水能力和消能防冲两方面考虑，闸室总宽应与河（渠）道宽度相适应。根据工程经验，当河（渠）道宽度 $B=50\sim100$ m 时，两者的比值 $\eta\geqslant0.6\sim0.75$；当 $B>200$ m 时，$\eta\geqslant0.85$。

任务3 水闸的消能防冲设计

水闸泄水时，部分势能转化为动能，具有较强的冲刷能力，而对于土基河（渠）床一般抗冲能力较低，闸下冲刷是一种相当普遍的现象。为了保证水闸的安全，防止有害冲刷，除在设计时选用适宜的单宽流量外，还应采取必要的消能防冲设施。

平原地区的水闸，由于水头低，下游水位变幅大，一般都采用底流式消能。对于山区灌溉渠道上的泄水闸和退水闸，当下游是坚硬的岩体，又具有较大的水头时，可以考虑采用挑流消能。

底流消能是利用水跃消能。其原理是在闸下游设置消力池、海漫和防冲槽等消能防冲设施，促使下泄水流在限定的范围内产生淹没式水跃，使高速水流通过内部的旋滚、摩擦、掺气和撞击等作用消耗能量，以减轻对下游河床的冲刷。底流式消能工作可靠，但工程量较大，多在水头低、流量大、地质条件较差时采用。

1 消力池

消力池是水闸的主要消能设施，其主要作用是促使出闸水流在池中发生淹没式水跃进行消能，并保护河床免遭冲刷。消力池有三种基本型式：挖深式、突槛式和综合式，如图 5-4所示。挖深式消力池是降低闸下游护坦高程而形成，是水闸经常采用的一种型式。

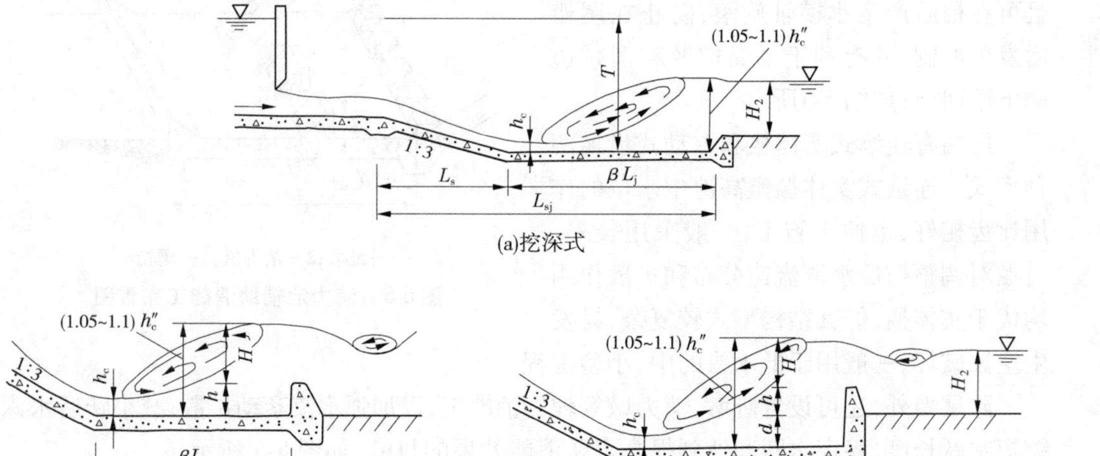

图 5-4 消力池型式

消力池位于闸室之后，闸室底板与消力池底板(护坦)之间一般用1∶3～1∶4的斜坡段连接。消力池的尺寸根据过闸流量和相应的下游水深等条件通过水力计算确定。

护坦是消力池底的保护设施，它承受水流的冲击力、水流脉动压力和底部扬压力等作用，因此要有足够的重量、强度和抗冲耐磨的能力。护坦的厚度可根据抗冲和抗浮要求计算确定，大中型水闸的护坦厚度一般为0.5～1.0 m，小型水闸也不宜小于0.5 m。一般用C15或C20混凝土浇筑而成，并配置Φ10～12 mm的纵横向构造钢筋，间距250～300 mm。大型水闸消力池的顶、底面均需配筋，中、小型的可只在顶面配筋。小型水闸的底板也可用M7.5水泥砂浆砌筑块石而成。

为了降低护坦底部的渗透压力，可在水平护坦的后半部设置排水孔，孔下铺设反滤层。一般采用8～12 cm的PVC管或直径为15 cm的无砂混凝土管，间距1.0～2.0 m，呈梅花形布置。

护坦与闸室底板、翼墙及海漫之间，以及护坦本身沿水流方向均应用缝分开，以适应不均匀沉陷和温度变形。缝宽一般为2.0～2.5 cm，护坦自身的缝距可取10～20 m，靠近翼墙的消力池缝距较小一些。护坦在垂直水流方向通常不设缝，以保证其稳定性。闸基防渗范围内的缝一般设止水设施，缝内多铺贴沥青油毛毡。

为增强护坦的抗滑稳定性，常在消力池的末端设置齿墙，墙深一般为0.8～1.5 m，宽为0.6～0.8 m。

2 辅助消能工

为了提高消力池的消能效果，消力池末端一般布置高0.5 m左右的尾槛，用以调整流速分布，减小出池水流的底部流速，且可在槛后产生小横轴旋滚，防止在尾槛后发生冲刷，并有利于平面扩散和消减边侧下游回流，如图5-5所示。

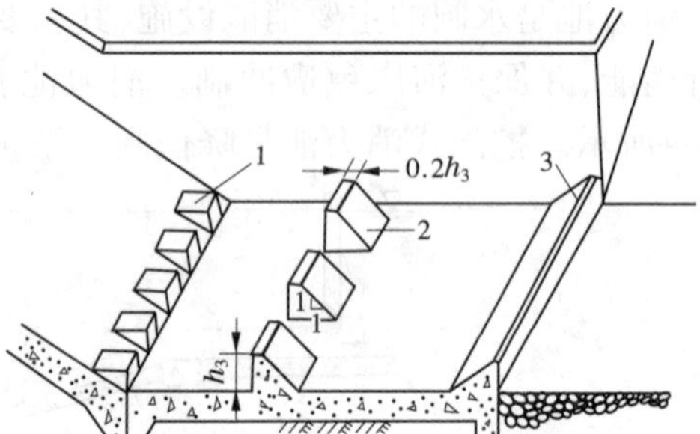

1—趾墩；2—消力墩；3—尾槛

图5-5 消力池辅助消能工布置图

尾槛有连续式实体槛和差动式齿槛两种型式。连续式实体槛壅高池中水位的作用比齿槛好，也便于施工，一般采用较多。齿槛对调整槛后水流流速分布和扩散作用均优于实体槛，但其结构型式较复杂，易发生空蚀破坏，一般用于低水头的中、小型工程。

除尾槛外，还可设置趾墩、消力墩等辅助消能工，以加强水流紊动扩散，减小跃后水深，缩短水跃长度，稳定水跃和达到提高水跃消能效果的目的，如图5-5所示。

3 海漫

水流经过消力池消能后，仍有较大的余能，底部流速较大，分布不均匀，紊动仍较剧烈,具有一定的冲刷能力。因此,在消力池后仍需采取防冲加固措施。海漫即是措施之一,其作用是进一步消能,使水流均匀扩散,调整流速分布,使之逐步接近天然河道的水流形态,保护河床免遭冲刷。因此,海漫要满足以下要求:

(1)表面要有一定的粗糙度,以利进一步消除余能。

(2)具有一定的透水性,以便使渗水自由排出,降低扬压力。

(3)具有一定的柔性,以适应下游河床的冲刷变形。

海漫常用的型式有干砌石海漫、浆砌石海漫、混凝土板海漫、钢筋混凝土板海漫等。

海漫一般将起始段(长度为5~10 m或者海漫的前1/3段)做成水平的,其顶面高程可与护坦齐平或在消力池尾槛顶以下0.5 m左右,水平段后做成不陡于1:10的斜坡,以使水流均匀扩散,调整流速分布,保护河床不受冲刷。海漫的长度应根据消力池出口的单宽流量、上下游水位差、地质条件等因素计算确定,如图5-6所示。

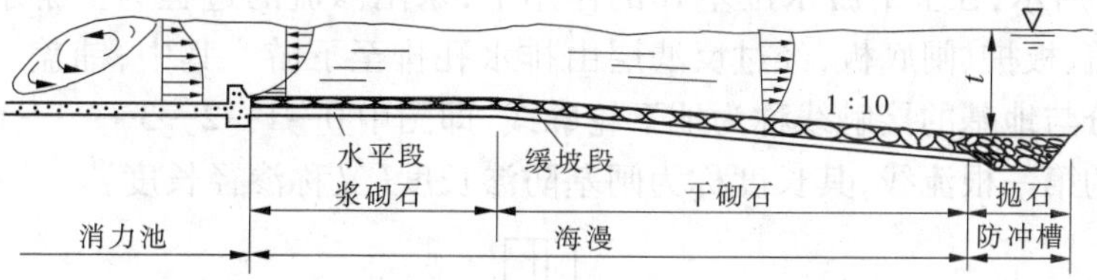

图5-6 海漫、防冲槽布置图

4 防冲槽

水流经过海漫后,尽管剩余能量得到了进一步消除,流速分布接近河床水流的正常状态,但在海漫末端仍有冲刷现象。为保证安全和节省工程量,常在海漫末端设置防冲槽或采取其他加固措施,如图5-6所示。

在海漫末端挖槽抛石,预留足够的石块,当水流冲刷河床形成冲坑时,预留在槽内的石块沿斜坡陆续滚下,铺在冲坑的上游斜坡上,防止冲刷坑向上游扩展,保护海漫安全,防冲槽大多采用宽浅式,其深度一般取1.5~2.5 m,底宽b取2~3倍的深度,上游坡率$m_1=2\sim3$,下游坡率$m_2=3$。

5 护坡与护底

上游水流流向闸室,流速逐渐加大,为了保证河床和河岸不受冲刷,闸室上游的河床和岸坡应采取相应的防护措施。与闸室底板相连接的铺盖,其表层必须是防冲材料,如采用黏土铺盖,必须加混凝土或浆砌块石等作护面。上游翼墙通常设于铺盖段。紧接铺盖段的河床和岸坡常用浆砌块石作护面,然后砌护一段干砌石。

水闸下游河床和岸坡,除设置消力池、海漫、防冲槽和下游翼墙外,尚需在防冲槽上游两岸设护坡,护砌材料一般用干砌块石。

砌石护坡、护底的厚度一般为0.3~0.5 m。若采用现浇混凝土护坡、护底,其厚度一般为0.2~0.3 m,寒冷地区宜加厚至0.3~0.5 m;若改用预制混凝土板铺砌,其厚度一般为0.1~0.2 m。

任务 4　水闸的防渗排水设计

水闸建成挡水后，在上下游水位差的作用下，水自上游经过闸基和绕过翼墙向下游渗流。渗流会对水闸造成以下不利影响：①闸基渗流对闸底产生向上的渗透压力，从而减小闸室的有效重量，降低闸室的抗滑稳定性；②闸基渗流和两岸绕渗，可能引起地基和两岸土壤发生渗透破坏，甚至引起水闸的失事；③严重渗漏将引起大量的水量损失。因此，为了防止渗流对水闸的不利影响，通常在上游采取防渗措施，尽量阻滞水流渗入闸基，消耗水头；在下游采取排水措施，将渗漏到闸基的水尽快排除，降低渗透压力。

1　闸基防渗长度的确定

如图 5-7 所示，在上下游水位差 H 的作用下，水闸渗流的过程为上游水从河床入渗，绕过上游铺盖、板桩、闸底板，经过反滤层由排水孔排至下游。其中，铺盖、板桩和闸底板等不透水部分与地基的接触线称为地下轮廓线，即图中 0—1—2—3—……—16 的折线。它是闸基渗流的第一根流线，其长度称为闸基防渗长度（又称渗径长度）。

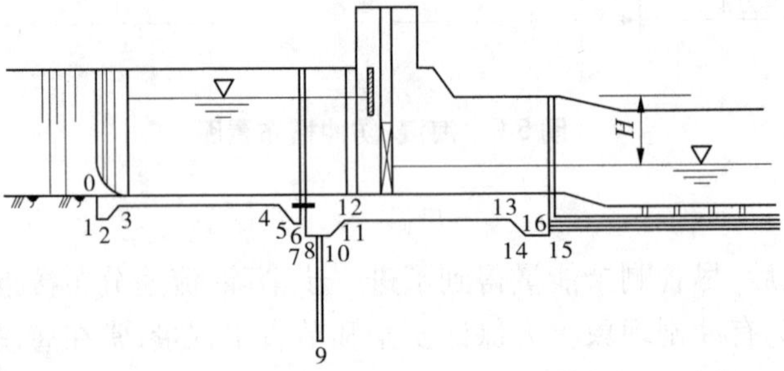

图 5-7　防渗长度示意图

在工程规划和可行性研究阶段，初步拟订的闸基防渗长度应满足：$L \geqslant CH$（C 为允许渗径系数值，可查表 5-1 获得）。若在工程初步设计或施工图设计阶段，还应采用改进阻力系数法校验。

表 5-1　允许渗径系数值 C

排水条件	地基类别									
	粉砂	细砂	中砂	粗砂	中砾细砾	粗砾夹卵石	轻粉质砂壤土	轻砂壤土	壤土	黏土
有滤层	13 ~ 9	9 ~ 7	7 ~ 5	5 ~ 4	4 ~ 3	3 ~ 2.5	11 ~ 7	9 ~ 5	5 ~ 7	3 ~ 2
无滤层	—	—	—	—	—	—	—	—	7 ~ 4	4 ~ 3

2　闸基防渗排水布置

闸基防渗排水布置，即进行不同地基的地下轮廓布置。闸基防渗长度初步确定后，可根据地基特性，参考已建的工程经验确定闸基地下轮廓形状和尺寸。

2.1 布置原则

闸基防渗排水的布置原则为"高防低排","高防"就是在高水位一侧布置铺盖、板桩、齿墙等防渗设施,以延长渗径,减小作用在底板上的渗透压力,降低闸基渗流的平均坡降;"低排"就是在低水位一侧布置排水孔、反滤层等排水设施,使没有堵住的渗透水流尽快地安全排走,以防渗流出口附近的土壤颗粒被渗透水流带走而发生渗透变形,减小闸底板上的渗透压力。

2.2 不同地基地下轮廓线的布置

2.2.1 黏性土地基

因黏性土不易发生管涌等渗透变形且摩擦力较小,因此布置地下轮廓时,排水设施可前移到闸底板下,以降低底板下的渗透压力并有利于黏土加速固结,以提高闸室稳定性。防渗措施常采用水平铺盖(见图5-8(a)),而不用板桩,以免破坏黏土的天然结构,在板桩与地基间造成集中渗流通道。

黏性土地基内夹有承压透水层时,应考虑设置垂直排水,以便将承压水引出,见图5-8(b)。

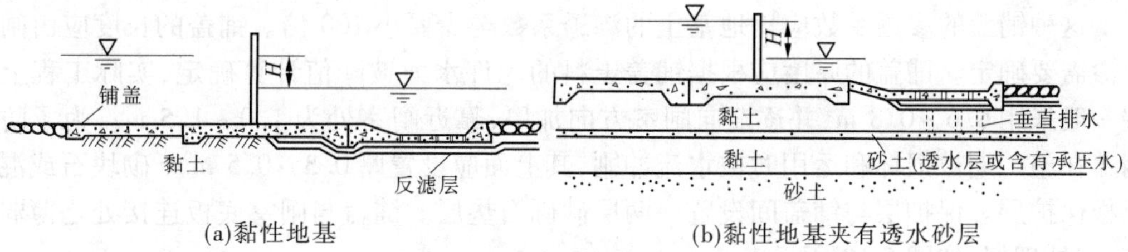

图5-8 黏性土闸基防渗排水布置

2.2.2 砂性土地基

砂性土粒间无黏着力,易产生管涌,主要应防止发生渗透变形。砂性土摩擦系数较大,对减小渗透压力要求相对较小。当砂层很厚时,可采用铺盖与板桩相结合的型式(见图5-9(a)),排水设施布置在护坦上,必要时在铺盖前端再加设一道短板桩,以加长渗径;当砂层较薄,下面有不透水层时,可将板桩插入不透水层(见图5-9(b));当地基为粉细砂土基时,为了防止地基液化,常将闸基四周用板桩封闭起来,因受双向水头作用,故水闸上下游均设有排水设施,而防渗设施无法加长,见图5-9(c)。设计时应以水头差较大的一边为主,另一边为辅,并采取除降低渗压以外的其他措施,提高闸室的稳定性。

3 防渗及排水设施

水闸的防渗设施包括水平防渗设施(铺盖)和垂直防渗设施(板桩、齿墙、防渗墙、灌注式水泥砂浆帷幕、高压喷射灌浆帷幕及垂直防渗土工膜等),而排水设施则是指铺设在护坦、浆砌石海漫底部或闸底板下游段起导渗作用的砂砾石层。排水体常与反滤层结合使用。

3.1 铺盖

铺盖应有可靠的不透水性及一定的柔性,以适应地基变形,保证防渗作用。实际工程中常用的型式有黏土、混凝土、钢筋混凝土或土工膜防渗铺盖等。

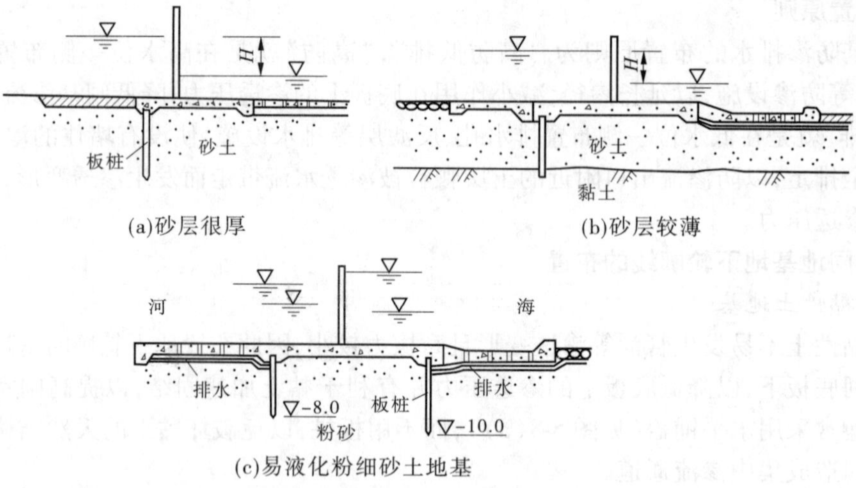

图 5-9 砂性土闸基防渗排水布置

3.1.1 黏土、黏壤土铺盖

这种铺盖的渗透系数应比地基土的渗透系数至少要小 100 倍。铺盖的长度应由闸基防渗需要确定。铺盖的厚度应根据铺盖土料的允许水力坡降值计算确定,实际工程上游端一般采用 0.6 ~ 0.8 m,并逐渐向闸室方向加厚,靠近闸室处为 1.0 ~ 1.5 m。为了防止铺盖在施工期被损坏和运用时被水流冲刷,其上面应设置厚 0.3 ~ 0.5 m 干砌块石或混凝土板保护层。保护层与铺盖间设置一两层砂砾石垫层。铺盖与闸室底板连接处是薄弱环节,应处理好,如图 5-10 所示。

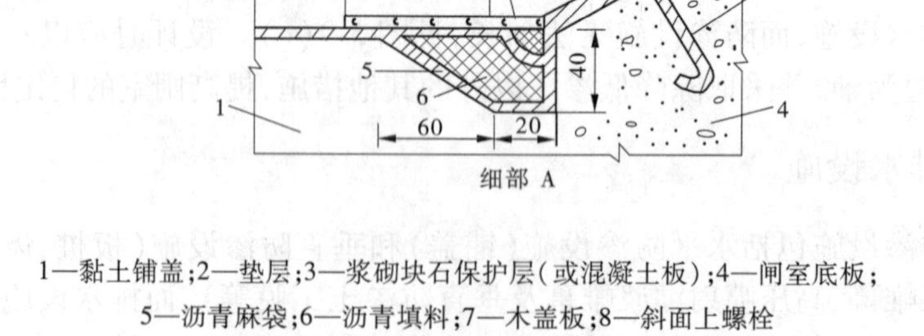

1—黏土铺盖;2—垫层;3—浆砌块石保护层(或混凝土板);4—闸室底板;
5—沥青麻袋;6—沥青填料;7—木盖板;8—斜面上螺栓

图 5-10 黏土铺盖构造 (单位:cm)

3.1.2 混凝土或钢筋混凝土铺盖

如当地缺乏黏土、黏壤土,或要用铺盖兼作阻滑板,以提高闸室抗滑稳定性时,可采用混凝土或钢筋混凝土铺盖(如图 5-11 所示)。其厚度一般根据构造要求确定,最小厚度不宜小于0.4 m,在与底板连接处应加厚至0.8 ~1.0 m。铺盖与底板、翼墙之间用沉降缝分开。铺盖本身亦应设温度沉降缝,靠近翼墙的缝距应小一些。缝宽可采用2 ~3 cm,缝中均应设止水。混凝土铺盖中混凝土强度等级一般为C15,配置温度构造筋。对于起阻滑作用的钢筋混凝土铺盖则要根据受力情况配置轴向受拉钢筋。受拉钢筋与闸室在接缝处应采用铰接的构造形式。这种铺盖的混凝土强度等级一般不低于C20。

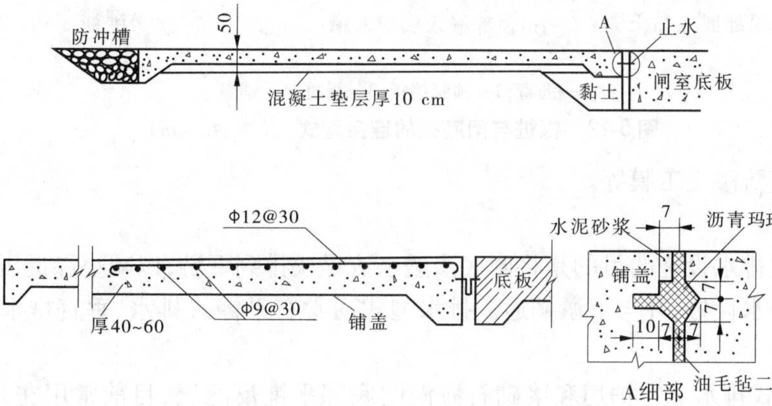

图5-11 混凝土及钢筋混凝土铺盖构造 (单位:cm)

3.1.3 土工膜防渗铺盖

水闸防渗铺盖也可用土工膜代替传统的弱透水土料。用于防渗的土工合成材料主要有土工膜或复合土工膜,其厚度应根据作用水头,膜下土体可能产生裂隙宽度、膜的应变和强度等因素确定,但不宜小于0.5 mm。防渗土工膜上部可采用水泥砂浆、砌石或预制混凝土块做防护层、上垫层,下部应设下垫层。

3.2 板桩

板桩的作用随其位置不同而不同。一般设在闸底板上游端或铺盖前端,主要用以降低渗透压力,有时也设在底板下游端,以减小出口段坡降或出逸坡降。板桩长度与透水层深度有关,若透水层较浅,可用板桩插入不透水层0.5 ~1.0 m;若透水层较深,则采用悬挂式板桩,考虑防渗效果、工程造价、施工方法等因素,其入土深度一般为作用水头的0.7 ~1.2倍。目前,采用最多的是钢筋混凝土板桩,它适合于各种地基。其最小厚度不宜小于0.2 m;宽度不宜小于0.4 m;其入土深度多数采用3 ~5 m,最长达8 m。

板桩与闸底板的连接形式有两种:一种是将板桩紧靠底板前缘,顶部嵌入黏土铺盖一定深度,适用于闸室沉降量较大,而板桩尖已插入坚实土层的情况;另一种是将板桩顶部嵌入底板底面特设的凹槽中,桩顶填塞沥青等可塑性较大的不透水材料,适用于闸室沉降量小而板桩桩尖未达到坚实土层的情况,如图5-12所示。

3.3 齿墙

闸底板的上、下游端一般都设有齿墙,它有利于抗滑稳定,并可延长渗径。齿墙深度一般为0.5 ~1.5 m,最大不宜超过2.0 m,否则施工困难。

根据具体情况,水闸的防渗设施还可采用混凝土防渗墙、水泥砂浆帷幕、高压喷射灌

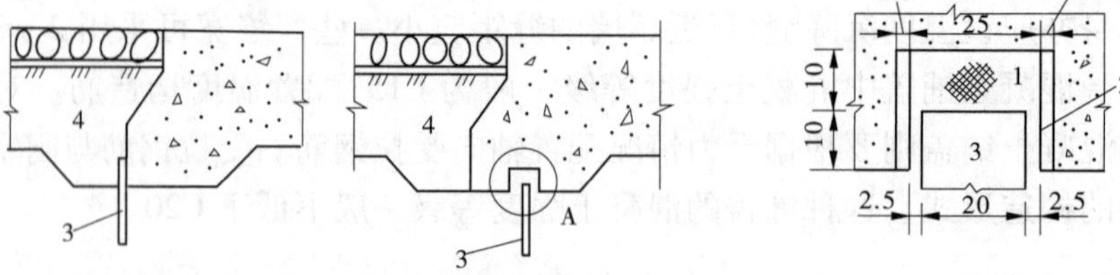

(a)顶部嵌入黏土　(b)顶部嵌入底板凹槽　A细部

1—沥青;2—预制挡板;3—板桩;4—铺盖

图5-12　板桩与闸底板的连接型式　(单位:cm)

浆帷幕及垂直防渗土工膜等。

3.4　排水设施

闸基设置排水设施的目的是将闸底渗透水流尽快排到下游,以减小渗透压力,因此要求排水设施透水性好,并与下游畅通。排水型式通常有平铺式排水、垂直排水、水平带状排水。

(1)平铺式排水。在护坦和浆砌石海漫的底部平铺反滤层,目前常用在开挖好的地基上平铺1~2层200~300 g/m^2 的土工布,土工布上平铺直径1~2 cm、厚15~30 cm的卵石、砾石或碎石,如图5-13所示。

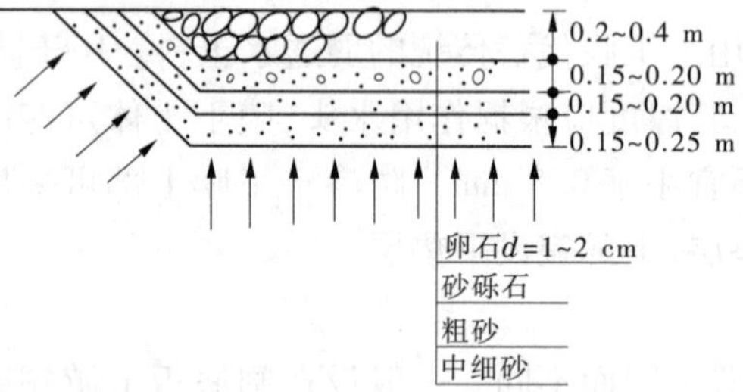

图5-13　反滤层

(2)垂直排水。在地基内有承压水层时,用垂直排水可有效地降低承压水头。将排水井伸入到该层内0.3~0.5 m,引出承压水,达到降压的目的。排水井的井径一般为0.3 m左右,间距3 m左右,内填滤料。

(3)水平带状排水,多用于岩基上。

任务5　闸室的布置与构造

水闸的闸室结构布置包括底板、闸墩、胸墙、闸门、启闭机、工作桥、交通桥等分部结构的布置和尺寸的初步拟定。应在保证稳定的前提下,尽量做到轻型化、整体性好、刚性大、布置匀称,并进行合理的分缝分块,使作用在地基单位面积上的荷载较小、较均匀,并能适应地基可能产生的沉降变形。

1 底板

常见的闸室底板有水平底板和低实用堰底板两种类型，前者应用较多。当上游水位较高，而过闸单宽流量又受到限制时，可将堰顶抬高，做成低实用堰底板。

平底板按照闸墩与底板的连接方式又可分为整体式和分离式两种。

1.1 整体式底板

闸墩与底板浇筑成整体的为整体式底板。整个底板起着承受荷载、传递荷载、防冲和防渗的作用。闸孔宽度较大时，一般沿水流方向设永久缝形成2～4孔一联的闸段，边闸段考虑到边荷载的影响，宜为单孔一联，如图5-14(a)所示。缝中应设止水。缝可设在闸墩中间，其优点是闸室结构整体性好，缝间闸段各自独立，各闸段间有不均匀沉陷时，水闸仍能正常工作，且具有较好的抗震性能；缺点是缝墩施工工期较长，且比其他中墩厚，当缝墩较多时，将增加工程量和施工难度，且闸孔孔径过大时，底板应力很大，需配置较多的钢筋。这种底板适用于地质条件较差的地基或地震区。如果地基条件较好，相邻闸段不致出现不均匀沉降的情况下，也可将缝设在闸孔底板中间，如图5-14(b)所示，可缩短工期，减小闸的总宽度和底板的跨中弯矩，但须确保闸门的启闭安全可靠。

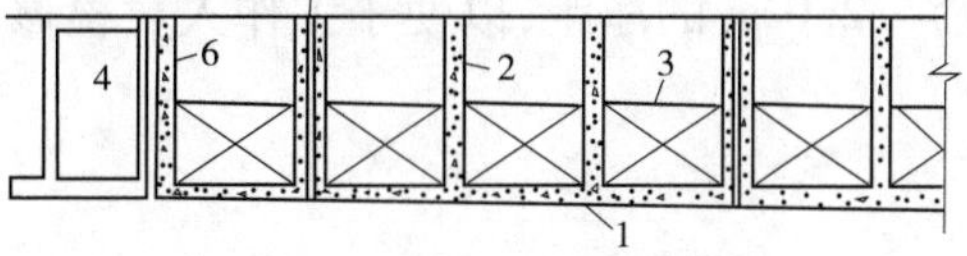

(a)缝设在闸墩中间

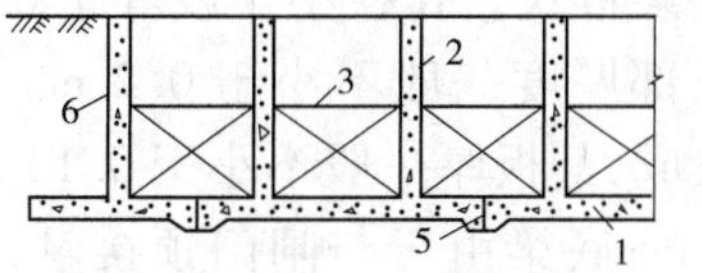

(b)缝设在闸孔底板中间

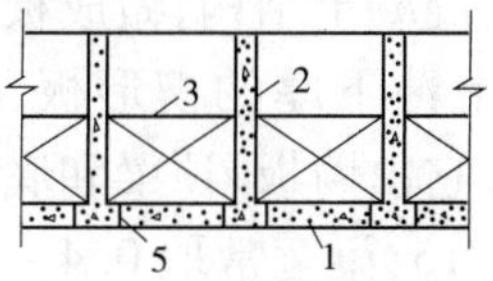

(c)分离式底板

1—底板；2—闸墩；3—闸门；4—空箱式岸墙；
5—温度沉降缝；6—边墩

图5-14 底板的分类

底板顺水流方向的长度应根据闸室地基条件和上部结构布置要求，以满足闸室整体稳定和地基允许承载力为原则来分析确定。初拟时对于碎石土和砾(卵)石地基可取(1.5～2.5)H(H为水闸上下游最大水位差)，砂土和砂壤土可取(2.0～3.5)H，黏土取(2.5～4.5)H。底板厚度必须满足强度和刚度的要求，大中型水闸可取闸孔净宽的1/6～1/8，一般为1～2 m，最薄不小于0.7 m，小型水闸可薄至0.3 m。闸室底板应具有足够的整体性、坚固性、抗渗性和耐久性。常用钢筋混凝土结构，小型水闸也可用混凝土浇筑，常用的强度等级为C15、C20。底板按实际情况配筋。

1.2 分离式底板

在闸墩两侧附近设缝，将底板与闸墩断开，称为分离式底板，如图5-14(c)所示。缝中设止水。其闸室上部结构的重量将直接由闸墩或连同部分底板传给地基。中间底板仅起防冲、防渗和稳定的作用,其厚度根据自身稳定的需要确定。一般用混凝土或浆砌石建成,必要时加少量钢筋。优点是可缩短工期,减小闸的总宽度,工程量小;缺点是底板接缝较多,闸室结构的整体性较差,对地基要求较高。一般适用于地质条件较好、承载能力较大的地基。

2 闸墩

闸墩的作用是分隔闸孔,并支承闸门、工作桥等上部结构。闸墩的外形轮廓应满足过闸水流平顺、侧向收缩小,过流能力大的要求。上游墩头可采用半圆形或尖角形,下游墩尾宜采用流线形。闸墩结构型式一般宜采用实体式,材料常用混凝土、少筋混凝土或浆砌块石。

闸墩长度取决于上部结构布置和闸门的型式,一般与底板等长或稍短于底板。闸墩厚度应根据闸孔净宽、闸门型式、受力条件、构造要求和施工方法确定。根据经验,一般浆砌石闸墩厚0.8~1.5 m,混凝土闸墩厚1.0~1.6 m,少筋混凝土闸墩厚0.9~1.4 m,钢筋混凝土闸墩厚0.7~1.2 m。闸墩在门槽处厚度不宜小于0.4 m,渠系小闸可取0.2 m。

平面闸门的闸墩上设门槽,门槽尺寸应根据闸门的尺寸确定。一般检修门槽深0.15~0.25 m,宽为0.15~0.30 m;工作门槽深一般不小于0.3 m,宽为0.5~1.0 m。检修门槽与工作门槽之间应留1.5~2.0 m的净距,以便于工作人员检修。弧形闸门的闸墩需设置牛腿,用以支承闸门。

3 胸墙

胸墙常用钢筋混凝土结构,做成板式或梁板式。孔径小于或等于6.0 m时可采用板式,墙板也可做成上薄下厚的楔形板,其顶部厚度一般不小于0.2 m。孔径大于6.0 m时,宜采用梁板式,它由墙板、顶梁和底梁组成,其板厚一般不小于0.12 m;顶梁梁高为胸墙跨度的1/12~1/15,梁宽常取0.4~0.8 m;底梁由于与闸门顶接触,要求有较大的刚度,梁高为胸墙跨度的1/8~1/9,梁宽为0.6~1.2 m。当胸墙高度大于5.0 m,且跨度较大时,可增设中梁及竖梁,构成肋形结构。各结构尺寸应根据受力条件和边界支承情况计算确定。

胸墙与闸墩的连接方式有简支式和固接式两种。简支式胸墙与闸墩分开浇筑,缝间涂沥青;也可将预制墙体插入闸墩预留槽内,成为活动胸墙。简支式胸墙的优点是可避免在闸墩附近迎水面出现裂缝,但断面尺寸较大。固接式胸墙与闸墩整浇在一起,胸墙钢筋伸入闸墩内,形成刚性连接。固接式胸墙的优点是断面尺寸小,可增强闸室的整体性,但受温度变化和闸墩变位的影响,易在胸墙支点附近的迎水面产生裂缝。整体式底板可用固接式,分离式底板多用简支式。

胸墙顶宜与闸顶齐平。胸墙底部高程应根据孔口流量要求计算确定,应不影响泄水。

胸墙相对于闸门的位置取决于闸门的型式。若采用弧形闸门,胸墙设在闸门上游侧;若采用平面闸门,胸墙可设在闸门上游侧,也可设在闸门下游侧。前者止水放在闸门前面启闭机螺杆或钢丝绳与吊耳等铁环不致因浸在水中而锈蚀,但其止水设备较复杂,且易磨损。后者闸门紧靠胸墙,使止水设备简单,且止水效果好,只是对螺杆等防锈蚀不利。

4 闸门

闸门是水闸的一个重要组成部分,水闸利用它的启闭来达到控制水位和调节流量的目的。

4.1 闸门的分类

4.1.1 按工作性质分类

按其工作性质可分为工作闸门和检修闸门。工作闸门是在正常运行情况下用以封闭和开启孔口,以达到控制水位和调节流量的目的,又称主闸门,要求在动水中启闭。检修闸门位于工作闸门上游侧,是在检修工作闸门、门槽、底板等时用以临时挡水的,要求在静水中启闭。

4.1.2 按结构型式分类

闸门的结构型式很多,最常见的有平面闸门和弧形闸门。

(1)平面闸门。挡水面板是平面的,门体两侧支承在闸墩的门槽内,挡水时将压力传递给闸墩,启闭时闸门在铅垂方向升降。平面闸门结构简单,便于安装、制造和运输,闸墩受力条件较好,但工作桥面高,门槽对过流有影响,容易引起空蚀。平面闸门可用木、钢、钢筋混凝土或钢丝网水泥等材料制作。

(2)弧形闸门。挡水面板是圆弧形的,面板后有梁系和支臂,支臂末端支承在闸墩的铰座上(铰座固定在闸墩牛腿上),启闭时闸门绕铰轴旋转。与平面闸门相比,其主要优点有:启门力小,可以降低启闭机和工作桥的造价;不设闸门槽,水流流态平顺,闸墩厚度较薄。主要缺点有:弧形闸门需要较长的闸墩;不能提出孔口以外进行检修维护,也不能在孔口之间互换;总水压力集中于固定铰座的牛腿处,闸墩受力复杂。

4.2 闸门的构造组成

闸门结构一般由活动部分、埋固部分和悬吊设备三部分组成。活动部分主要是由面板、梁格系统组成的门体结构;埋固构件是预埋在闸墩和胸墙等结构内部的固定构件;悬吊设备是指连接闸门和启闭设备的拉杆或牵引索等。

平面钢闸门的活动部分(也称门叶)由承重结构、支承移动装置(或称行走支承)、止水装置及吊耳等组成,其中承重结构包括面板、梁格、竖向联结系、门背(纵向)联结系和支承边梁等。支承移动装置有轮式支承和滑块支承两种,常用的是轮式支承。弧形钢闸门的活动部分由弧形面板、主梁、次梁、竖向联结系(或隔板)、起重桁架、支臂和支铰等组成。

闸门的基本尺寸根据孔口尺寸确定。露顶式闸门顶部应在可能出现的最高挡水位以上有 0.3 ~0.5 m 的超高。

5 启闭机

闸门启闭机分为固定式和移动式两种。常用的固定式启闭机有卷扬式、螺杆式和液压式三种。移动式一般有门架式和桥式两种。卷扬式启闭机用钢丝绳起吊,靠闸门自重下落关闭,启闭能力较大,操作灵便,启闭速度快,但造价较高。螺杆式启闭机用机械或人力转动主机,迫使螺杆连同闸门上下移动,当水压力较大、门重不足时,为使闸门关闭到底,可通过螺杆对闸门施加压力。液压式启闭机是利用液压传动启闭闸门,启闭灵活,易于控制闸门开度,是近年来使用较多的一种启闭设备。

启闭机型式可根据门型、尺寸及其运用条件等因素选定。平面闸门常用移动式门机或高排架固定式启闭机。固定式启闭机为一门一机,移动式启闭机为多个闸门共用1~2个门机。弧形闸门常用固定的卷扬式或液压式启闭机。小型闸门常用简便、廉价的单吊点螺杆式启闭机。

6 工作桥

工作桥是为安装启闭机和便于工作人员操作而设在闸墩上的桥。当桥面很高时,可在闸墩上部设支墩或排架支承工作桥。工作桥的高程与闸门型式有关,当采用平面闸门或固定式启闭机时,由于闸门开启后悬挂的需要,桥高约为闸门高度的2倍再加1.0~1.5 m的超高值。若采用移动式启闭机,桥高则可适当降低,但一般应大于1.7倍的门高。若采用弧形闸门或升卧式平面闸门,由于闸门全开后处于平卧位置,因而工作桥可以做得较低。采用液压式启闭机的闸门常常不设工作桥。

工作桥面宽度取决于启闭机的型式、容量和人员操作需要,一般为3~5 m。工作桥的结构型式根据水闸规模而定。大中型水闸多采用钢筋混凝土预制安装的板梁结构,小型水闸一般采用板式结构。为改善工作桥的工作条件,往往在工作桥上修建启闭机房。

7 交通桥

交通桥的位置应根据闸室稳定及两岸交通连接等条件确定,通常布置在闸室下游低水位一侧。交通桥宽度为:仅供人、畜通行的交通桥,其宽度常不小于3 m;行驶汽车等的交通桥,应按交通部制定的规范进行设计,一般公路单车道净宽4.5 m,双车道7~9 m。交通桥的型式可采用板式、板梁式和拱式。

8 分缝与止水

8.1 分缝

除上述闸室本身分缝外,凡是相邻结构荷重相差悬殊或结构较长、面积较大的地方也要设缝分开,如铺盖与闸室底板、翼墙的连接处以及消力池与闸室底板、翼墙的连接处要分别设缝。另外,翼墙本身较长,混凝土铺盖、消力池的护坦在面积较大时也需设缝,以防产生不均匀沉陷,如图5-15所示。缝的间距一般为15~20 m,缝宽2~3 cm。

8.2 止水

凡具有防渗要求的缝,都应设止水。按照止水设备的方向,有铅直止水和水平止水两种。前者设在缝墩中、边墩与翼墙之间以及各段翼墙之间等,后者设在铺盖、消力池底板与闸底板、翼墙之间,闸底板与铺盖、消力池底板间的分缝处等。

8.2.1 止水型式

(1)垂直止水。用于闸墩(缝墩)中的边墩与岸墙之间的、岸墙与翼墙之间的接缝、翼墙的分段缝。

(2)水平止水。用于铺盖与底板之间,铺盖与两侧翼墙底板之间,底板分缝隙段,混

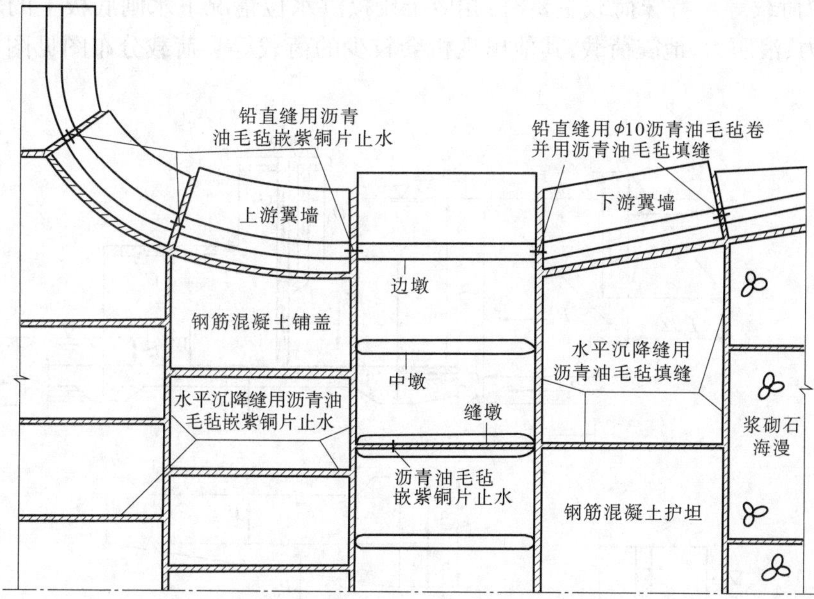

图5-15 水闸的分缝与止水布置

凝土或混凝土铺盖的分坝缝，闸后护坦与闸底板之间的分缝，护坦与翼墙之间的接缝，护坦分坝缝。

8.2.2 止水设备

垂直止水设备一般都设在靠近上游挡水面处（临水面0.2 ~ 0.5 m），止水设备上游部分的缝应该是不透水的，下游宜保持通畅。此外，止水设备应防止两个相邻构件之间因发生相对垂直位移而被撕裂。

水平止水多布置在距上面0.2 ~ 0.3 m处，在缝下面铺设2 ~ 3层油毛毡或沥青片。水平止水所用材料有紫铜片、塑料止水带、橡皮止水带。

两种止水交叉处的构造必须妥善处理，以便形成一个完整的止水体系。交叉连接有两类：即铅直交叉和水平交叉。交叉处止水片的连接方式也可分为两种：一种是柔性连接，即将金属止水片的接头部分埋在沥青块体中；另一种是刚性连接，即将金属止水片剪裁后焊接成整体。在实际工程中可根据交叉类型及施工条件决定连接方式，铅直交叉常用柔性连接，而水平交叉则多用刚性连接。

任务6 水闸的稳定分析及地基处理

1 荷载及其组合

1.1 荷载

作用在水闸上的荷载可分为基本荷载和特殊荷载两类。基本荷载主要有：闸室及其上部结构和永久设备的自重，相应于正常蓄水位或设计洪水位情况下的水闸底板上的水重、静水压力、扬压力、浪压力，土压力，淤沙压力，风压力，冰压力，土的冻胀力，其他出现机会较多的荷载等。特殊荷载主要有：相应于校核洪水位情况下水闸底板上的水重、静水压力、扬压力、浪压力，地震荷载，其他出现机会较少的荷载等。荷载分布图见图 5-16。

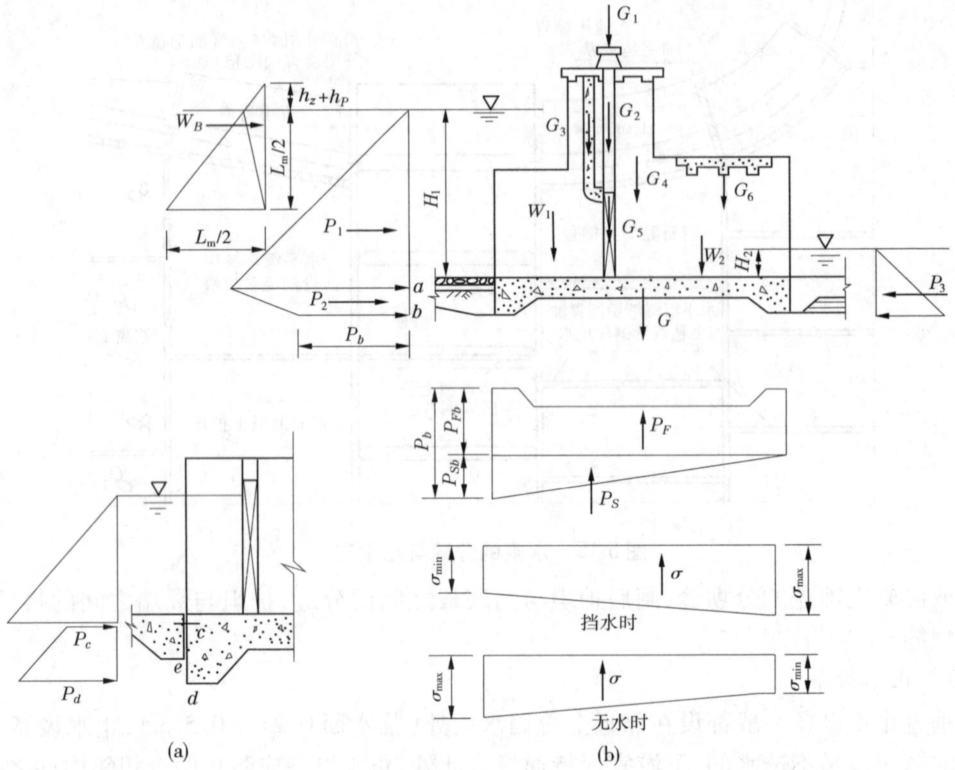

P_1、P_2、P_3—水压力；W_B—波浪压力；G—底板重；G_1—启闭机重；G_2—工作桥重；G_3—胸墙重；G_4—闸墩重；G_5—闸门重；G_6—交通桥重；W_1、W_2—水重；P_F—浮托力；P_S—渗透压力；σ—地基反力

图 5-16　闸室的作用力

1.2　荷载组合

水闸在施工、运用及检修过程中，各种作用荷载的大小、分布及出现的概率情况是经常变化的。因此，设计水闸时，应将可能同时作用的各种荷载进行组合。荷载组合分为基本组合与特殊组合两类。基本组合由基本荷载组成；特殊组合由基本荷载和一种或几种特殊荷载组成。但地震荷载只许与正常蓄水位情况下的相应荷载组合。

2　闸室的稳定性及安全指标

土基上的闸室稳定计算应满足以下要求：

(1)在各种计算情况下，闸室平均基底应力不大于地基允许承载力，最大基底应力不大于地基允许承载力的 1.2 倍；

(2)闸室基底应力的最大值与最小值之比不大于《水闸设计规范》(SL 265—2016)规定的允许值；

(3)沿闸室基础底面的抗滑稳定安全系数，应不小于《水闸设计规范》(SL 265—

2016)规定的允许值。

岩基上的闸室稳定计算应满足以下要求:

(1)在各种计算情况下,闸室最大基底应力不大于地基允许承载力。

(2)在非地震情况下,闸室基底不出现拉应力;在地震情况下,闸室基底拉应力不大于 100 kPa。

(3)沿闸室基底面的抗滑稳定安全系数不小于《水闸设计规范》(SL 265—2016)规定的允许值。

3 闸室稳定计算

计算时取两相邻顺水流向永久缝之间的闸段作为计算单元。

3.1 闸室基底应力验算

当结构布置及受力情况对称时,按下式计算:

$$\sigma_{\substack{\max\\\min}} = \frac{\sum G}{A} \pm \frac{\sum M}{W} \quad (\text{kPa}) \tag{5-1}$$

式中 $\sigma_{\substack{\max\\\min}}$——闸室基底应力的最大值或最小值;

$\sum G$—— 作用在闸室上的所有竖向荷载总和,kN;

$\sum M$—— 作用在闸室上的所有竖向和水平向荷载对于基础底面垂直水流方向的形心轴的力矩和,kN·m;

A——闸室基础底面的面积,m^2;

W——闸室基础底面对于该底面垂直水流方向的形心轴的截面矩,m^3。

当结构布置及受力情况不对称时,按双向偏心受压公式进行计算。

3.2 闸室抗滑稳定验算

土基上的水闸,一般情况下闸基面的法向应力较小,不会发生深层滑动,故只验算其在荷载作用下沿基底面的抗滑稳定。但当地基面的法向应力较大时,还需要核算深层抗滑稳定性。闸室沿基底面的抗滑稳定计算公式为:

$$K_c = \frac{f\sum G}{\sum H} \tag{5-2}$$

$$K_c = \frac{\tan\varphi_0 \sum G + c_0 A}{\sum H} \tag{5-3}$$

式中 K_c——沿闸室基底面的抗滑稳定安全系数;

f——闸室基底面与地基之间的摩擦系数,可查《水闸设计规范》(SL 265—2016);

$\sum H$ ——作用在闸室上的全部水平向荷载,kN;

φ_0——闸室基础底面与土质地基之间的摩擦角,(°),可查《水闸设计规范》(SL 265—2016);

c_0——闸室基底面与土质地基之间的黏结力,kPa,可查《水闸设计规范》(SL 265—2016)。

公式(5-2)计算简便,故在水闸设计中,特别是在水闸的初步设计阶段采用其进行闸室抗滑稳定计算的较多。但其 f 值的取用较困难,并具有一定的任意性。公式(5-3)是根据现场混凝土板的抗滑试验资料进行分析研究后提出来的,即考虑了混凝土板底面与地基土之间的摩阻力,也考虑了两者之间的黏结力对闸室抗滑稳定的影响,故其计算成果能够比较真实地反映黏性土地基上水闸的实际运用情况,更具合理性。黏性土地基上的大型水闸宜按此公式计算。

3.3 提高闸室抗滑稳定性的措施

当沿闸室基底面抗滑稳定安全系数计算值小于允许值时,可在原有结构布置的基础上,结合工程的具体情况,采用下列一种或几种抗滑措施:

(1)将闸门位置移向低水位一侧,或将水闸底板向高水位一侧加长,以增加水重。

(2)适当增大闸室结构尺寸。

(3)增加闸室底板的齿墙深度。

(4)增加铺盖长度或帷幕灌浆深度,或在不影响防渗安全的条件下将排水设施向水闸底板靠近。

(5)利用钢筋混凝土铺盖作为阻滑板,但闸室自身的抗滑稳定安全系数不应小于1.0(计算由阻滑板增加的抗滑力时,阻滑板效果的折减系数可采用0.80),阻滑板应满足抗裂要求。

(6)增设钢筋混凝土抗滑桩或预应力锚固结构。

当利用钢筋混凝土铺盖作为阻滑板时,则在闸室与阻滑板之间必须用钢筋铰连接,以保证阻滑板与闸室底板起共同抗滑作用。

4 地基处理

水闸设计应尽可能利用天然地基。但对于淤泥质土、高压缩性黏土和松砂等软弱地基,只采取改进上部结构的措施不能满足稳定和沉降要求时,则需进行必要的地基处理。目前,常用的软土地基处理方法有换土垫层法、桩基础法、沉井法、高压旋喷法等。

4.1 换土垫层法

换土垫层法是工程上广泛采用的一种地基处理方法,适用于软弱黏性土(包括淤泥质土)。当软土层位于闸基面附近,且厚度较薄时,可全部挖除。如软土层较厚不宜全部挖除,可采用换土垫层法处理,将基础下的表层软土挖除,换以砂性土,水闸即建在新换的土基上。

砂垫层的主要作用是:①通过垫层的应力扩散作用,减小软土层所受的附加应力,提高地基的稳定性;②减小地基沉降量;③铺设在软黏土上的砂层,具有良好的排水作用,有利于软土地基加速固结。

垫层的厚度一般为1.5~3.0 m。垫层的宽度,通常选用建筑物基底压力扩散至垫层的宽度再加2~3 m。垫层材料以采用中壤土最为适宜,含砾黏土以及级配良好的中砂、粗砂也可以,由于粉砂和细砂,容易“液化”,不宜作为垫层材料。

4.2 桩基础法

桩基础法是一种比较常用的地基处理方法,有较多的实践经验。它是在地基中打桩或钻孔灌注钢筋混凝土桩，在桩顶上设承台，以支承上部结构。

桩基按其受力形式不同可分为支承桩和摩擦桩两种。支承桩能穿过软土层支承在坚硬岩石或密实土层上，桩上荷载主要由岩石或密实土层承担。摩擦桩则由桩周摩擦阻力和桩底支承力共同承担上部荷载。水闸的桩基一般采用摩擦桩，以保证闸基防渗安全。桩基可以大大提高地基的承载力，故采用桩基的闸室可以采用分离式底板。

桩基按其形成方式不同可分为混凝土预制桩和钻孔灌注桩两种。混凝土预制桩是先在工厂或现场预制成桩后，再根据需要将其打入设计深度，直径一般为0.25～0.55 m。钻孔灌注桩是在地基内先钻孔架筋，然后在现场浇筑形成桩，直径一般为0.6～1.5 m。相对预制桩而言，钻孔灌注桩的施工机具简单，工期较短，承载能力较大。

4.3 沉井法

沉井基础与桩基础同属深基础，也是工程上广为采用的一种地基处理方法。沉井是一筒状结构物，可以用浆砌块石、混凝土或钢筋混凝土筑成。施工时一般就地分节砌筑或浇筑制成沉井，然后在井孔内挖土（水力冲挖），这时沉井在自重下克服井外土的摩阻力和刃脚下土的阻力而下沉，当下沉至设计高程后，在井孔内用混凝土封底（也可不封底）即成沉井基础。

当地基存在承压水层，且影响地基抗渗稳定性时，不宜采用沉井基础。

4.4 高压旋喷法

高压旋喷法是用钻机以射水法钻进至设计高程，然后由安装在钻杆下端的特殊喷嘴把高压水、压缩空气和水泥浆或其他化学浆液高速喷出，搅动土体，同时钻杆边旋转边提升，使土体与浆液混合，形成柱桩，达到加固地基的目的。旋喷法可用于加固黏性土地基及砂性土地基，也可用作砂卵石层的防渗帷幕，适用范围较广。

此外，还有预压加固法、挤密砂桩法等地基处理方法。近年来，随着科学技术的发展，不断提出了新的地基处理方法，如振冲砂（碎石）桩法、强夯法、真空预压法、硅化法、电渗法等。

任务7 水闸的两岸连接建筑物

1 两岸连接建筑物的作用

水闸与河岸或堤坝等连接时，必须设置连接建筑物，包括：边墩或岸墙和上、下游翼墙，有时还设有防渗刺墙。两岸连接建筑物的作用如下：

（1）挡住两侧填土，维持土坝及两岸的稳定。

（2）当水闸泄水或引水时，上游翼墙主要用于引导水流平顺进闸，下游翼墙使出闸水流均匀扩散，减少冲刷。

（3）保持两岸或土坝边坡不受过闸水流的冲刷。

（4）控制通过闸身两侧的渗流，防止与其相连的岸坡或土坝产生渗透变形。

（5）在软弱地基上设有独立岸墙时，可减少地基沉降对闸身应力的影响。

在水闸工程中，两岸连接建筑在整个工程中所占比重较大，有时可达工程总造价的

15% ~40%，且闸孔愈少所占比重愈大。

2　两岸连接建筑物的布置

2.1　闸室与两岸的连接型式

水闸闸室与两岸(或堤、坝等)的连接型式主要与地基及闸身高度有关。当地基较好，闸身高度不大时，可用边墩直接与河岸连接，如图 5-17(a) ~图 5-17(d)所示。

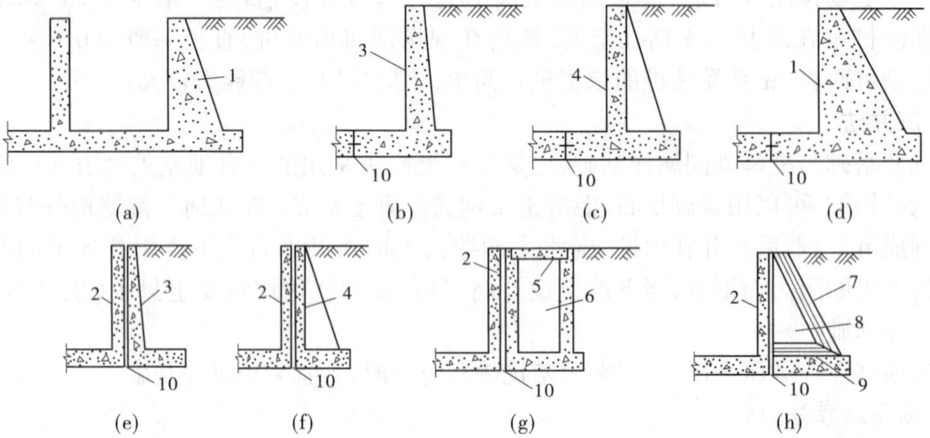

1—重力式边墩；2—边墩；3—悬臂式边墩或岸墙；4—扶壁式边墩或岸墙；5—顶板；6—空箱式岸墙；7—连拱板；8—连拱式空箱支墩；9—连拱底板；10—沉降缝

图 5-17　闸室与两岸或土坡的连接型式

在闸身较高、地基软弱的条件下，若仍采用边墩直接挡土，则由于边墩与闸身地基的荷载相差悬殊，可能产生不均匀沉降，影响闸门启闭，并在底板内产生较大的内力。此时，可在边墩外侧设置轻型岸墙，由岸墙承担全部土压力，而边墩只起支承闸门及上部结构的作用，如图 5-17(e) ~图 5-17(h)所示。

2.2　上、下游翼墙

上游翼墙的作用是引导水流平顺地进入闸孔，挡住两侧回填土，并起侧向防渗和防冲作用，应与闸室两端平顺连接，其顺水流方向的投影长度应大于或等于铺盖长度。

下游翼墙的作用是引导水流均匀扩散，与下游平顺连接，其扩散角每侧宜采用 7° ~12°，顺水流方向的投影长度大于或等于消力池长度。

2.2.1　反翼墙

翼墙自闸室向上、下游延伸一段距离，然后转弯 90°插入堤岸，墙面铅直，转弯半径为 2 ~5 m，如图 5-18 所示。这种布置型式的防渗效果和水流条件均较好，但工程量较大，一般适用于大中型水闸。对于渠系小型水闸，为节省工程量可采用一字型布置型式，即翼墙自闸室边墩上下游端垂直插入堤岸。

2.2.2　圆弧式翼墙

这种布置是从边墩开始，向上、下游用圆弧形的铅直翼墙与河岸连接。上游圆弧半径

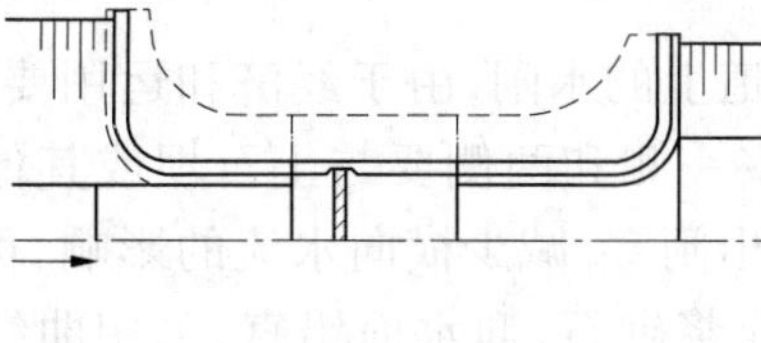

图 5-18 反翼墙

为 15 ~ 30 m，下游圆弧半径为 30 ~ 40 m，如图 5-19 所示。其优点是水流条件好，但模板用量大，施工复杂。它适用于上下游水位差及单宽流量较大、闸室较高、地基承载力较低的大中型水闸。

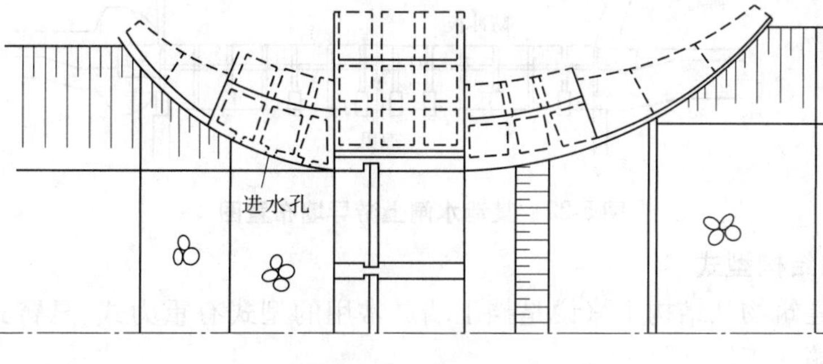

图 5-19 圆弧式翼墙

2.2.3 扭曲面翼墙

扭曲面翼墙迎水面与闸墩连接处为铅直面，向上、下游延伸而逐渐变为倾斜面，直至与其连接的河岸（或渠道）的坡度相同为止，如图 5-20 所示。翼墙在闸室端为重力式挡土墙断面型式，另一端为护坡型式。这种布置型式的水流条件好，且工程量小，但施工较为复杂，应保证墙后填土的夯实质量，否则容易断裂。这种布置型式在渠系工程中应用较广。

2.2.4 斜降翼墙

斜降翼墙在平面上呈八字形，随着翼墙向上、下游延伸，其高度逐渐降低，至末端与河底齐平，如图 5-21 所示。这种布置的优点是工程量省，施工简单，但防渗条件差，泄流时闸孔附近易产生立轴旋涡，冲刷河岸或坝坡，一般用于较小水头的小型水闸。

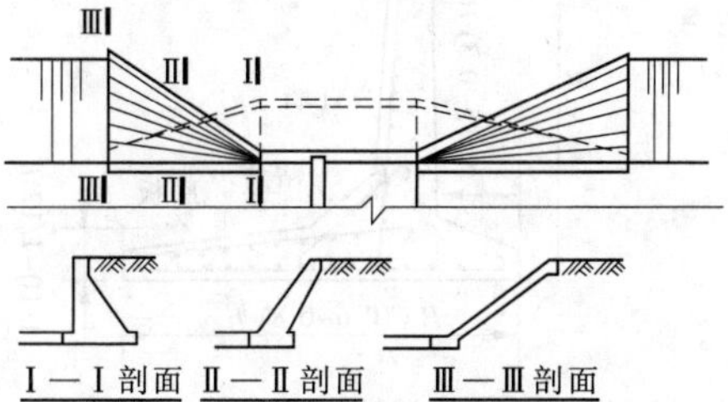

图 5-20 扭曲面翼墙

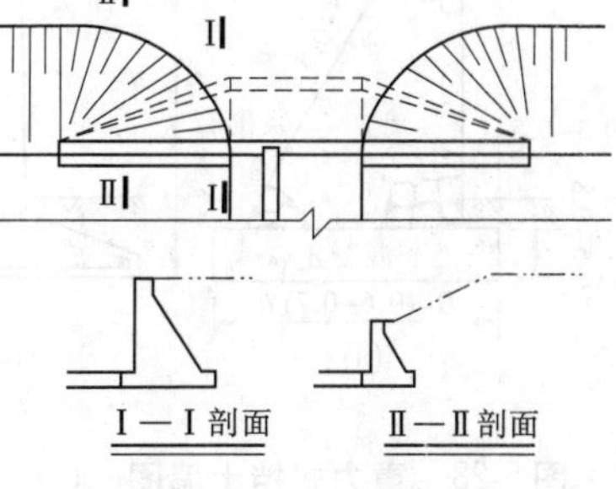

图 5-21 斜降翼墙

2.2.5 导水墙

建在大江、大河等宽阔河道上的水闸,由于经济和运用要求等方面的原因,其闸室宽度往往远小于河道宽度。闸室一侧和两侧要与土石坝或其他建筑物相连接。这种情况下,为了保证水流能平顺地进出闸室,减少横向水流的影响,可在边墩上游独立设置导墙(堤)。导水墙宜采用混凝土或浆砌石,迎水面铅直,采用曲线或直线布置,水流条件好,如图 5-22 所示。

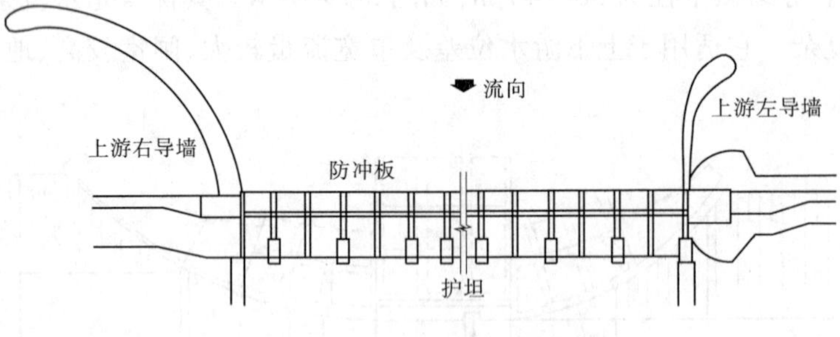

图 5-22 某泄水闸上游导墙布置图

2.3 挡土墙的结构型式

两岸连接建筑物从结构上来说是挡土墙。常用的型式有重力式、悬臂式、扶壁式、空箱式及连拱空箱式等。

2.3.1 重力式挡土墙

重力式挡土墙主要依靠自身的重力维持稳定,常用混凝土和浆砌石建造,如图 5-23 所示。这种挡土墙结构简单,施工方便,但耗费材料较多。它多用于中小型水闸工程,墙高一般不宜超过 5 ~ 6 m。

2.3.2 悬臂式挡土墙

悬臂式挡土墙是由直墙和底板组成的一种钢筋混凝土轻型挡土结构,如图 5-24 所示。这种翼墙主要是利用底板上的填土维持稳定,其适宜高度为 6 ~ 10 m,具有厚度小、自重轻等优点。用作翼墙时,断面为倒 T 形;用作岸墙时,则为 L 形。

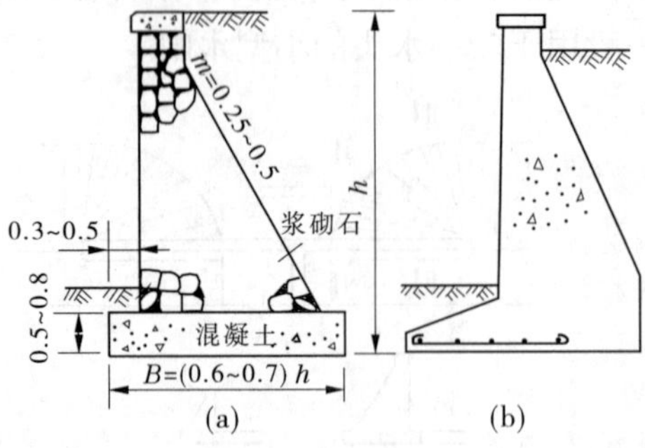

图 5-23 重力式挡土墙图 (单位:m)

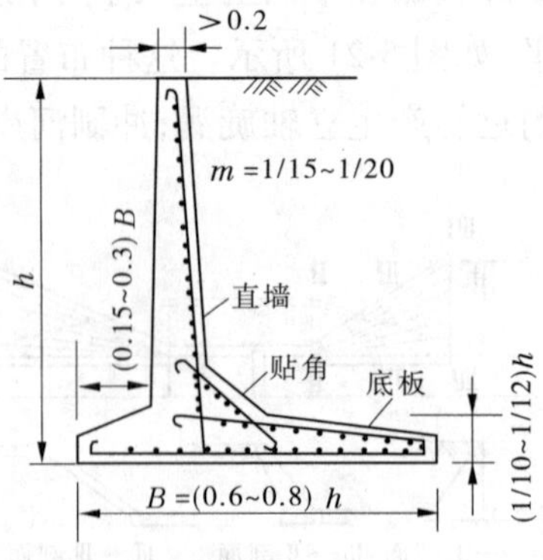

图 5-24 悬臂式挡土墙剖面图 (单位:m)

2.3.3 扶壁式挡土墙

当墙的高度超过 9 ~ 10 m 以后,采用钢筋混凝土扶壁式挡土墙较为经济。扶壁式挡土墙由直墙、底板及扶壁三部分组成,如图 5-25 所示。利用扶壁和直墙共同挡土,并可利用底板上的填土维持稳定,当改变底板长度时,可以调整合力作用点位置,使地基反力趋于均匀。

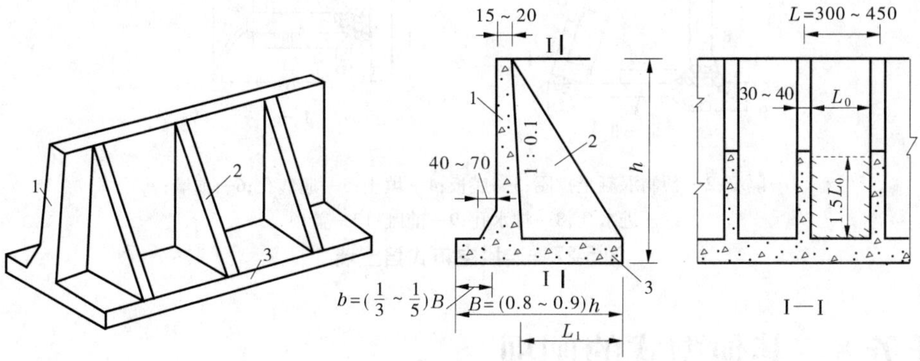

1—直墙;2—扶壁;3—底板

图 5-25 扶壁式挡土墙 (单位:cm)

2.3.4 空箱式挡土墙

空箱式挡土墙由底板、前墙、后墙、扶壁、顶板和隔板等组成,如图 5-26 所示。

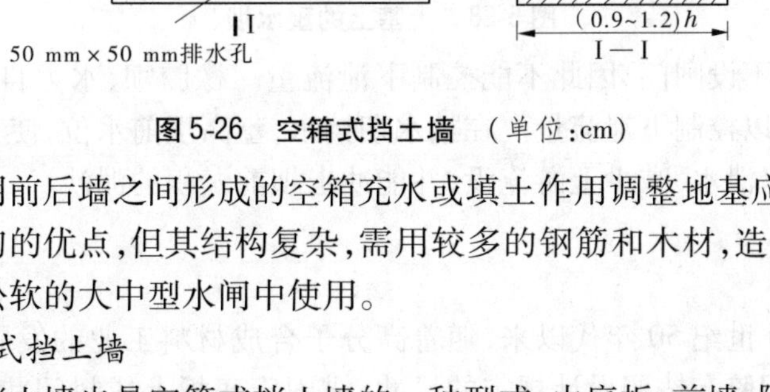

图 5-26 空箱式挡土墙 (单位:cm)

挡土墙是利用前后墙之间形成的空箱充水或填土作用调整地基应力,具有重力小和地基应力分布均匀的优点,但其结构复杂,需用较多的钢筋和木材,造价较高,施工麻烦。它仅在某些地基松软的大中型水闸中使用。

2.3.5 连拱空箱式挡土墙

连拱空箱式挡土墙也是空箱式挡土墙的一种型式,由底板、前墙、隔墙和拱圈组成,如图 5-27 所示。前墙和隔墙多采用浆砌石结构,底板和拱圈一般为混凝土结构。连拱空箱式挡土墙的优点是钢筋省、造价低、重力小,适用于软土地基。缺点是挡土墙在平面布置上需转弯时施工较为困难,整体性差。

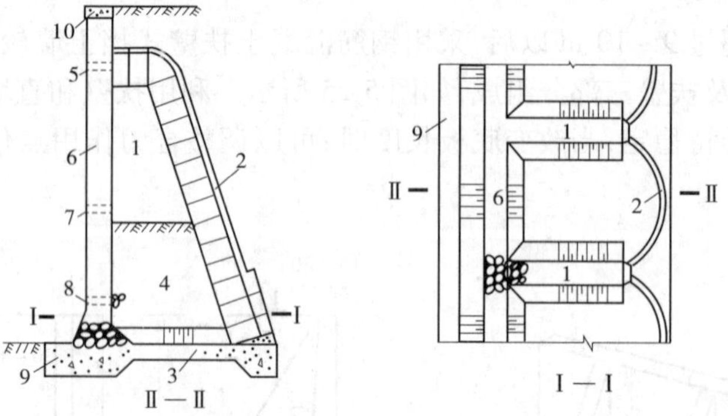

1—隔墙;2—预制混凝土拱圈;3—底板;4—填土;5—通气孔;6—前墙;
7—进水孔;8—排水孔;9—前趾;10—盖顶

图 5-27 连拱空箱式挡土墙

任务 8 其他型式的闸坝

在低水头的闸坝工程中,除普通的水闸外,还有壅水坝、橡胶坝、水力自动翻板闸门、浮体闸等其他型式的闸坝建筑物。

壅水坝具有壅水和泄水的双重作用,如图 5-28 所示,其造价比较低,管理也方便,多建在中、小型取水工程中。

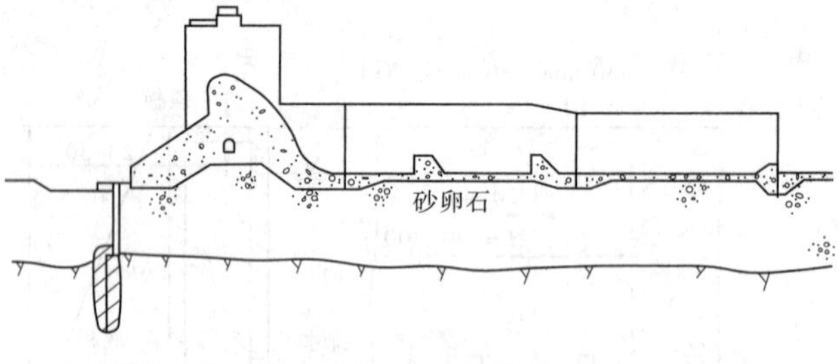

图 5-28 土基上的壅水坝

壅水坝上一般不设闸门,因此不能控制下泄流量。橡胶坝、水力自动翻板闸门、浮体闸等活动式低坝可以控制下泄流量。在枯水期挡水,壅高坝前水位,使其满足取水所需水位高程;洪水期可以泄水,减少上游淹没,并能冲走坝前淤积的泥沙。

1 橡胶坝

橡胶坝是自 20 世纪 50 年代以来,随着高分子合成材料工业的发展而出现的一种新型水工建筑物,是用胶布按照设计规定的尺寸,锚固于底板上成封闭状坝袋,用水或气充胀形成的袋式挡水坝,如图 5-29 所示。坝袋充水(或气)后,作用在坝体上的水压力通过锚固螺栓传递到混凝土基础底板上,使坝袋得以稳定。不需要挡水时,放空坝袋内的水(或气),便可恢复原有河渠的过流断面。

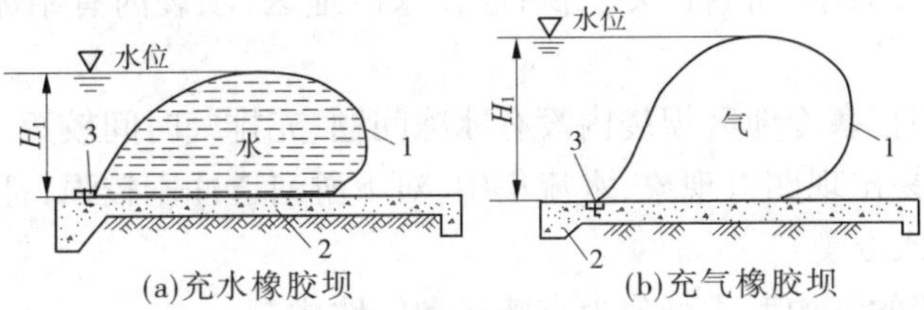

1—坝袋;2—混凝土底板;3—锚固

图5-29 橡胶坝的剖面图

橡胶坝的坝高可调节,坝顶可溢流,起活动坝和溢流堰的作用,其运用条件与水闸相似,可用于防洪、灌溉、发电、供水、航运、挡潮、地下水回灌以及城市园林美化等工程中。

1.1 橡胶坝的特点

与常规闸坝相比,橡胶坝具有以下特点:

(1)结构简单,节省"三材",造价低。橡胶坝坝袋是以橡胶和作为受力骨架的合成纤维织物等制成的薄壁柔性结构,代替钢、木及钢筋混凝土结构。由于不需要修建中间闸墩、工作桥和安装启闭机具等钢和钢筋混凝土水上结构,并简化水下结构,因此"三材"用量显著减少,一般可节省钢材30%~50%、水泥50%左右、木材60%以上,从而可大大节省工程投资。橡胶坝的造价与同规模的常规闸坝相比,一般可减少投资的30%~70%,这是橡胶坝的突出优点。

(2)施工期短。橡胶坝的坝袋是先在工厂加工制造,然后运到现场安装,施工工艺简单。因此,施工速度快,工期一般为3~6个月。多数橡胶坝工程可做到当年施工,当年受益。

(3)抗震性能好。橡胶坝的坝体为柔性薄壳结构,富有弹性,延伸率可达600%,具有以柔克刚的性能,故能抵抗强大地震波和特大洪水的波浪冲击。

(4)不阻水,止水效果好。坝袋锚固于底板和岸墙上,基本能达到不漏水。坝袋内水泄空后,紧贴在底板上,不缩小原有河床断面,无须建中间闸墩、启闭机架等结构,故不阻水。

(5)管理方便,运行费用低。橡胶坝工程的挡水主体为充满水(或气)的坝袋,通过向坝袋内充排水(或气)来调节坝高的升降,控制系统仅为水泵(空压机)、阀门等,且制作坝袋的胶布平时几乎不需维修,简单可靠,管理方便。

(6)坚固性较差,易老化。坝袋多为5~20 mm厚的胶布制品,其耐磨和坚固性较差,易受机械损伤,所以在运输、安装和运用中要注意维护,避免尖锐物等的刺伤。制造坝袋的材料是合成高分子聚合物,在日光、大气和水的作用下,会引起高分子材料组成和结构的破坏,使其逐步失去原有的优良性能,以致强度和弹性都将逐渐降低,最后丧失其使用价值。但随着科技的进步,必能开发出使用寿命更长的橡胶坝坝袋。

1.2 橡胶坝的型式

1.2.1 按充胀介质分类

橡胶坝按充胀介质可分为充水式和充气式两种。

充水式橡胶坝能承受较大的溢流水深,在坝顶溢流时袋形比较稳定,过水均匀,对下游冲刷较小，坝袋拉力小，密封性要求低；但在寒冷地区，坝袋内有结冰的危险，且充排水时间较长。

充气式橡胶坝在寒冷地区坝袋内没有冰冻问题，充排气时间较短；但抗溢流振动能力差，在坝顶溢流时易出现凹口现象，水流集中，对下游河道冲刷较强，且密封性要求高。

1.2.2 按结构型式分类

橡胶坝按岸墙的结构型式可分为直墙式和斜坡式。

直墙式橡胶坝的所有锚固均在底板上，橡胶坝坝袋采用堵头式，坝袋不和直墙锚固，利用堵头与直墙的挤压达到止水的目的，如图 5-30 所示。这种型式结构简单，适应面广，但充坝时在坝袋和岸墙接合部位出现坍肩现象，引起局部溢流，这就要求坝袋和岸墙接合部位尽可能光滑。

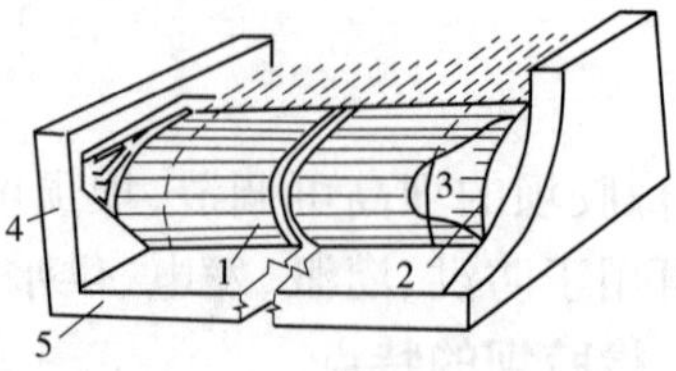

1—坝袋；2—堵头袋；3—粘接线；4—直墙；5—底板

图 5-30　堵头式坝袋示意图

斜坡式橡胶坝的端部锚固在岸坡上，这种型式的坝袋在岸墙和底板的连接处易形成褶皱，在护坡式的河道中，与上下游的连接容易处理，如图 5-31 所示。

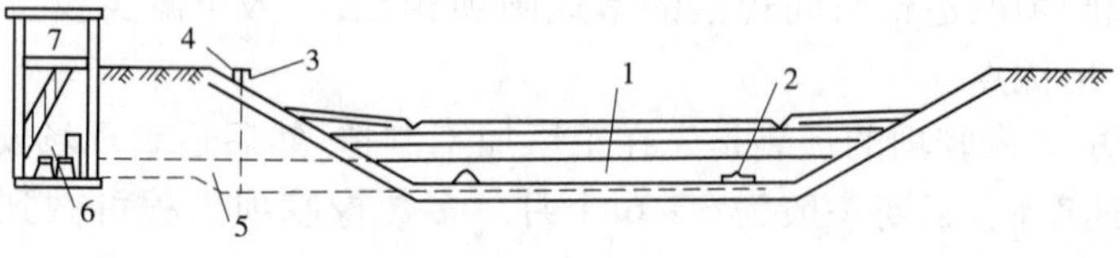

1—坝袋；2—水帽；3—溢流管；4—排气管；5—进水管；6—水泵；7—控制室

图 5-31　斜坡式橡胶坝

1.2.3 按锚固线的布置方式分类

橡胶坝按锚固线的布置方式可分单线锚固和双线锚固两种，如图 5-32 所示。

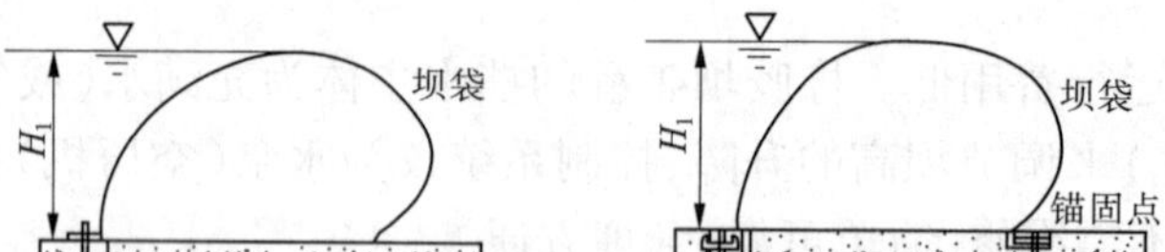

(a)单线锚固　(b)双线锚固

图 5-32　橡胶坝的锚固方式

单线锚固只在坝袋上游侧布置一条锚固线。这种锚固的锚线短，锚固件少，坝袋胶布用量较多，低坝和充气坝采用较多。

双线锚固是在坝袋贴地部分的上、下游两侧布设锚固线。这种锚固的锚线长，锚固件多，安装工作量大，相应地处理密封的工作量也大，但由于其四周锚固，坝袋可动范围小，对坝袋防振防磨损有利。在感潮河段区，由于河水位和海水位经常变动，可采用对称双线布置。对有双向挡水任务的橡胶坝，宜双线锚固布置。

1.3 橡胶坝的组成

橡胶坝由上下游连接段及基础部分、挡水坝段和控制系统等组成,如图5-33所示。

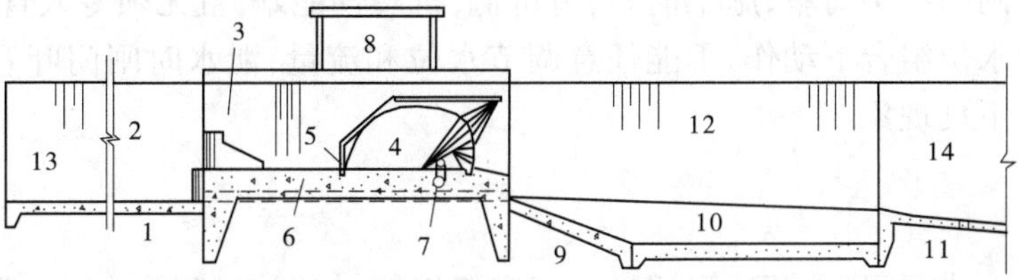

1—铺盖;2—上游翼墙;3—岸墙;4—坝袋;5—锚固;6—基础底板;7—充排管路;8—操作室;
9—斜坡段;10—消力池;11—海漫;12—下游翼墙;13—上游护坡;14—下游护坡

图5-33 橡胶坝纵剖面图

(1)上下游连接段及基础部分。包括基础底板、边墩(墙)、上下游翼墙、上下游护坡、上游防渗铺盖或截渗墙、下游消力池、海漫等。固定橡胶坝坝袋的基础底板要能抵抗通过锚固系统传递到底板上的水压力,维持坝体的稳定。这部分的作用是将上游水流平稳而均匀地引入并通过坝袋体,并保证水流过坝后不产生淘刷。

(2)挡水坝段。由橡胶坝袋、底垫片、锚固系统、充排水管和坝基等组成,主要作用是调节水位和控制流量。

(3)控制系统。由水泵(鼓风机或空压机)、机电设备、传感器、管道和阀门等组成,水泵、机电设备和阀门一般都布置在专门的水泵房内,控制系统的主要作用是控制橡胶坝的高度。

1.4 坝袋的材料

制作坝袋的主要材料是橡胶和帆布。橡胶的作用是以防止漏水(或气)、防磨、保护和连接各层帆布共同受力。帆布是橡胶坝的主要承载体,对保持橡胶坝的形状、尺寸稳定性、安全和耐久性起着决定性作用。

坝袋是在帆布上浸胶、贴胶、硫化,做成单幅胶布,而后将一幅幅胶布接宽,按需要的尺寸拼成坝袋。胶布根据坝的高度不同,可以做成单层胶布(一布二胶)、双层胶布(二布三胶)和三层胶布(三布四胶),采用最多的是双层胶布。一般情况下,夹层胶厚0.3~0.5 mm,内层覆盖胶厚应大于2.0 mm,外层覆盖胶厚应大于2.5 mm。目前,在我国坝袋用的胶布采用锦纶浸胶帆布。

2 自动翻板闸门

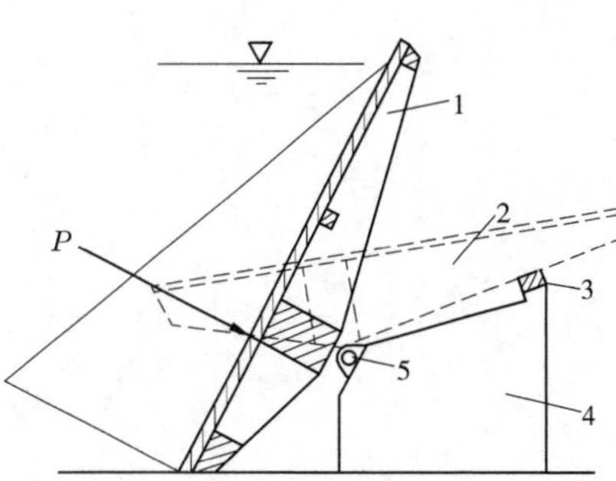

1—关门位置;2—开门位置;3—缓冲垫;
4—门墩;5—支铰

图5-34 自动翻板闸门

自动翻板闸门是在水力和自重的作用下能够自行启闭的一种新型闸门,主要由闸门、转动铰、支墩和底板组成,如图5-34所示。在正常情况下,闸门挡水维持正常水位。当洪水来临时,随着闸前水位的升高,在闸门板所受水压力的作用下,闸门可以自动翻转成水平状态,使洪水迅速下泄。当洪水过后,闸前水位的降低,闸门在自重力的作用下自动恢复初始状态挡水。

自动翻板闸门结构简单,施工简易,造价低,抗震性能好,且无须专人管理。但其缺点是只能在少数水位组合下动作,不能任意调节水位和流量;泄水时闸门叶容易发生磨损、撞击和振动等不良现象。

3 浮体闸

浮体闸由一块主闸板、两块副闸板及闸底板组成,如图 5-35 所示。主副闸板之间、闸板与闸底板之间用铰连接起来形成一个可以折叠的闸腔,闸腔左右两侧设有橡胶止水。

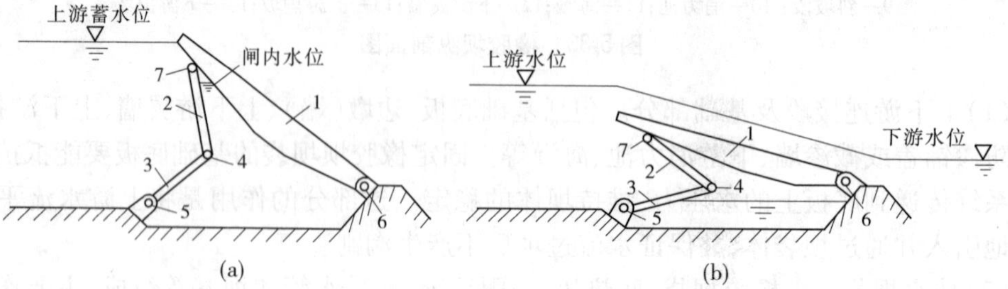

1—主闸板;2—上副闸板;3—下副闸板;4—中铰;5—前铰;6—后铰;7—顶铰

图 5-35 浮体闸示意图

当上游来水向闸腔内充水,腔内水位不断升高,使浮力和水平推力对后铰产生的升闸力矩远大于主闸板自重和其他外力对后铰产生的阻升力矩时,主闸板便绕后铰旋转上升,并带动副闸板同时上升,起挡水作用。当闸腔内水排出,腔内水位下降,主闸板所受浮力和水压力减少时,上下副闸板受到上游水压力的作用而绕中铰折叠,带动主闸板同时坍落,便可泄水。当闸体卧伏在河床时,可恢复上下游的航运和放木筏等交通。因此,可以通过腔内水位的高低,使主闸板可以稳定在某个位置,从而使河水有计划地经闸顶排泄,达到调节水位的目的。

项目6　有坝(闸)取水枢纽

任务1　无坝取水与有坝取水

为了满足灌溉、发电、工业及生活供水等用水需求,需要修建取水建筑物从河道、水库或湖泊等水源地引取符合一定要求的水流,并通过输水建筑物输送到用水地点。

工程中的取水方式有自流取水和机械抽水两种,对于自流取水又可分为无坝取水和有坝取水两种。取水建筑物位于输水建筑物的首部,又称进水建筑物或渠首。常见的取水建筑物有进水塔、坝式进水口、进水阀、水闸、水泵站、壅水坝、橡胶坝等形式。

1　无坝取水

无坝取水是一种最简单的取水方式。不设壅水坝或拦河闸,直接在河岸上选择适宜的地点布置取水口,从天然河道侧面引水。无坝取水一般适用于河流水量丰富,水位变幅小,引水比(引水流量与河流流量之比)不大,水位及河势能满足或基本满足引水要求的情况。

无坝取水的优点是工程简单,施工方便,投资省,工期短,对天然河道的影响较小。公元前250年前后,李冰父子主持修建的都江堰分洪灌溉工程就是典型的无坝取水工程。无坝取水的缺点是不能控制河道的水位和流量,受河道水位变化及泥沙运动影响大,枯水期引水保证率低。在多泥沙河流上引水时,还会引入大量的泥沙,使引水渠发生淤积现象,影响其正常工作。在岸边设闸进行侧面取水时,因水流转弯,易产生横向环流,导致取水口的上唇受到泥沙淤积,下唇受到水流冲刷。因此,在进行无坝取水的规划设计时,要正确选择取水口的位置及布置形式,以保证在各种水位下引到设计流量。

无坝取水的布置形式较多,常见较为典型的有以下三种。

1.1　弯道凹岸式渠首

在天然河道的弯曲段,由于水流离心力的影响,产生横向环流。表层的水向凹岸流动,靠近河床的水向凸岸流动。这种流态导致凹岸部位的河床受到冲刷,水深加大;凸岸部位底沙淤积,形成滩地,水深较浅。因此,当河床稳定、河岸坚硬时,可将取水口建在河流弯道的凹岸,利用河流弯道环流原理,引取表层较清水流,做到取水防沙,这种布置形式称为弯道凹岸式渠首。通常由引水渠、进水闸、拦沙槛、冲沙闸等建筑物组成,如图6-1所示。

1.2　引水渠式渠首

当河岸不够坚固,易被水流冲刷变形时,可将进水闸设在距河岸一定距离的地方,使其不受河岸变形的影响,这种布置形式称为引水渠式渠首,如图6-2所示。引水渠的作用是引导水流平顺流入闸孔。进水闸起控制和调节流量的作用。拦沙槛用来加强环流作用,使底部泥沙顺利冲走,槛顶一般高出渠底0.5~1.0 m。冲沙闸在洪水期冲泄进水闸

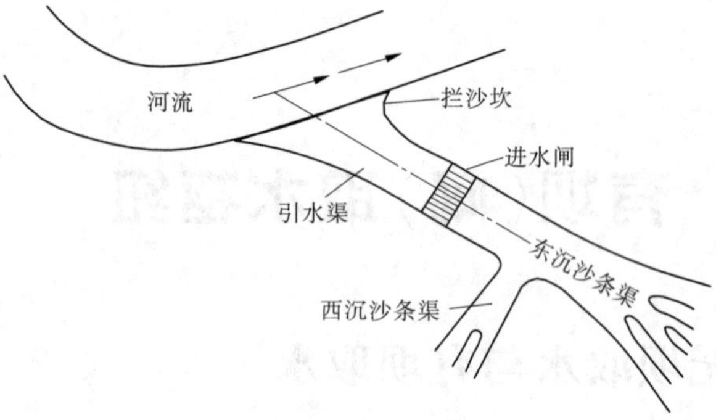

图 6-1　弯道凹岸式渠首布置示意图

前、引水渠内沉积的泥沙，其底板高程比进水闸低 0.5 ~ 1.0 m。

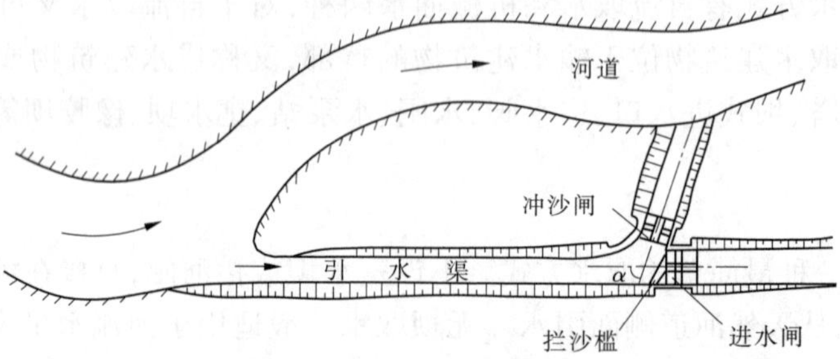

图 6-2　引水渠式渠首布置图

1.3　导流堤式渠首

在山区坡降陡的河流或不稳定的河流上引水时，为了控制河道流量，保证引水防沙，常采用导流堤式渠首，如图 6-3 所示。导流堤式渠首由导流堤、进水闸及泄水冲沙闸等建筑物组成。导流堤的作用是束窄水流，抬高水位，使水流平顺地流入进水闸。泄水冲沙闸除宣泄部分多余洪水外，平时也可用来排沙。导流堤的轴线与河道水流方向的夹角一般以 10° ~ 30°为宜。进水闸与泄水排沙闸的相对位置，一般按正面引水、侧面排沙的原则布置。

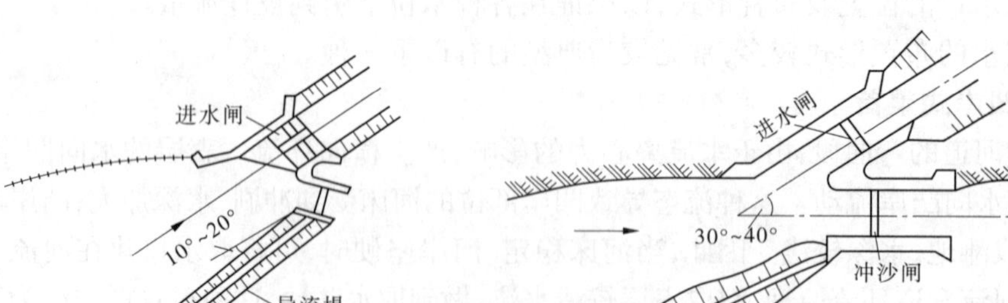

图 6-3　导流堤式无坝渠首工程布置图

2　有坝取水

当河流水量比较丰富，但水位较低，不能自流取水，或引水量较大、无坝取水不能满足要求时,则应在取水口的下游侧修建壅水坝(或拦河闸),以抬高水位,保证引取所需的流量,这种取水方式称有坝取水或有坝渠首。有坝取水工程常采用侧面引水、正面冲沙的布置形式,通常由壅水坝(溢流坝)或拦河闸、进水闸、防沙冲沙措施(如冲沙闸、沉沙池、冲沙廊道等)、船闸、阀道、鱼道、电站等组成,如图6-4所示。

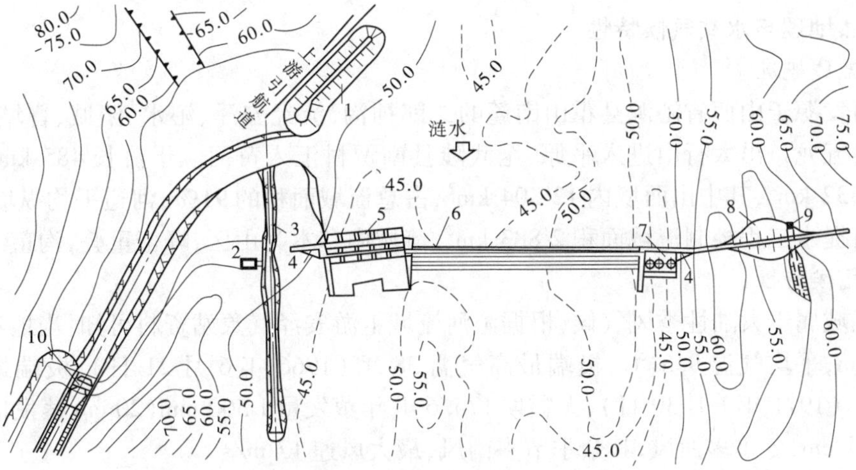

1—导流堤;2—机房;3—斜面升船机;4—重力坝;5—泄洪闸;6—溢流坝;
7—水电站;8—土坝;9—支渠进水口;10—进水闸

图6-4 有坝取水工程布置图 (高程:m)

有坝取水的优点是引水保证率高;缺点是工程量大、造价高,且破坏了天然河道的自然状态,改变了水流、泥沙运动的规律,尤其是在多泥沙河流上,会引起渠首附近上下游河道的变形,影响渠首的正常运行。

任务2 沁河有坝取水枢纽设计

1 设计资料

1.1 枢纽概况及工程目的

沁河取水枢纽是为了开发利用沁河上游水资源而修建的一项临时性工程,位于临汾市东部。该工程由三部分组成:首部引水枢纽、隧洞工程以及输水工程。

首部引水枢纽位于安泽县城北约1 km处,引水枢纽由长65 m、高3.7 m的浆砌石溢流坝、三孔冲沙闸和三孔独立的进水闸组成,通过在沁河右岸滩地上布置提水泵站,将沁河水提入19.4 km的隧洞。泵站地面扬程20.4 m,总提水流量5 m^3/s,总装机容量1 740 kW,水流出隧洞后通过80 m的暗涵汇入洪安涧河南支,利用隧洞出口与供水区约400 m的地形落差和23.7 km的洪安涧河南支天然河道自流向下游供水。

由于该地区地多水少,农业灌溉水源严重不足,随着社会经济的不断发展,城市生活和工业用水日趋紧张;而当地水资源匮乏,目前除充分利用地表水资源外,地下水已严重超采,该地区水资源供需矛盾十分突出。因此,本工程的任务是调引沁河上游水资源入该地区以缓解近期缺水状况。

沁河提水工程实施后，首部引水枢纽跨流域调水多年平均5 900万m^3，考虑输水线路水量损失和水库水面蒸发、渗漏后，为城区提供部分城市生活和工业用水2 190万m^3，为输水沿线新发展的汾东2万亩高垣旱地灌溉及缺水严重的涝河、巨河灌区8.65万亩补充水源，灌溉供水2 096万m^3。

1.2　自然地理与水文气候特性

1.2.1　流域概况

沁河发源于山西省沁源县霍山南麓的二郎神沟，流经安泽、沁水、阳城、晋城，在河南省济源县五龙口出太行山进入平原，至武陟县南贾村汇入黄河。干流长485 km，流域总面积13 532 km^2，其中山西境内12 304 km^2，占总流域面积的91%，河道平均纵坡3.8‰。

沁河提水工程控制流域面积2 883 km^2，流域内基本为山区，峰峦重叠，沟壑纵横。

1.2.2　气候特性

本区域属于大陆性季风气候，根据沁河流域上游安泽气象站资料可知：当地年降水量约610 mm，平均气温9.3 ℃，极端最高气温38 ℃（1966年6月21日），极端最低气温-25.2 ℃（1971年1月30日），无霜期175.6 d，年蒸发量1 500 mm（20 cm蒸发皿），最大冻土深81 cm，冬季多西风，其余季节多南风，最大风速17 m/s。

1.2.3　水文特性

1.2.3.1　径流

年径流系列均采用1969～1998年30年系列，年径流分析成果见表6-1。

表6-1　年径流分析成果

站名	均值	C_v	C_v/C_s	P(%)			
				20	50	75	95
飞岭	18 610	0.67	2.2	27 271	15 666	9 464	4 388

1.2.3.2　洪水

（1）汛期洪水。

飞岭水文站洪水系列资料采用1957～1998年42年实测系列，加入历史洪水值进行频率分析，采用P－Ⅲ型适线成果，洪水分析成果见表6-2。

表6-2　洪水分析成果

站名	线型	均值	C_v	C_s/C_v	P(%)						
					0.05	0.1	0.5	1	2	5	10
飞岭	P－Ⅲ	382	1.38	2.5	4 997	4 428	3 148	2 605	2 083	1 426	966

（2）非汛期洪水。

根据沁河流域洪水特性及施工安排，将非汛期分为10～12月和3～5月，成果见表6-3。

表6-3 非汛期洪水分析成果

站名	分段	经验频率 P(%)		
		2	5	10
飞岭	3~5月	195	120	78
	10~12月	210	130	85

1.2.3.3 泥沙

沁河流域植被条件好,水土流失较少,由实测资料统计,沁河飞岭站多年平均悬移质输沙量为95.2万t,平均输沙模数为355 t/(km^2·a);实测年最大输沙量为400万t(1971年),最小为0.38万t(1997年);多年平均含沙量为4.78 kg/m^3,汛期平均含沙量为8.564.78 kg/m^3。年内来水来沙集中,实测最大含沙量为166 kg/m^3(1969年)。

1.2.3.4 冰情

由飞岭站1957~1995年资料统计,流冰时间一般从11月下旬开始,到12月下旬开始封冻持续至次年2月底两个月左右,到次年3月初又进入流冰期,延续约10 d。封冰期天数多年平均为73 d,最长为101 d(1987~1988年),最短为36 d(1964~1965年)。流冰期多年平均为26 d,最长为67 d(1962~1963年),最短为4 d(1980~1981年)。实测最大冰厚0.52 m(1977年2月6日),最小冰厚0.17 m(1960年12月31日)。

1.2.3.5 设计断面水位—流量关系

沁河提水枢纽坝址为山区性河流,坡度较缓,河床变化不明显。水位—流量关系见表6-4。

表6-4 沁河坝址水位—流量关系

项目	$P=2\%$	$P=5\%$	$P=10\%$
水位(m)	853.70	853.20	852.75
流量(m^3/s)	2 082	1 426	966

1.3 工程地质

1.3.1 拦河溢流坝坝基工程地质条件

(1)高程847.742~849.118 m,为粉土、砂土。

(2)高程840.014~847.742 m,为砂卵砾石。

(3)高程835.614~840.014 m,为砂质泥岩。

(4)高程835.614 m以下为砂岩。

根据实验资料查《工程地质手册》得,坝基砂卵砾石的孔隙比为0.49~0.64,处于稍密-中等密实度,承载力标准值建议取284 kPa,有效粒径d_{10}为0.6~1.45 mm,界限粒径d_{60}为18~62 mm,中间粒径d_{30}为2.9~17 mm,不均匀系数为15.9~103.3,砂卵砾石不均匀系数较大,经渗透稳定性评价,渗透处于不稳定状态,建议采用合适的坝基宽度或进行坝基处理,保证建筑物正常运行。砂砾石的摩擦系数查《水利水电工程地质手册》取$f=$

0.4~0.5。

1.3.2 地震情况

根据"中国地震烈度分区图",本工程所在地为Ⅶ度地震区。

1.4 建筑材料

石料:沁河提水枢纽石料在高壁石料场购买,运距在15 km左右。料场石料指标根据地质勘察均满足工程需要。

混凝土骨料:工程区内无天然粗、细骨料产地,需从外地购买。细骨料采用汾河东岸阶地甘亭、王开等地的沙料,运距70~100 km。

1.5 其他

1.5.1 交通运输

枢纽附近有省级公路和县级公路通过,距县城仅1 km,交通运输十分方便。

1.5.2 其他

枢纽地形图一张(略)。

2 工程等级和标准

2.1 工程等级

枢纽泵站引水流量为5 m^3/s,总装机容量为1 580 kW,根据《泵站设计规范》(GB 50265—2010),按流量为Ⅳ等泵站,属小(1)型;按装机为Ⅲ等泵站,属中型。考虑到本泵站的装机处于分等指标1 000~10 000 kW的下限,而本工程为沁河引水工程的应急供水工程,因此确定枢纽泵站的等级为Ⅳ等小(1)型,相应的建筑物级别按照该规范"泵站建筑物级别表",主要建筑物为4级,次要建筑物和临时性建筑物为5级。相应的输水工程主要建筑物亦为Ⅳ等4级。

2.2 防洪标准

根据《泵站设计规范》(GB 50265—2010)"泵站建筑物防洪标准表",枢纽泵站主要建筑物为4级,相应的防洪标准为20年一遇,校核防洪标准为50年一遇。

2.3 地震烈度设防

根据"中国地震烈度分区图",本工程所在地为Ⅶ度地震区,枢纽和渠道按Ⅶ度设防。

3 枢纽布置及方案比较

首部引水枢纽设计洪水标准为20年一遇,设计洪水位为853.2 m;校核洪水标准为50年一遇,校核洪水位为853.7 m。各建筑物设计按安全可靠行洪考虑。

为了优化引水枢纽设计方案,满足泵站的防洪及取水、减少泥沙淤积等要求,对取水方案设计两种方案:溢流坝加三孔冲沙闸方案、导流堤加五孔冲沙闸方案。对两个方案进行比较选优。

3.1 方案Ⅰ(溢流坝加三孔冲沙闸方案)

引水枢纽由溢流坝、冲沙闸、进水闸及泵站组成,详见平面布置图(见图6-5)。本方案采用人工扩弯的措施,加大现有河道的弯度,对河道右岸进行整治,使沁河主流靠近右岸。为了壅高河道水位,满足泵站取水要求,在沁河主河道左侧修建溢流坝,右侧修建3

孔冲沙闸,在人工弯道顶点下游临河设置3孔进水闸,将水引入泵站,本方案改善了引水口处的进水条件。当河道水位在850.8 m以下时,由闸坝控制泄流,超过该水位时漫滩行洪。根据水力计算,当来水量小于72 m^3/s时,由冲沙闸控制泄水,溢流坝挡水,使闸前水位保持在设计水位,满足泵站取水要求;当来水量大于72 m^3/s时,冲沙闸全开,坝顶溢流泄水度汛。闸前为设计水位849.0 m时,进水闸全开;闸前水位高于849.0 m时,部分开启闸门,保证引入的流量5 m^3/s。校核洪水时,关闭闸门不引水。

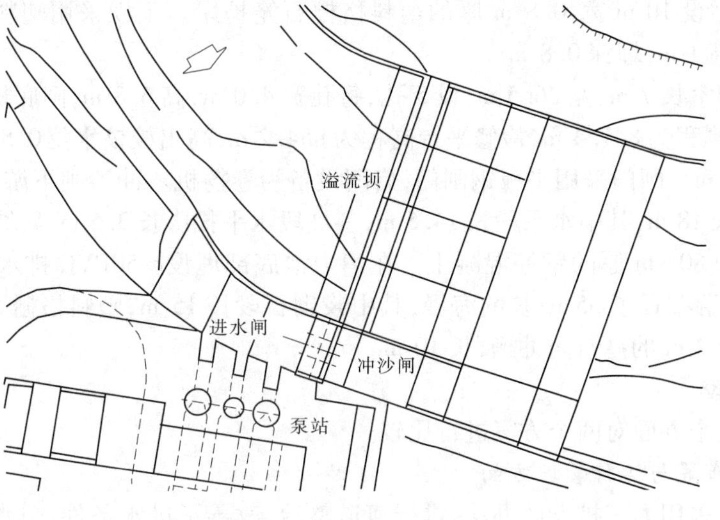

图6-5 枢纽平面布置图

坝基坐落在砂卵石地基上,坝体为浆砌石结构,坝顶高程849.5 m,正常挡水位849.0 m,坝底高程845.8 m,坝踵设深1.6 m的齿墙,坝顶宽1.5 m,坝底宽6.5 m,坝长65 m,左端设刺墙长7 m伸入河岸。坝肩采用浆砌石挡墙护肩,上下游接塑料格栅石笼裹头。坝下游设消力池,池深0.5 m,池长16 m。消力池下游布置了30 m长的海漫,底坡为1∶100,其中浆砌石段长10 m,塑料格栅石笼段长20 m。海漫末端做深1.5 m、长10 m的抛石防冲槽。

冲沙闸建筑在河道砂卵砾石层地基上,冲沙闸闸室长7 m,宽16.5 m,设3孔,每孔宽4.0 m,高6.8 m,闸底板高程与原河道主河床基本齐平,高程为847.4 m,闸门采用平板钢闸门,启闭设备为卷扬机。检修平台高程为854.2 m,高出洪水位0.5 m,启闭机平台高程为858.4 m。闸后设消力池,池深0.7 m,长20 m,消力池下游布置了31.1 m长的海漫,其中浆砌石段长11.1 m,塑料格栅石笼长20 m。海漫末端做深2 m,长10 m的抛石防冲槽。

进水闸为3孔独立的闸,闸室段长5.5 m,闸孔尺寸分别为:1.5 m×1.6 m(2孔)和1.0 m×1.6 m(1孔)。进水闸底板高程为847.9 m,高出河底0.5 m,在进水闸前设置叠梁检修闸门和拦污栅,以防止杂物和泥沙进入泵站。进水闸与集水前池之间用三个暗涵流道连接,流道断面为半圆门洞型,长度为5~8.55 m。集水池采用圆桶型,2大1小,大池直径5.4 m,小池直径4.0 m。大池向两台大泵供水,小池向两台小泵供水。

3.2 方案Ⅱ(导流堤加五孔冲沙闸引水方案)

引水枢纽由导流堤、冲沙闸、进水闸及泵站组成。

本方案河道右岸整治措施、进水闸及泵站工程结构布置同方案Ⅰ。在河道左岸建导流堤,并在距导流堤上游约50 m处布置了一个导流丁坝,将水流导入右岸主河槽内,在主河槽右岸布置了5孔冲沙闸。根据水力计算,当来水量小于80.5 m^3/s时,由冲沙闸控制泄水,使闸前水位保持在设计水位,满足取水要求;当来水量大于80.5 m^3/s时,5孔冲沙闸全开,泄水度汛。

导流堤为浆砌石挡土墙结构,长244.1 m,顶宽1.0 m,底宽1.56 m,高1.6 m,基础埋深1.5 m,堤后设10 m宽、0.8 m厚的塑料格栅石笼护岸。丁坝采用塑料格栅石笼加抛石,长15 m,高1 m,埋深0.8 m。

冲沙闸闸室长7 m,宽26.5 m,设5孔,每孔宽4.0 m,高6.8 m,闸底板高程与原主河床基本齐平,高程为847.4 m,检修平台高程为854.2 m,高出校核水位0.5 m,启闭机平台高程为857.9 m。闸门采用平板钢闸门,启闭设备为卷扬机。冲沙闸下游设一消力池,池深0.7 m,池长18 m,其中水平段长14.5 m,斜坡段水平投影长3.5 m,斜坡段坡度为1:5。消力池底板为80 cm厚的钢筋混凝土。在消力池底部埋设φ50PVC排水管,间排距2.5 m。消力池下游布置了35 m长的海漫,其中浆砌石段长15 m,塑料格栅石笼段长20 m。海漫末端做深2 m的抛石防冲槽,长10 m。

3.3 方案比较

从以下几个方面对两个方案进行比较。

3.3.1 工程布置与运行管理方面

方案Ⅰ是采用人工扩弯的办法,进行河道整治,改善了进水条件,引水枢纽布置更合理,冲沙闸及坝的消能防冲措施按常规方法设计比较可靠。冲沙闸挡水位较方案Ⅱ提高了50 cm,当河道来水流量小于0.3 m^3/s时,闸坝上游有一定的调蓄能力,通过间断提水,仍可使水泵在高效区运行。方案Ⅱ整体布置较简明,存在的问题:在小流量情况下,由冲沙闸控制泄流;大流量时,洪水漫滩,由于河床冲淤变化,使水流流态较复杂,消能及防冲计算与实际情况的偏差可能较大。由于冲沙闸挡水位较方案Ⅰ低50 cm,调蓄能力较小,当来水流量小于0.5 m^3/s时,水泵只能在低效区运行。

3.3.2 工程量和投资方面比较

各方案主要工程量及综合经济指标见表6-5。

由表6-5可知,方案Ⅰ较方案Ⅱ多16.2万元。

3.3.3 管理维护方面

方案Ⅰ主要为刚性建筑物,工程维护量较小;而方案Ⅱ的柔性建筑物较多,工程维护量较大。

综上所述,方案Ⅰ投资略高于方案Ⅱ,但从取水条件、消能防冲条件、管理维护方面均优于方案Ⅱ,综合比较多方面因素,选取方案Ⅰ为设计方案。

引水枢纽由溢流坝、冲沙闸和进水闸组成。将沁河主河槽向右拓宽,形成人工弯道,引水口位于弯道凹岸,临河设三孔独立进水闸,位于弯道顶点下游,相邻进水闸轴线之间的间距为8.3 m。冲沙闸进口距末孔进水闸中心线6.0 m,坝轴线位于冲沙闸轴线下游2.85 m处。由于进水闸设计与冲沙闸基本一致,此处仅介绍溢流坝和冲沙闸的设计步骤,对于进水闸不再进行介绍。

表6-5 方案Ⅰ、Ⅱ主要工程量及综合经济指标表

编号	项目	单位	方案Ⅰ	方案Ⅱ
1	砂砾石开挖	m^3	26 957	18 637
2	砂砾石回填	m^3	5 560	4 972
3	浆砌石	m^3	5 015	3 005
4	混凝土	m^3	838	1 217
5	钢筋制作及安装	t	45.2	73.3
6	塑料格栅石笼	m^3	2 426	4 419
7	抛石	m^3	897	473
8	反滤层	m^3	130	317
9	止水	m	216	143
10	金属结构设备及安装	万元	26.1	44.2
11	直接投资	万元	294.1	277.9

注:表中所列工程量为冲沙闸、河道整治、溢流坝(或导流堤、丁坝)的总工程量。

4 溢流坝设计

溢流坝由坝体、消力池、海漫及防冲槽等部分组成。

4.1 坝顶高程和溢流坝段长度的确定

溢流坝的主要作用是抬高进水闸前水位,以便泵站取水,并将多余的河水及汛期洪水宣泄到下游河道。

沁河干流河底高程为847.4 m,进水闸底板高程为847.9 m,进水闸的水头损失为0.1 m,引水需要的水深为1.0 m,确定进水闸前正常高水位为849.0 m。考虑坝前有一定的调蓄量和坝顶兼作人行道连接左右两岸,加50 cm超高,故将坝顶高程定为849.5 m。

坝右侧为冲沙闸,左岸接于850.8 m滩地。坝址处河床宽度约为80 m,除布置冲沙闸及两岸导流堤外,拟订溢流坝坝长为65 m,使冲沙闸加溢流坝总的泄水宽度与原河道宽度基本一致。当河道水位超过850.8 m时,漫滩泄洪。

4.2 坝体剖面型式及其尺寸的确定

坝体剖面拟订为折线型实用堰剖面,坝体为浆砌石结构(详见图6-6)。为了改善水流条件,将坝顶角修圆。考虑坝的抗滑稳定及坝基抗渗稳定要求,拟订坝顶宽度1.5 m,底宽6.5 m,坝顶高程849.5 m,坝踵设深1.6 m的齿墙。坝上游面为铅直,下游面为1:1斜坡与$R=3.5$ m的反弧相连,反弧段底端与1:5的斜直段相切。为了防止冲刷,坝体表面用厚20 cm的C25钢筋混凝土护面,溢流面布设钢筋网Φ 10@150 mm×150 mm,并加锚筋与钢筋网焊接,锚筋纵向、横向间距1 000 mm、1 000 mm,插入浆砌石内80 cm。坝肩采用浆砌石挡墙护肩,上下游接塑料格栅石笼裹头,防止洪水淘刷。

4.3 消能及防冲措施

为了保证溢流坝的安全,防止河床冲刷,采取两方面的措施:一是在坝后建消力池(见图6-7),消除水流的能量。消力池长16 m,深0.5 m。其中,水平段长14.5 m,斜坡段水平投影长1.5 m,斜坡段的坡度为1:5。消力池底板厚度80 cm,上层做20 cm的混凝土,下面做60 m浆砌石,底部做20 cm碎石垫层。在消力池底板后部埋设ϕ 50PVC排水管,间排距均为

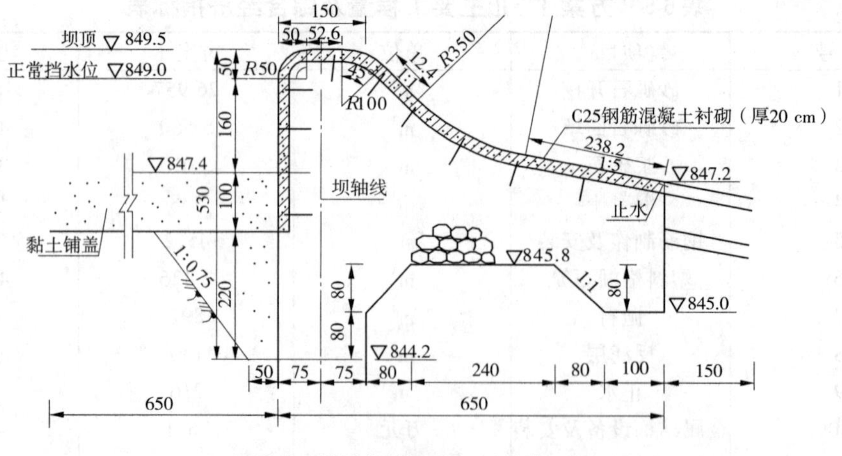

图 6-6　溢流坝断面图　（单位:cm）

2.5 m。二是在消力池下游筑 30 m 长海漫，底坡 1:100。海漫前段采用浆砌石，长 10 m，厚 60 cm，设置铅直排水孔，排水管以梅花形布置，横向间距为 2.5 m，排距为 2.5 m；后段为塑料格栅石笼，长 20 m，厚 80 cm。在海漫末端做长 10 m，深 1.5 m 的抛石防冲槽。

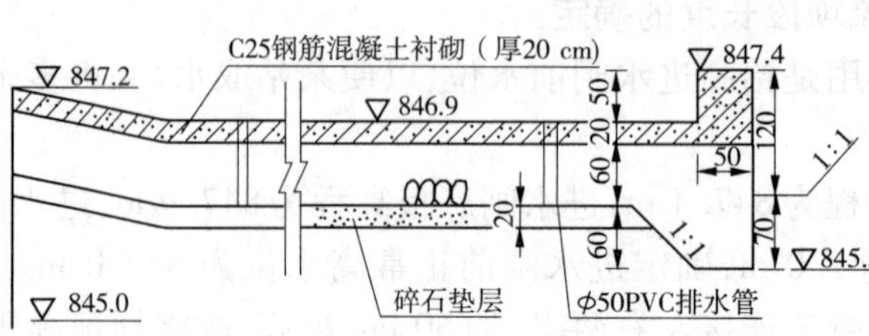

图 6-7　消力池　（单位:cm）

4.4　坝基防渗及排水

坝基坐落在砂砾石地基上，根据地质条件和防渗要求，拟订出地下轮廓线。为了减小坝底渗透压力，降低坝底渗流的平均坡降，在坝的上下游端设齿墙，上游齿墙深 1.6 m，下游齿墙深 0.8 m。在护坦部分设铅直排水孔。

4.5　水力计算

4.5.1　泄流能力计算

溢流坝为折线型实用堰，溢流坝泄流按下式用试算法求堰顶水头 H 及其泄量 Q：

$$Q = \sigma_s \sigma_c m b \sqrt{2g} H_0^{\frac{3}{2}} \tag{6-1}$$

$$H_0 = H + \frac{v_0^2}{2g}$$

$$v_0 = \frac{Q}{b(H + P)}$$

式中　b——坝宽，m，取 $b = 65$ m；

H_0——包括行近流速水头的堰顶水头；

v_0——行近流速；

m——自由堰流流量系数，与堰型、堰高等边界条件有关；

σ_c——侧收缩系数，取0.95；

σ_s——淹没系数；

P——溢流坝坝高。

假定不同的堰顶水深H，先按自由泄流代入式(6-1)，求得过堰流量Q，然后查坝址下游水位—流量关系曲线，找出相应的下游水位，再根据下游水深与堰顶水深确定淹没系数代入公式(6-1)，求得过堰流量Q，经过几次试算，可求得流量Q。计算结果见表6-6。

表6-6 堰顶水深—流量关系

水位(m)	水深H(m)	v_0(m/s)	$\frac{v_0^2}{2g}$	H_0(m)	$H_0^{\frac{3}{2}}$(m)	Q(m³/s)
849.7	0.2	0.057	0.000	0.200	0.090	8.50
849.9	0.4	0.148	0.001	0.401	0.254	24.10
850.1	0.6	0.251	0.003	0.603	0.469	44.45
850.3	0.8	0.364	0.007	0.807	0.725	69.53
850.5	1.0	0.494	0.012	1.012	1.019	102.53
850.8	1.3	0.680	0.024	1.324	1.525	159.30

当洪水位超过850.8 m时，坝左岸滩地淹没，来水量由冲沙闸、坝、滩地共同排泄。

4.5.2 消能计算

4.5.2.1 判断是否需要修建消力池

收缩水深h_c按下式计算：

$$E_0 = h_c + \frac{q^2}{2g\varphi^2 h_c^2} \tag{6-2}$$

式中 E_0——以下游河床为基准面的泄水建筑物上游总水头，m；

h_c——收缩水深，m；

g——重力加速度；

q——收缩断面处的单宽流量，m³/(s·m)；

φ——流速系数，取0.95。

共轭水深按下式计算：

$$h_c'' = \frac{h_c}{2}(\sqrt{1 + 8Fr_c^2} - 1) \tag{6-3}$$

$$Fr_c = \frac{q}{h_c\sqrt{gh_c}} \tag{6-4}$$

式中 Fr_c——收缩断面弗劳德数；

h_c''——跃后共轭水深，m。

如$h_c'' > h_t$(下游水深)，则需要修建消力池。

经计算，冲沙闸三孔同时向下游放水时，5年一遇洪水情况下(851.5 m)，$h_c'' > h_t$，其余各水位情况下$h_c'' < h_t$，均产生淹没水跃；当冲沙闸关闭，从坝顶溢水，坝前水位低于

850.0 m 时，则 $h_c'' > h_t$，需要修建消力池。按最不利情况计算消力池。

4.5.2.2 用试算法计算消力池深 S

计算公式如下：

$$\sigma h_c'' = h_t + S + \Delta z \tag{6-5}$$

$$\Delta z = \frac{Q^2}{2gb^2}\left(\frac{1}{\varphi'^2 h_t^2} - \frac{1}{\sigma^2 h_c''^2}\right) \tag{6-6}$$

式中 σ——安全系数，取1.05；

Δz——消力池出口水面落差；

b——消力池宽度；

φ'——水流自消力池出流的流速系数，取0.95。

消力池池深计算结果见表6-7。

表6-7 消力池池深计算结果

上游水位 H(m)	$\frac{v_0^2}{2g}$	E_0 (m)	h_c (m)	h_c'' (m)	下游水深 h_t(m)	Δz(m)	池深 S (m)
849.6	0.000	2.36	0.007	0.243	0.05	0.047	0.163
849.7	0.000 5	2.52	0.020	0.412	0.20	0.019	0.221
849.8	0.000 5	2.59	0.036	0.558	0.40	0.011	0.186
849.9	0.001 1	2.69	0.055	0.695	0.55	0.012	0.182
850.0	0.002 0	2.87	0.091	0.831	0.60	0.023	0.266
851.5	0.611 5	5.11	0.497	2.645	2.36	0.059	0.411

4.5.2.3 池长 L_k

按下式计算：

$$L_k = (0.7 \sim 0.8) L_j \tag{6-7}$$

式中 L_j——自由水跃的跃长。

跃长的计算公式：

当 $1.7 < Fr_c \leqslant 9$ 时，

$$L_j = 9.5(Fr_c - 1) h_c$$

当 $9 < Fr_c < 16$ 时，

$$L_j = [8.4(Fr_c - 9) + 76] h_c$$

消力池池长计算结果见表6-8。

表6-8 消力池池长及海漫长度计算结果

水位 H(m)	849.7	849.9	850.1	850.3	850.5	850.8	851.5	852.5	853.2	853.7
Q(m^3/s)	0.131	0.371	0.684	1.073	1.577	2.451	4.708	8.12	9.91	10.93
ΔH(m)	1.28	1.30	1.35	1.40	1.45	1.54	1.74	1.70	1.50	1.08
L_p(m)	12.24	5.85	8.02	10.14	12.40	15.70	22.43	29.28	31.35	30.33
L_k(m)	1.95	3.34	4.39	5.41	6.44	7.67	10.20	13.01	15.50	16.37

4.5.3 防冲计算

4.5.3.1 海漫长度计算

根据下列经验公式计算：

$$L_p = k\sqrt{q\sqrt{\Delta H}} \tag{6-8}$$

式中 L_p——海漫长度,m；

k——系数,河床为砂砾石,取9；

q——单宽流量；

ΔH——坝上、下游水位差。

计算结果见表6-8。

根据以上计算结果,确定消力池池长16 m,池深0.5 m,海漫长度30 m。

4.5.3.2 海漫下游的局部冲刷计算

计算公式：

$$d_m = 1.1\frac{q_m}{[v_0]} - h_m \tag{6-9}$$

式中 q_m——海漫末端的单宽流量,$m^3/(s \cdot m)$；

$[v_0]$——河床土质允许不冲流速,m/s；

h_m——海漫末端河床下游水深,m；

d_m——海漫末端河床冲刷深度,m。

计算结果:局部最大冲刷深度 $d_m = 2.51$ m。

4.5.4 防渗计算

4.5.4.1 验算地下轮廓线长度

根据《水闸设计规范》(SL 265—2016),拟定的坝基防渗长度应满足以下要求：

$$L = C\Delta H \tag{6-10}$$

式中 C——允许渗径系数,取6；

ΔH——上、下游水位差,取最大值2.1 m。

所以 $L = 6 \times 2.1 = 12.6$ (m)

实际拟定的坝基地下轮廓总长 $L_{实际}$:

$$L_{实际} = 1 + 0.99 + 1.5 + 1.5 + 0.8 + 1.13 + 3.1 + 1.13 + 1 + 2.0 = 14.15(\text{m})$$

$L_{实际} > L$,故拟定的尺寸满足要求。

4.5.4.2 水平段渗流坡降

$$J = \frac{H}{L} \tag{6-11}$$

式中 H——上、下游水位差,$H = 2.1$ m；

L——坝基地下轮廓线总长,$L = 14.15$ m。

根据地质资料,水平段的渗流坡降允许值为$[J] = 0.15$。计算结果:$J = 0.148 < [J]$,满足防渗要求。

4.5.4.3　出口渗流段坡降

验算出口段抗渗稳定时,先判别可能发生的渗透破坏形式:当 $4P_f(1-n)>1$ 时,为流土破坏;当 $4P_f(1-n)<1$ 时,为管涌破坏。其中,P_f 为小于 d_f 的土粒百分数含量(%),$P_f=39\%$;n 为闸基土的孔隙率,$n=0.444$。

则 $4P_f(1-n)=4\times39\%\times(1-0.444)=0.87<1$,为管涌破坏。

出口段渗流坡降值按下式计算:

$$J=\frac{h_0'}{s'} \tag{6-12}$$

式中　h_0'——出口修正后的水头损失值,m,$h_0'=0.432\ 1$ m;

s'——出口段齿墙入土深度,$s'=2.2$ m。

$$J=\frac{0.432\ 1}{2.2}=0.196$$

管涌破坏出口渗流坡降允许值$[J]=0.2$,$J=0.196<[J]$,满足要求。

4.6　结构稳定计算

4.6.1　基底抗滑稳定计算

根据《浆砌石坝设计规范》(SL 25—2006),稳定计算应满足抗滑和基底应力要求。

计算时的荷载组合见表6-9。

表6-9　荷载组合

荷载组合	工况	自重	水压力	扬压力	泥沙压力	地震力
基本组合	完建期	√				
	正常挡水位849.0 m	√	√	√	√	
	与坝顶水位齐平849.5 m	√	√	√	√	
	设计洪水位853.2 m	√	√	√	√	
特殊组合	正常挡水+地震	√	√	√	√	√
	校核洪水位853.7 m	√	√	√	√	

计算公式:

$$K_c=f\frac{\sum W\cos\theta+\sum P\sin\theta}{\sum P\cos\theta+\sum W\sin\theta} \tag{6-13}$$

式中　K_c——抗滑稳定安全系数;

f——坝基与砂砾石地基间的内摩擦系数,取 $f=0.4$;

θ——滑动面沿两齿墙脚的连线与水平面的交角;

$\sum W$——坝体上所有力的垂直方向合力;

$\sum P$——坝体上所有力的水平方向合力。

计算结果见表6-10。

4.6.2 基底应力计算

计算公式:

$$\sigma_{\min}^{\max} = \frac{\sum W}{B}\left(1 \pm \frac{6e}{B}\right) \tag{6-14}$$

$$e = \frac{B}{2} - \frac{\sum M}{\sum W}$$

式中 $\sigma_{\min}^{\max}$——基底最大、最小应力值;

$\sum W$——坝体上所有力的垂直方向合力;

B——坝体沿水流方向的宽度;

e——合力的偏心距;

$\sum M$——所有力对坝基下游底端的力矩和。

计算结果见表6-10。

表6-10 稳定计算结果

荷载组合	工况	抗滑稳定安全系数 K_c	σ_{max} (t/m²)	σ_{min} (t/m²)	$\frac{\sigma_{max}}{\sigma_{min}}$	说明
基本组合	完建期		8.05	4.25	1.89	地基允许承载力 $[\sigma]=20\sim40$ t/m²
	正常挡水位849.0 m	3.4	8.69	6.4	1.36	
	与坝顶水位齐平849.5 m	1.84	11.13	3.2	3.48	
	设计洪水位853.2 m	2.64	10.78	5.03	2.14	
特殊组合	校核洪水位853.7 m	2.92	10.79	5.27	2.05	
	正常挡水+地震	2.6	9.98	5.11	1.95	

根据《浆砌石坝设计规范》(SL 25—2006),基本荷载组合下的安全系数$K_c \geq 1.2$;特殊荷载组合下安全系数$K_c \geq 1.05$。以上计算结果能够满足抗滑稳定要求。

各种工况下,$\sigma_{max} < [\sigma]$,σ_{min}为压应力,基底应力值满足规范要求,最大应力与最小应力比值基本满足要求。

5 冲沙闸设计

在溢流坝右侧主河床上修建冲沙闸,以减少进水闸前泥沙淤积,利于引清排沙。

5.1 孔口设计

5.1.1 闸孔型式的选择

为了满足冲沙的需求,采用不设胸墙的开敞式水闸,底板采用整体式宽顶堰型平底板。

5.1.2 闸底板高程的确定

闸底板高程和主河槽处河床高程基本齐平，取 847.4 m。

5.1.3 闸孔尺寸确定

冲沙闸，选取洪水频率 80% 的流量作为设计流量确定水闸的总宽度，$Q = Q_{来} - Q_{引} = 73\ m^3/s$，闸前设计水位与坝顶齐平，为 849.5 m。下游水位由河道水位—流量关系曲线查得。

按宽顶堰自由溢流确定空口尺寸，计算公式如下：

$$Q = \sigma_c mnb\sqrt{2g}H_0^{\frac{3}{2}} \tag{6-15}$$

式中 Q——设计流量，m^3/s，$Q = 73\ m^3/s$；

b——每孔净宽，m；

n——闸孔孔数；

H_0——包括行近流速水头的堰前水头，m，$H_0 = H + \frac{v_0^2}{2g}$，$H = 2.1$ m；

m——自由溢流的流量系数；

σ_c——侧收缩系数。

多次试算得：$b = 4.0$ m，$n = 3$ 孔，闸孔总宽为 12 m。

5.1.4 泄流能力计算

当河道来水量 $Q \leqslant 5\ m^3/s$ 时，冲沙闸关闭，与溢流坝一起挡水，正常挡水位 849.0 m，保证泵站取水要求。当 $Q > 5\ m^3/s$ 时，部分开启闸门泄水，闸门开度及开启孔数按开度—流量关系曲线确定。汛期，当闸前水位超过 849.5 m 时，冲沙闸全开，泄洪冲沙，安全度汛。冲沙闸泄流能力根据闸门开启度的不同按照孔流和堰流分别进行计算。

堰流和孔流的判别：$e/H \leqslant 0.65$，为孔流；$e/H > 0.65$，为堰流。

闸前水深 $H = 849.0 - 847.4 = 1.6$(m)，$e/H \leqslant 0.65$，即 $e \leqslant 1.04$ m 时，为孔流；$e > 1.04$ m 时，为堰流。

5.1.4.1 闸孔出流计算

由《水力计算手册》得闸孔出流计算公式：

$$Q = \sigma_s \mu_0 enb\sqrt{2gH_0} \tag{6-16}$$

$$\mu_0 = 0.6 - 0.18\frac{e}{H}$$

式中 e——闸门开启高度；

b——每孔净宽，$b = 4.0$ m；

n——孔数，$n = 3$；

H_0——包括行近流速水头的闸前水头；

σ_s——淹没系数；

μ_0——闸孔自由出流的流量系数。

式(6-16)的应用范围：$0.1 < e/H < 0.65$。

闸孔出流流态的判别准则:当 $h'' \geq h_c$ 时,为自由出流;当 $h'' < h_c$ 时,为淹没出流。

经计算判断为自由出流,$\sigma_s = 1$。正常挡水位 849.0 m 下开度—流量关系计算结果见表 6-11。

表 6-11 开度—流量关系计算结果

闸门开度(m)	流量(m^3/s)		
	1孔	2孔	3孔
0.16	2.1	4.2	6.3
0.2	2.6	5.2	7.8
0.4	5.0	10.0	15.0
0.6	7.2	14.4	21.6
0.8	9.2	18.4	27.6
1.0	11.0	22.0	33.0
1.04	11.3	22.6	33.9

5.1.4.2 宽顶堰溢流计算

采用《水力计算手册》的堰流计算公式:

$$Q = \sigma_c mnb \sqrt{2g} H_0^{\frac{3}{2}} \tag{6-17}$$

式中 Q——设计流量,m^3/s;

b——每孔净宽,m,$b = 4.0$ m;

n——闸孔孔数,$n = 3$;

H_0——包括行近流速水头的堰前水头,m;

m——综合流量系数,$m = 0.365$;

σ_c——侧收缩系数,$\sigma_c = 1$。

$h_s/H_0 < 0.8$,为自由出流,淹没系数 $\sigma_s = 1$。

水位—流量关系计算结果见表 6-12。

表 6-12 水位—流量关系计算结果

水位(m)	849.0	849.3	849.5	849.7	849.9	850.1	850.3
流量(m^3/s)	48.5	62.7	72.8	83.5	94.6	106.2	118.2
水位(m)	850.5	850.8	851.5	852.45	853.2	853.7	
流量(m^3/s)	130.7	150.0	198.7	271.6	334.4	378.4	

5.2 消能防冲设计

5.2.1 消能方式的确定

由于下游河道的抗冲能力较低,水头较小,故采用底流式消能。

5.2.2 消能防冲计算

消力池、海漫、冲刷深度等计算公式与溢流坝部分相同,这里不再赘述。

5.2.2.1　消力池计算

为了使出闸水流产生淹没水跃，护坦结构采用挖深式消力池，即降低护坦高程，形成消力池。

计算消力池的深度时设计流量的确定：计算通过冲沙闸的各级流量并求得 h_c 和 h''_c，并定出相应的下游水深 h_t，则 $(h''_c - h_t)$ 的最大值所对应的流量即为消力池深度的设计流量。

通过计算：当 $h''_c - h_t$ 最大时，上游水位 851.5 m，流量 $Q = 198.7\ m^3/s$，相应下游水位 849.76 m。

经过试算，确定消力池底高程为 846.4 m，池深 0.7 m。

确定消力池长度的设计流量为建筑物通过的最大流量。计算得最大流量 $Q = 378.4\ m^3/s$，相应上游水位 853.7 m，下游水位 852.62 m，消力池长 20 m，其中水平段长度 15 m，斜坡段水平投影长度 5 m，坡度为 1∶5。

5.2.2.2　海漫长度计算

水流出池后，流速比较大，约为 5 m/s，为了满足抗冲要求，海漫前段采用浆砌石结构，底板高程为 847.1 m，底板厚度 0.6 m，长 11.1 m。海漫后段为塑料格栅石笼，长 20 m，厚度 0.8 m。

5.2.2.3　海漫下游的局部冲刷计算

为了防止河床冲刷，危及海漫安全，在海漫末端设置一道防冲槽。计算的最大冲刷深度 $d_m = 2.0$ m。因此，设计防冲槽深 2 m，长 10 m。

5.3　闸基防渗排水设计

5.3.1　地下轮廓的确定

由于闸基为砂卵砾石地基，而水闸上下游水位差较小，所需要的地下轮廓线长度较短，故在上游连接段河床底部采用浆砌石护底，利用闸室底板和消力池斜坡段防渗，在消力池底部水平段设排水。

5.3.2　地下轮廓线长度的确定

根据《水闸设计规范》(SL 265—2016)，闸基防渗长度应满足：

$$L = C\Delta H \tag{6-18}$$

式中　ΔH——上下游水位差，取 2.1 m；

C——允许渗径系数，取 6。

故 $L = 6 \times 2.1 = 12.6$(m)。

闸底板长度为 7 m，消力池斜坡段水平投影长 5 m，实际地下轮廓线长度为 15.24 m，满足要求。

5.3.3　渗透压力计算

采用《水闸设计规范》(SL 265—2016)中的改进阻力系数法计算。

闸基地下轮廓从上游至下游各关键点渗透压力(水位差 $H = 2.1$ m)计算结果见表 6-13。

表6-13 渗透压力水头计算结果

关键点	1	2	3	4	5	6	7	8
水头 H_i(m)	2.1	1.67	1.53	1.39	0.7	0.56	0.39	0.01

5.3.4 抗渗稳定验算

冲沙闸抗渗稳定验算公式同溢流坝部分。

5.3.4.1 水平段渗透坡降

$$J = H/L = 2.1/15.24 = 0.138$$

根据地质资料,水平段的渗透坡降允许值$[J]=0.15$。计算结果:$J<[J]$,满足防渗要求。

5.3.4.2 出口段渗透坡降

出口段渗透坡降值按下式计算:

$$J = \frac{h_0'}{S} = \frac{0.39}{2} = 0.195$$

管涌破坏出口允许渗透坡降值$[J]=0.2$,计算结果:$J<[J]$,满足防渗要求。

5.4 冲沙闸结构设计

冲沙闸由进口段、闸室段、出口段等部分组成。

进口段:长38 m,底板为浆砌石铺盖,厚0.6 m,底板高程847.4 m。导流墙为M7.5浆砌石结构,墙顶高程850.0 m,顶宽1.0 m,底宽3.1 m。为了适应变形设两道横缝,导流墙和底板之间设纵缝。缝宽2 cm,缝间止水采用651型橡胶止水带,沥青油毡、沥青砂浆填缝。

闸室段:长7.0 m,设3孔,每孔宽4.0 m,闸底板高程847.4 m,与主河床基本齐平。上下游设齿墙深2.0 m,以满足渗径要求。闸墩和底板采用C20钢筋混凝土结构,边墩厚1.0 m,中墩厚1.1 m,上下游为半圆形墩头,闸底板厚1.0 m,闸墩高6.8 m,顶部高程854.2 m,高于校核洪水位50 cm。采用钢闸门,卷扬机启闭机。闸墩顶部盖板作为检修平台,板厚20 cm,在闸墩下游设人行桥,桥面高程851.0 m,宽1.3 m,板厚15 cm。工作平台布置在钢筋混凝土排架上,平台高程为858.4 m,上部设有排架梁及钢筋混凝土楼板,并设悬挑走道板,悬挑宽度1.2 m,排架柱尺寸为0.3 m×0.5 m,排架梁尺寸为0.3 m×0.5 m,板厚0.15 m。工作平台上设启闭机室,启闭机室为砖混结构,墙厚0.24 m,净高3.0 m,平面尺寸为15.5 m×3.7 m。室内布置6台卷扬启闭机,以起吊钢闸门。启闭机室与厂区地面之间采用钢梯连接,钢梯高4.62 m。

出口段:消力池采用C20钢筋混凝土结构,斜坡段采用1:5的坡度,斜坡段水平投影长5.0 m,水平段长16.6 m,池深0.7 m,池底高程846.4 m,底板厚0.8 m,下设C10素混凝土垫层,厚10 cm。为了减小池底部的渗透压力,在底板内布置ϕ50PVC排水管,间排距均为2.5 m。在底部铺筑反滤层,粒径为5~20 mm的厚25 cm、粒径为1~5 mm的厚15 cm。为消除余能,消力池后布置海漫,前段为浆砌石海漫,长9.6 m,厚0.6 m;后段为塑料格栅石笼海漫,长20 m,厚1.0 m,底板高程847.1 m。末端设置深2.0 m、长10 m的抛石防冲槽。

5.5 结构稳定计算

根据《水闸设计规范》(SL 265—2016),闸室稳定计算应满足抗滑、抗浮和基底应力的要求。计算时的荷载组合见表6-14。

表6-14 荷载组合

荷载组合	工况	自重	水压力	扬压力	泥沙压力	地震力
基本组合	完建期	√				
	正常挡水位849.0 m	√	√	√	√	
	正常挡水位853.2 m	√	√	√	√	
	设计洪水位853.2 m	√	√	√	√	
特殊组合	正常挡水+地震	√	√	√	√	√
	校核洪水位853.7 m	√	√	√	√	

5.5.1 闸室基底应力计算

$$\sigma_{\min}^{\max} = \frac{\sum G}{A} \pm \frac{6\sum M}{AB} \tag{6-19}$$

式中 σ——底板上下游端的基底应力;

A——底板的面积;

B——底板顺水流方向的宽度;

$\sum G$——作用在闸室上的全部竖向荷载之和;

$\sum M$——作用在闸室上的全部竖向和水平荷载对基础底面垂直水流方向的形心轴的力矩。

5.5.2 闸室沿基础底面的抗滑稳定安全系数

$$K_c = \frac{f\sum G}{\sum P} \tag{6-20}$$

式中 K_c——抗滑稳定安全系数;

f——基础底面与地基之间的摩擦系数,取$f=0.4$;

$\sum P$——作用在闸室上的全部水平荷载之和;

$\sum G$——作用在闸室上的全部竖向荷载之和。

5.5.3 抗浮稳定计算

$$K_f = \frac{\sum V}{\sum U}$$

式中 K_f——闸室抗浮稳定安全系数;

$\sum V$——作用在闸室上的全部向下的铅直荷载之和;

$\sum U$——作用在闸室基础底面上的扬压力。

5.5.4 各种工况的计算结果

计算结果见表6-15。

表6-15 稳定计算结果

荷载组合	工况	σ_{max}	σ_{min}	$\frac{\sigma_{max}}{\sigma_{min}}$	K_c	K_f
基本组合	完建期	7.84	7.78	1.01		
	正常挡水位	6.74	6.18	1.09	2.71	4.11
	设计洪水位	6.27	3.51	1.78	3.84	1.72
特殊组合	正常挡水+地震	8.14	4.78	1.7	2.19	4.11
	校核洪水位	5.99	3.47	1.73	4.5	1.64

根据《水闸设计规范》(SL 265—2016),基本组合:$\left[\frac{\sigma_{max}}{\sigma_{min}}\right]=1.5$,$[K_c]=1.2$,$[K_f]=1.1$;特殊组合:$\left[\frac{\sigma_{max}}{\sigma_{min}}\right]=2.0$,$[K_c]=1$,$[K_f]=1.05$;地基的允许承载力:$[\sigma]=20\sim4$ t/m^2,以上计算结果均在允许范围之内,满足工程要求。

5.6 冲沙闸配筋计算

5.6.1 闸底板配筋计算

冲沙闸基础坐落在砂砾石地基上,按弹性地基梁法进行计算。闸底板受到的荷载有自重、闸墩上部结构重(包括排架、启闭机室和启闭设备)、检修平台重、水压力、土压力、扬压力、地基反力。

取1 m宽板条作为结构计算单元。以闸门为界,将闸室分为上、下游段,各自承担其段内上部结构重量和其他荷载。

计算工况为:完建期、正常运行期和非常运行期。

计算结果表明非常运行期为最不利情况。内力计算结果为:上游段 $M_{max}=48.56$ t·m;下游段 $M_{max}=49.39$ t·m。因上、下游最大正弯矩相差不大,故底板底层采用相同的配筋;面层按构造钢筋配置。

底板配筋:底板下层纵向Φ 16@200,横向Φ 25@200,底板上层纵横向都为Φ 16@200。

5.6.2 闸墩和检修平台配筋

边墩厚1.0 m,中墩厚1.1 m,高6.8 m,右边墩挡土高度6.3 m,混凝土强度等级C20。把闸墩视为固结在底板上的悬臂梁,按偏心受压构件计算。

闸墩受到的荷载有:自重、闸墩上部结构重(包括排架、启闭机室和启闭设备)、检修平台重、上下游水压力、侧向水压力以及水平地震力等,边墩计算时还要考虑土压力。

计算工况为:完建期、正常挡水期、一孔挡水临孔过水。

计算结果为右边墩受力钢筋Φ 18@200,其余闸墩按构造配筋,竖向筋Φ 16@200,水平筋:门槽处Φ 16@200,其余部位Φ 12@200。

检修平台是位于闸墩顶部的钢筋混凝土现浇板,与闸墩整体浇筑,混凝土强度等级C20,板厚15 cm,所受荷载有施工荷载、闸门自重和人群荷载,按两面固结的平面板进行结构计算。下层配置受力筋Φ 12@200,配置分布筋Φ 8@200;上层支座处设Φ 12@125的负弯矩筋,配置分布筋Φ 8@200。

5.7 细部构造

5.7.1 止水设计

在水闸底板与护底、消力池之间以及护底本身的分缝都要设置水平止水,止水选用651型橡胶止水带(见图6-8)。

5.7.2 下游翼墙

采用重力式浆砌石结构型式,与护坦之间设水平止水(见图6-9)。

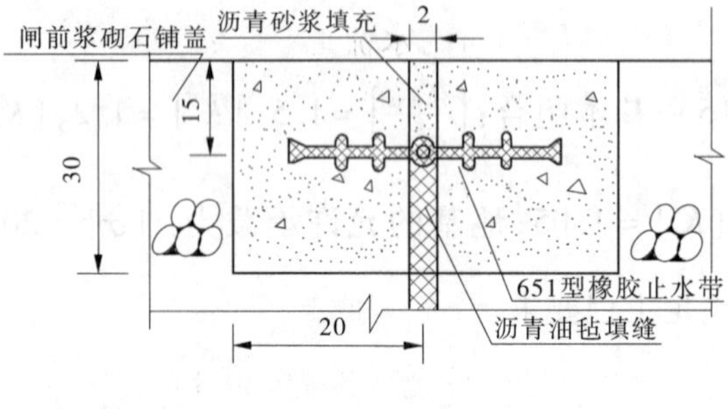

图6-8 水平止水详图 (单位:cm)

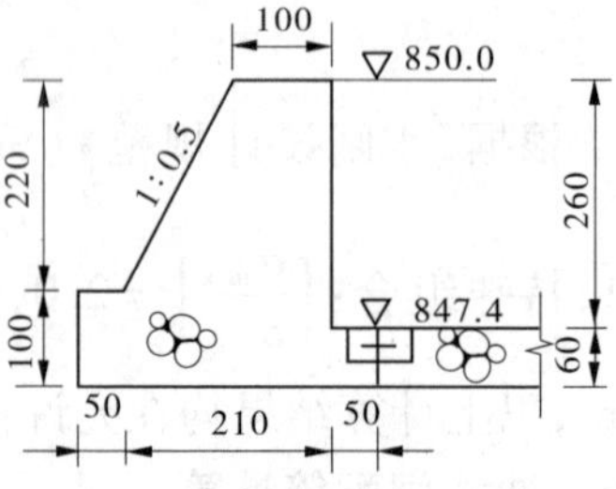

图6-9 翼墙结构型式 (单位:cm)

6 施工组织设计

6.1 导流方案

根据工程布置的特点和工期要求,首部引水枢纽建筑物施工均采取分期施工导流的方式。本工程临时性建筑物为5级,土石围堰设计洪水标准为非汛期10年一遇,围堰均为非汛期围堰。Ⅰ期围堰完成冲沙闸及部分溢流坝工程,围堰外挖引渠导流;Ⅱ期围堰与冲沙闸导墙连接修筑上下游围堰,已筑成的冲沙闸做导流通道,完成溢流坝工程。

6.2 施工总体布置

沁河提水枢纽工程生活区与生产系统分离,生活区布置在泵站上游侧较为开阔的台地上,设置办公用房、宿舍、食堂等。

6.3 施工总进度

施工总进度安排:首部枢纽安排在第一年9月开工,一年内完成全部工程。

提水枢纽工程进度安排:施工准备为1~2个月。根据导流时段安排,冲沙闸和引水渠必须在汛前完成,潜坝工程量不大,安排在第二个枯水期完成。泵站及其附属工程量较大,但其所处位置不受汛前洪水影响,故可以按合理强度及时间安排,汛前也可施工。

项目7 水工隧洞

任务1 概 述

1 水工隧洞的作用与类型

水工隧洞是为了满足水利工程任务而在山体中开凿的水流通道。在水利水电工程中,也建有交通隧洞、通风隧洞等不过水隧洞,这些隧洞与普通隧洞相同,不属于水工隧洞。

水工隧洞在水利水电工程中应用广泛。据不完全统计,国内外洞长在10 000 m以上的引水隧洞有30余条,断面面积在200 m^2 以上的也有30余条。我国已建造400多条较大的水工隧洞。

二滩水电站左右岸溢洪道,孔口高13.5 m,宽13 m,分别长848 m和1 129 m,最大泄流量为7 600 m^3/s。

1.1 水工隧洞的作用

(1)配合溢洪道宣泄洪水,有时也可作为主要泄洪建筑物之用。

(2)引水发电,或为灌溉、供水、航运和生态输水。

(3)排放水库泥沙,延长水库使用年限,有利于水电站等的正常运行。

(4)放空水库,用于人防和检修建筑物。

(5)在水利枢纽施工期间用来导流。

1.2 水工隧洞的类型

1.2.1 按其功用分类

(1)泄水隧洞。主要用于下泄洪水。

(2)引水和输水隧洞。用于电站、灌溉、工业及生活用水的引取和输送。

(3)排沙隧洞。又叫冲沙隧洞,排沙隧洞排除淤积在水库中的泥沙,延长水库的寿命;避免泥沙淤积渠道或磨损水轮机。排沙洞的进口高程比渠道或电站进口高程低。排沙洞在洪水期利用泄水冲沙。

(4)导流隧洞。施工导流期间临时过水,也可与永久泄洪隧洞相结合。

(5)放空隧洞。用于放空水库。放空隧洞的进口高程低于死水位,并且要有一定的埋置深度。

(6)发电尾水隧洞。多用于地下厂房水电站。云南澜沧江大朝山水电站右岸地下厂房,2条尾水隧洞长1 250~1 350 m,内径15 m。

(7)通航隧洞。因造价太高,除规模较小者外,国内外很少采用。

在水利水电枢纽中,水工隧洞的造价较高,工程量大,往往布置困难。如果能够一洞多用,有利于减少工程投资。比如将施工期的导流隧洞后期改建为泄洪隧洞,将发电隧洞和泄洪隧洞的大部分合用一洞,将排沙隧洞与放空隧洞合用一洞等。

1.2.2　按洞内水流流态分类

按隧洞内的水流流态,水工隧洞分为有压隧洞和无压隧洞。

有压隧洞在过水时洞内充满水流,洞顶承受一定的水压力。有压隧洞没有自由水面,水流流态较好。但是,洞内水压力高,需要坚硬的岩石来抵抗水压力,否则不经济。有压隧洞适用于地质条件好的情况。无压隧洞的洞内有自由水面,洞顶不承受水压力。无压隧洞的衬砌承受的水压力较小,但过流时水流流态较复杂。

有压隧洞和无压隧洞在工程布置、水力计算、受力条件及运行条件等方面差别较大,工程中采用何种形式应当经过经济比较后确定。水工隧洞在设计和使用中要避免时而有压、时而无压的明满流交替情况发生,这时,水流拍打洞顶,掺气不充分,容易产生振动、空蚀等,对泄流不利。

发电引水隧洞一般是有压隧洞,通航隧洞只能是无压隧洞,泄水隧洞可以是有压隧洞,也可以是无压隧洞。

1.2.3　泄水隧洞按其布置形式分类

泄水隧洞按其布置型式分为:表孔无压洞、深孔无压洞、深孔有压洞、深孔有压－无压洞等。

1.2.3.1　表孔无压洞

进水口位于水库表面,整个隧洞在泄水过流时均为无压状态。表孔无压洞的作用和工作状态与开敞式溢洪道相同,工作闸门布置在进口段。泄水时,洞内需要的空气可以直接从洞口进入。

采用这种型式的有广东流溪河水电站(见图 7-1)、湖北西北口水电站。

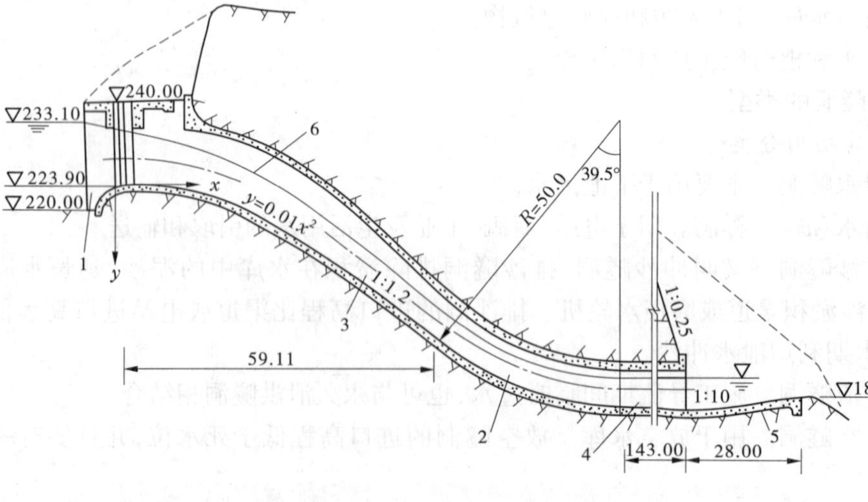

1—开敞式进水口;2—反弧段;3—斜井段;4—斜坡段;5—消能段;6—洞内水面线

图 7-1　流溪河表孔无压泄水隧洞剖面图　(单位:m)

1.2.3.2 深孔无压洞

隧洞的进口淹没于水下一定深度处，洞口高程较低，除泄洪外，还可以完成放空、冲沙等任务。深孔无压洞在泄水时，隧洞的上游进口有一段不长的有压段，洞内大部分为无压明流状态，如图7-2所示为刘家峡深孔无压泄洪隧洞剖面图。

深孔无压洞的工作闸门与检修闸门均在进口，布置紧凑，但结构相对较复杂。工作闸门安装在隧洞进口处，可以局部开启，改变泄流量。闸门关闭时，洞内无水，使用时需要向洞内充分通气。无压洞的水面流态难于控制，特别是有弯道时更需要精心设计，否则容易发生气蚀、振动等工程问题。

1.2.3.3 深孔有压洞

深孔有压洞过流时全洞充满水流，洞内流态平顺。有压隧洞的工作闸门一般位于隧洞出口处，启闭方便灵活，充气充分，能够局部开启，调节控制下泄流量，如图7-3所示。但有压洞在不泄水时洞内充满水流，承受上游全水头，对隧洞衬砌不利，要求围岩坚硬完整。为了保证安全，隧洞长期不工作时应关闭上游进口闸门，放空隧洞。深孔有压洞如果将工作闸门设于进口处，只能全开全闭，无法调节泄流量。而且在开启的过程中，洞内流态从无压过渡到有压，容易产生拍打洞壁等问题。

1.2.3.4 深孔有压－无压洞

泄水隧洞的工作闸门可以放置在隧洞中间任何位置。当工作闸门放置在隧洞中部时，闸门的上游段为有压隧洞，下游段为无压隧洞。这种布置型式常用于以下情况之一：①隧洞的进出口岩石条件较差，不宜布置闸门，在隧洞中部选择一处岩石条件好的位置布置闸门，可以改善受力条件，降低门井工程量。②隧洞洞线弯曲，工作闸门布置在弯曲段下游，改善全洞水流流态。

小浪底导流隧洞采用“龙抬头式”改建成泄洪洞，工作闸门布置在隧洞中部。闸门上游设置三道孔板式消能工，改善弯曲段压力分布，降低洞内流速，避免高速含沙水流的磨损，如图7-4所示。

湖北古洞口水电站，左岸泄洪洞全长415 m，弧形工作闸门设于隧洞中部，上游有压段有一弯曲段，长184 m，洞径8 m。

2 水工隧洞的工作特点

水工隧洞是地下建筑物，其设计、建造和运行条件，与承担类似任务的建于地面的水工建筑物相比有以下几个特点。

2.1 结构特点

隧洞洞身是在岩层中开凿而成的。开凿后，隧洞周围岩体的应力平衡状态受到破坏，岩体可能产生变形和崩塌，常需设置临时性支护或永久性衬砌，以承受围岩压力，保持围岩的稳定，围岩压力与岩体承载能力的大小，主要取决于地质条件。此外，对有压隧洞，衬砌还要承受较大的内水压力及外水压力，故衬砌应有足够的强度与抗渗性。因此，应使隧洞尽量避开软弱岩层和不利的地质构造。

2.2 水流特点

隧洞洞身位于深水下，工作闸门是高压闸门，开启时，洞内流速很高，如果过水轮廓体

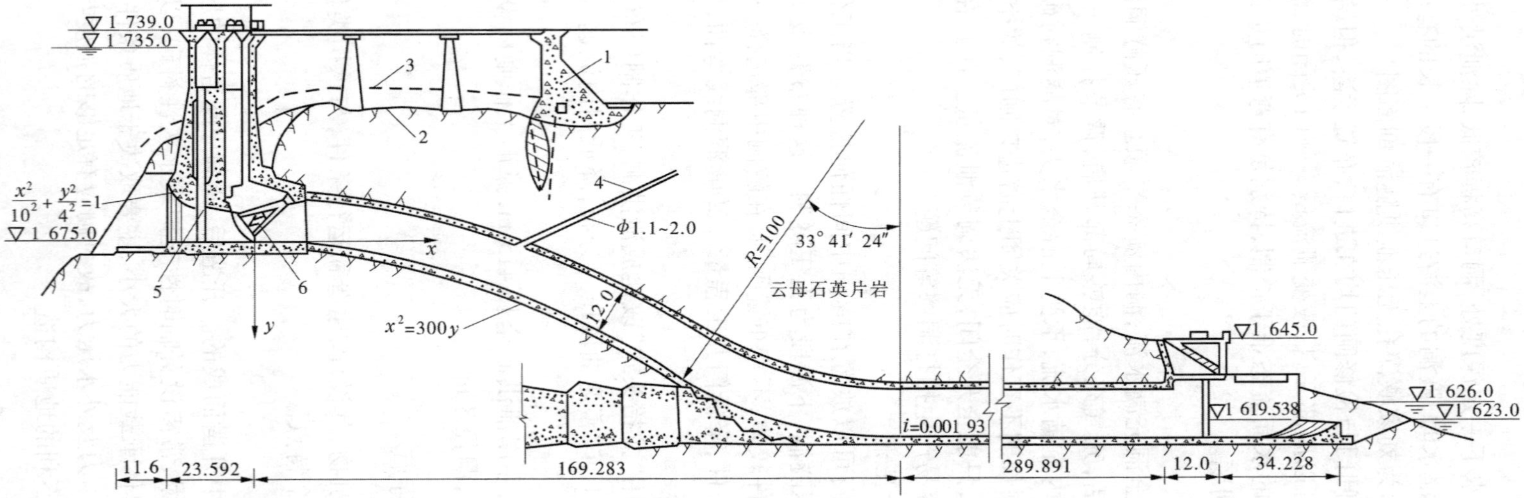

1—混凝土坝；2—岩面线；3—原地面线；4—通风洞；5—检修门槽；6—弧形闸门

图 7-2　刘家峡深孔无压泄洪隧洞剖面图（单位:m）

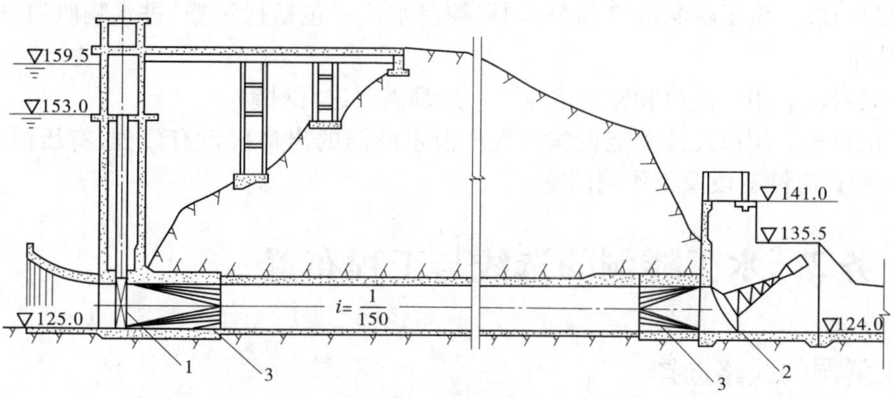

1—平面检修闸门;2—弧形工作闸门;3—渐变段

图 7-3 密云走马桩深孔有压泄水隧洞剖面图

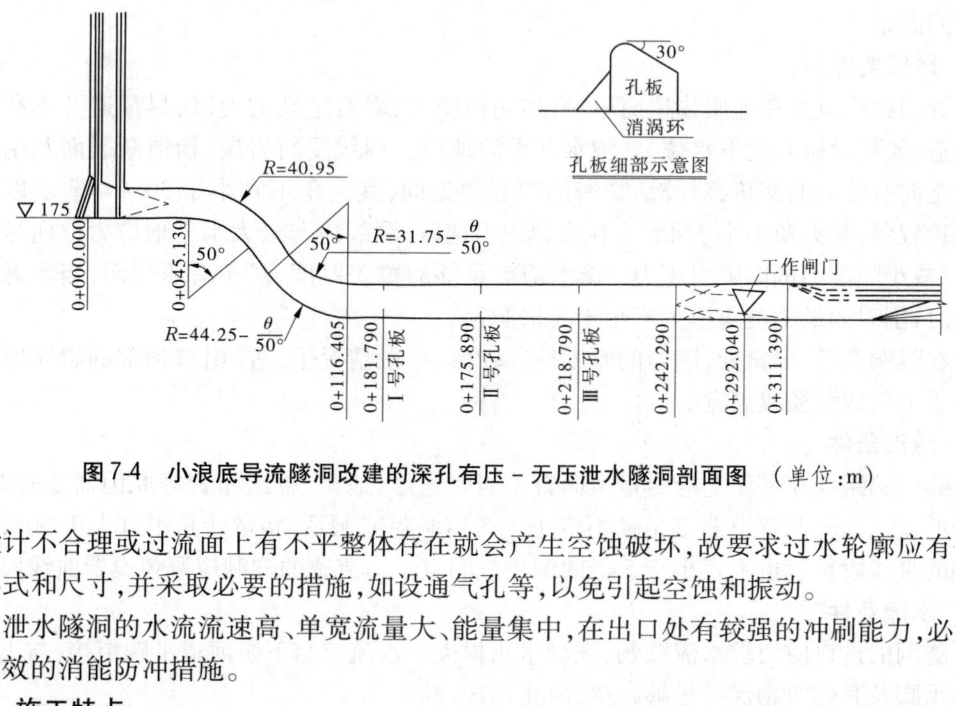

图 7-4 小浪底导流隧洞改建的深孔有压－无压泄水隧洞剖面图 （单位:m）

形设计不合理或过流面上有不平整体存在就会产生空蚀破坏,故要求过水轮廓应有合理的形式和尺寸,并采取必要的措施,如设通气孔等,以免引起空蚀和振动。

泄水隧洞的水流流速高、单宽流量大、能量集中,在出口处有较强的冲刷能力,必须采取有效的消能防冲措施。

2.3 施工特点

隧洞洞身断面小,施工场地狭窄,洞线长,施工作业工序多,干扰大,工期一般较长。尤其是兼有导流任务的隧洞,其施工进度往往控制着整个工程的工期。因此,加快施工进度在隧洞工程建设中需要引起足够的重视。地下工程与地面工程不同,如果在运用中出现问题或过水断面不足,要进行加固或扩大断面是很困难的。因此,必须保证质量,安全可靠,并留有一定余地。

3 水工隧洞的组成

水利枢纽中的泄水隧洞主要包括下列三部分:

(1)进口段。位于隧洞进口部分,用以控制水流。包括拦污栅、进水喇叭口、闸门室及渐变段等。

(2)洞身段。用以泄放和输送水流。一般都需要进行衬砌。

(3)出口段。用以连接消能设施。无压泄水隧洞的出口仅设有门框,有压泄水隧洞的出口一般设有渐变段及工作闸门室。

任务2 水工隧洞的选线与工程布置

1 水工隧洞的线路选择

隧洞的路线选择关系到工程造价、施工难易、工程进度、运行可靠性等方面。影响隧洞线路选择的因素很多,如地质、地形、施工条件等。隧洞的线路选择主要考虑以下几个方面的因素。

1.1 地质条件

隧洞路线应选在地质构造简单、岩体完整稳定、岩石坚硬的地区,尽量避开不利的地质构造,要尽量避开地下水位高、渗水严重的地段。洞线要与岩层、构造断裂面及主要软弱带走向有较大的交角,对胶结紧密的厚岩层走向,其夹角不宜小于30°;对薄层以及层间连接较弱,其夹角不小于45°。在高地应力地区,洞线应与最大水平地应力方向尽量一致,以减小隧洞的侧向围岩压力。隧洞应有足够的覆盖厚度,对于有压隧洞,当考虑弹性抗力时,围岩的最小覆盖厚度不小于3倍洞径。

在隧洞的进、出口处,围岩的厚度往往较薄,一般情况下,进、出口顶部的岩体厚度不宜小于1倍的洞径或洞宽。

1.2 地形条件

隧洞的路线在平面上应尽量短而直。当因地形、地质、枢纽布置等原因需要转弯时,对于低流速的隧洞弯道曲率半径不应小于5倍洞径或洞宽,转弯转角不宜大于60°,弯道两端的直线段长度也不宜小于5倍的洞径或洞宽。高流速的隧洞应避免设置曲线段。

1.3 水流条件

隧洞的进口应力求水流顺畅,减少水头损失。水流应与下游河道平顺衔接,与土石坝下游坝脚及其建筑物保持足够距离,防止出现冲刷。

1.4 施工条件

洞线选择应考虑施工出渣通道及施工场地布置问题。对于长隧洞,还应注意利用地形、地质条件布置施工支洞、斜洞、竖井,增加总工作面,加快施工进度。

此外,洞线选择应满足枢纽总体布置和运行要求,避免在隧洞施工和运行中对其他建筑物产生干扰。如渠道上的输水隧洞,其洞线选择要和整个输水渠道线路布置统筹考虑。

2 水工隧洞的工程布置

水工隧洞布置的主要内容包括:确定进、出口高程以及拟定纵剖面布置;选定闸门在隧洞中的位置;通过技术经济比较,确定是一洞专用还是一洞多用。

2.1 隧洞进、出口的布置

2.1.1 隧洞进口高程的确定

隧洞进口高程应根据隧洞的用途及实际运用要求来确定。发电引水隧洞的进口,顶部高程应在水库最低工作水位以下0.5~1.0 m,底部应高出水库淤沙高程最少1.0 m以上;灌溉隧洞的进口高程应保证在水库最低工作水位时,能引入设计流量,应满足引水高程的要求,并应与下游灌区布置在同一侧;排沙洞应设置在需要排沙的发电、灌溉引水洞进口附近,其高程宜较低;用于放空水库和施工导流的隧洞进口高程一般都较低。

进口的进水方式有深水进口式和表孔溢流式两种。深式进水口的隧洞,可以是无压的或有压的,这种布置形式与重力坝上的泄水孔布置形式相似。表孔溢流的进口布置方式与岸边溢洪道相似,只是用隧洞代替了泄槽,泄水时,洞内为无压流。

2.1.2 隧洞的出口布置

隧洞的出口布置应保证水流下泄安全及出流平稳,对于有压隧洞,出口断面面积应小于洞身断面面积,以保持洞内有较大的正压。出口的断面面积宜收缩为洞身断面面积的80%~90%,收缩方式采用洞顶压坡的形式。

隧洞的出口应通过技术经济比较选择消能防冲方式。对于高流速、高水头、大流量的泄水隧洞,常为挑流消能。

2.2 隧洞的纵坡和洞内压力或空间裕幅选择

纵坡的选择主要考虑水力条件、运行维修及施工条件,并通过技术经济比较选定。纵坡沿程不宜变化过多,一般不宜设平坡,要避免设反坡。对于有压隧洞,其纵坡主要从施工运输、排水及检修等方面考虑。

在选择隧洞进、出口高程及纵坡时,对有压隧洞,尚应使洞顶有一定的压力裕幅。一般在最不利的运行条件下,隧洞全线洞顶以上的压力裕幅不宜小于2 m水头。对于长隧洞,该值尚需适当增加。若不满足上述要求,可采取降低隧洞设置高程、收缩出口断面尺寸等措施,以提高洞身压力。对于无压隧洞,为保证其无压状态,洞的断面尺寸和纵坡应按最大流量设计,并在水面以上留出必要的净空裕幅。净空面积应不小于断面面积的15%,且水面上净空裕幅不小于40 cm。对于高速无压隧洞,应考虑掺气的影响,掺气后水面以上的净空面积应为断面面积的15%~25%,且水面线不超出直墙范围(圆拱直墙式)。渠道上的无压隧洞有通航任务时,水面上的净空尚应满足通航要求。

2.3 闸门位置布置

闸门在隧洞中的位置选择,应根据隧洞担负的任务、所选定的水流状态(有压或无压)、地形及地质条件、运用管理的要求等,通过技术经济比较后确定。水工隧洞中的闸门按其工作性质分为工作闸门、检修闸门及事故闸门。

工作闸门主要用于调节流量和控制孔口,应能在动水中启闭。它可以布置在进口、出口或洞中其他适宜位置上。工作闸门布置在进口,隧洞一般为无压流。其优点是,工作闸门与检修闸门均在首部,运用管理方便。工作闸门如布置在出口,则全洞为有压流。其优点是,洞内水流平稳,门后通气条件好,便于部分开启调节流量。缺点是,检修闸门与工作闸门分设于隧洞首尾,管理不便。

检修闸门是在检修主闸门或洞身需要挡水时采用的。设于工作闸门的上游。如设在进口处，整个隧洞洞身的检修更为方便。有时根据下游水位情况，在隧洞出口处也设有叠梁检修闸门。检修闸门一般在静水中启闭。

事故闸门是在工作闸门、隧洞及设备发生事故时，能在动水中关闭的闸门。当需快速关闭时，也称为快速闸门。

2.4 多用途隧洞的布置

为了减小工程量，降低工程造价，往往考虑一洞多用或临时任务与永久任务相结合的布置方式。

2.4.1 泄洪洞与导流洞合一布置

在已建工程中较常采用。导流洞的进口高程较低，而泄洪洞进口高程可以较高，常在施工导流任务完成后，将导流洞前段堵塞，而在原导流洞口的上方另设进口，由上部进口向后，隧洞底坡设计为抛物线形式，然后接一反弧段与原导流洞相衔接。这种布置形式在工程上常形象地称为“龙抬头”形式，如图7-2所示。

2.4.2 泄洪洞与发电洞合一布置

泄洪洞与发电洞的合一布置是在洞前段共用一洞，在后段分岔为两个洞分别来泄洪与发电。对于泄洪量大、经常使用的泄洪洞或重要的水电站，不宜采用这种布置方式。

2.4.3 发电与灌溉隧洞的合一布置

发电与灌溉隧洞合一布置，水轮机尾水后接灌溉渠道，利用发电尾水进行灌溉。由于发电是经常性的，而灌溉用水是季节性的，所以应在发电尾水的后面设置一弃水设施，将不需灌溉时的发电尾水排入下游河道。

任务3 水工隧洞各组成部分的型式和构造

1 进口建筑物的型式和构造

1.1 进口建筑物的型式

1.1.1 坝式

进口建筑物是坝的一部分，多用于混凝土坝。如乌江渡水电站右岸泄洪洞、天生桥二级水电站引水隧洞、刘家峡右岸地下厂房引水隧洞。

1.1.2 塔式

在山坡前的水库中，修建独立位于隧洞之外的钢筋混凝土塔。塔的型式有封闭式和开放式。封闭式的塔身横断面是矩形、圆形或其他形状。大中型水电站的泄水隧洞多采用矩形，发电和供水隧洞常采用圆形。塔顶设置操纵室和启闭机。

塔式进水口适用于隧洞进口处岸坡低缓，岩石条件较差，覆盖层较厚的情况。这种进水口在闸门关闭后可以对整个隧洞进行检修，可以分层引取不同深度的库水。但是，进水塔远离岸边，需要较长的工作桥；塔身结构承受风浪、地震影响大。

例如二滩水电站，六个塔式进水口在平面上布置成直线形，设于坝上游左岸，塔高85 m，宽27 m，后接直径9 m的压力管道，如图7-5所示。

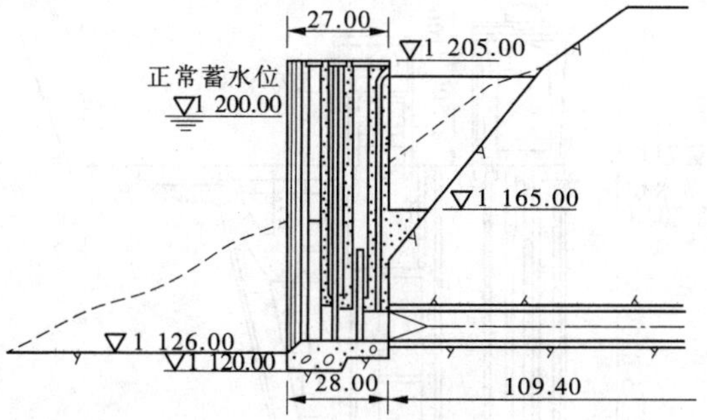

图7-5 二滩水电站塔式进水口 (单位:m)

1.1.3 竖井式

在隧洞进口附近的岩体中开凿竖井。竖井的结构简单;竖井全部置于岩体中,受风浪、地震影响小,受力条件好;但是,竖井开挖较困难,竖井前的隧洞检修困难。它适用于地质条件较好的情况。

国内采用竖井式进水口的有浙江湖南镇水电站等,如图7-6所示。

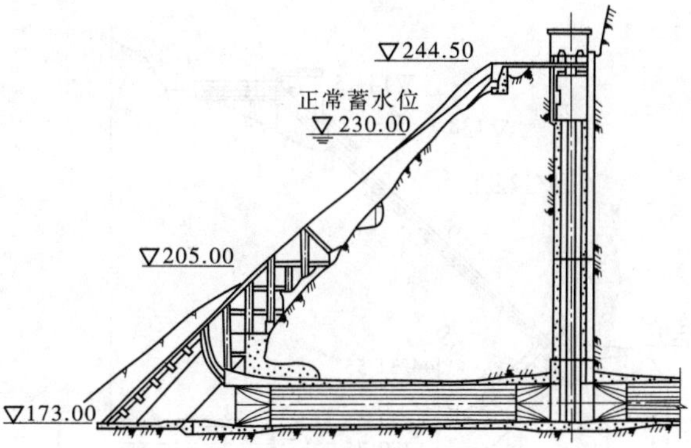

图7-6 湖南镇水电站竖井式进水口

1.1.4 岸塔式

进水塔依靠在开挖后的洞上,其下部紧靠岸坡,稳定性较好,甚至可以对岩坡起一定的支撑作用。岸塔式进水口施工安装方便,工作桥较短。它适用于岸坡较陡、岩石较坚固稳定的情况。

国内采用岸塔式进水口的有吉林松花江白山水电站、甘肃白龙江碧口水电站(见图7-7)、云南黄泥河鲁布革水电站等。

1.1.5 斜坡式

在较为完整坚硬的山坡上进行开挖,闸门轨道直接安装布设在斜坡衬砌上,上部有闸门操作平台和启闭机。斜坡式进水口结构简单,施工方便,稳定性好,造价省;但闸门面积要加大,关门时常需要加压重以保证闸门下降。斜坡式进口建筑物适合于岸坡岩体条件好的中小型工程中发电引水隧洞,或泄流量不大的泄洪隧洞。

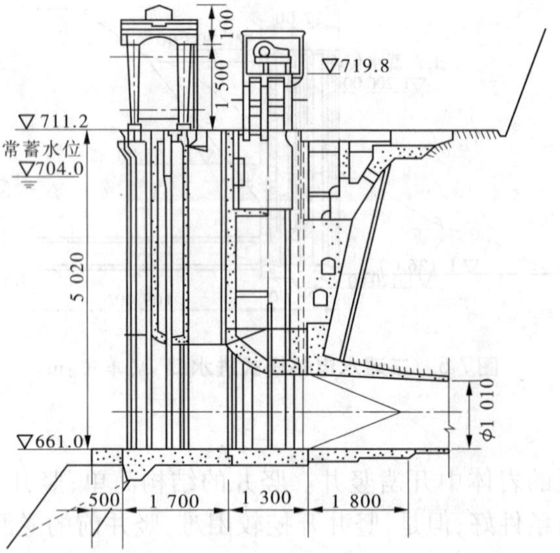

图 7-7　碧口水电站岸塔式进水口　（单位：mm）

采用这种形式的有安徽响洪甸水电站(见图 7-8)、安徽梅山水库等。

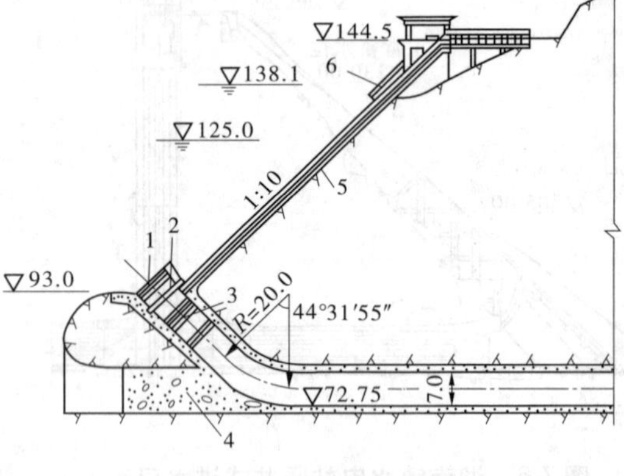

1—进口喇叭口；2—检修闸门；3—渐变段；
4—堵头；5—通气孔；6—贮门罩

图 7-8　响洪甸斜坡式进水口　（单位：m）

1.1.6　组合式

根据地形地质条件和施工条件，将某两种型式组合在一起。如三门峡水电站一号排沙洞，下部为井，上部为塔，如图 7-9 所示。

1.2　进口建筑物的构造

进口建筑物包括喇叭口、闸室、渐变段、通气孔、平压管、拦污栅等。

1.2.1　进水喇叭口

隧洞进水口一般做成断面逐渐缩小的喇叭口形。进水口是隧洞最容易产生空蚀破坏的部位之一。如设计不当，在水头高、流速大的情况下，会导致水流与边界分离而形成低压区，进而产生空穴，造成空蚀破坏，故应特别注意其体形设计。隧洞进口为顶板和边墙

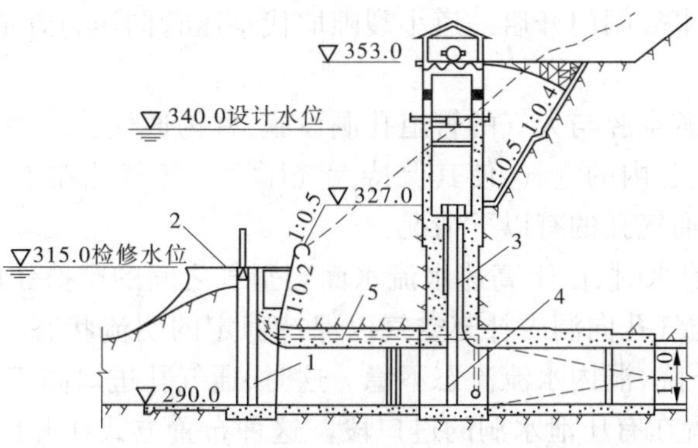

1—叠梁门槽;2—叠梁门存放平台;3—事故检修闸门井;

4—平面检修门;5—平压管

图7-9 三门峡水电站组合式进水口 (单位:m)

顺水流方向三向逐渐收缩的平底矩形断面,形成喇叭口。收缩曲线常采用1/4椭圆曲线。

1.2.2 渐变段

隧洞洞身断面多为圆形或其他形状,而闸门段由于安装闸门的需要,常做成矩形断面。喇叭口断面一般也是矩形。为使流态平顺,减小水头损失,在不同断面间应设置渐变段。我国已建隧洞多采用直线变化规律的渐变段。截面边界的最大收缩率或扩散率一般限制在1:8以内,长度以取1.5~2.0倍洞径为宜。

1.2.3 闸室

闸室段包括闸门、门槽、启闭设备等。泄水隧洞一般设有工作闸门和检修闸门。工作闸门的主要型式有平面闸门和弧形闸门。有的发电引水隧洞还设有事故闸门。

隧洞的闸门位于深水下,承受较大的水压力,一般做成高度大于宽度的所谓深窄式闸门。

小浪底孔板泄洪洞平面检修闸门,4.5 m×15.5 m(宽×高),设计工作水头85 m;中部弧形工作闸门,4.8 m×5.4 m,设计工作水头140 m,总水压力62 550 kN。

1.2.4 平压管

向检修闸门与工作闸门之间输水充水的管道称为平压管,又叫旁通管。平压管的功用是:使检修闸门的上、下游水压力平衡,以减小启门力。检修闸门设置在隧洞上游,在检修闸门和工作闸门之间具有一定空间。检修前,检修闸门在静水中放下并封堵洞口,然后将两个闸门之间的水放掉才能进行检修。检修完毕后,关闭工作闸门,这时,需要通过平压管向两个闸门之间充水,使检修闸门的上下两侧的水压力相等后,开启检修闸门。

平压管一般从上游水库取水,依靠库水压力自流进入检修闸门与工作闸门之间的空腔。水工隧洞的平压管埋设在墩墙内,用阀门控制。

平压管的直径,根据两门之间的空间所需的充水时间确定,计算充水量时尚需计入第二道闸门的漏水量。当充水量不大时,也可不设平压管。在检修闸门上设置充水阀,充水时先提起门上的充水阀,待充满后再提升闸门。水电站水轮机前的蝴蝶阀要求动水关闭、静水开启,因此也设有平压管和阀门。其平压管内径一般为输水管道过水断面面积的1%~2%。

少数水电站采用事故闸门开启一道小裂隙取代平压管向压力管道充水平压。

1.2.5　通气孔

连通隧洞闸门下游空腔与大气的管道孔洞设施，称为通气孔，又称通气管。通气孔的作用是：补充或排除空腔内的空气，使其保持大气压力。通气孔在不同的位置，其作用也有所不同。需要设置通气孔的有以下情况：

(1)深孔无压洞泄水时，由于高速水流水面与空气之间的摩擦作用，会带走大量的空气。这时，需要通过通气孔向洞内补充空气以保持稳定的明流状态。如果不通气或通气不充分，则洞内压力下降，洞内水流流态不稳。这时，通气孔进口高于水库最高静水位。

(2)工作闸门布置在有压泄水洞的进口段。这种布置方式在开启泄水时洞内充满水流，在关闭闸门时，洞内水流将从出口流空。通气孔用于补充闸门关闭过程时被水流带走的空气，以消除洞顶负压，防止或减少空蚀和振动，并减少作用于闸门上的下拖力和附加水压力。

(3)发电压力隧洞的检修(事故)闸门后，深式泄水洞的检修闸门与工作闸门之间，均需设置通气孔。在检修前排空洞内积水时，通气孔向门后补气；检修后充水平压时，通气孔向外排气，以利于检修闸门静水启闭。

发电引水隧洞快速闸门门后的通气孔面积，可按管道面积的3% ~5%选用；事故闸门后的通气孔面积可酌情减小。通气孔进出口的上端应高于水面，且设置网罩等防护设施；下端紧靠闸门背面，且在洞内最高位置。通气孔线路要少转弯、无突变，以减少气流阻力损失。

1.2.6　拦污栅

引水发电隧洞的进口要设置拦污栅，拦阻漂浮物，保护水轮机免予损坏。拦污栅可以布置成垂直的或倾斜的，便于清理。拦污栅片用型钢焊接而成。栅片间的距离根据水轮机型号及尺寸选定。

2　洞身的形式和构造

2.1　洞身断面形式

隧洞洞身断面形式选择涉及的因素很多，就水力条件而言，要求洞身断面具有平顺的轮廓，力求减小水头损失，能以最经济的断面通过设计流量；就静力条件而言，应根据围岩特性、地应力的分布特点，选择合理的断面形状和几何尺寸，以改善围岩受力条件，保持围岩稳定；同时还应照顾到施工方便等诸方面的要求。

2.1.1　无压隧洞的断面形式

无压隧洞洞身的断面形式在很大程度上取决于围岩特性和地应力分布情况，如图7-10所示，常采用城门洞形(圆拱直墙形)、马蹄形、蛋形及圆形等断面形式。

城门洞形断面(见图7-10(d)、(e)、(i)、(j))的优点是圆拱适宜承受铅直围岩压力，便于开挖和衬砌，应用较广，适用于垂直山岩压力较大，而无侧向山岩压力或侧向山岩压力很小的情况；马蹄形(见图7-10(f)、(h))及蛋形断面适用于岩石比较软弱破碎，垂直山岩压力和侧向山岩压力均较大的情况；圆形断面(见图7-10(a)、(b)、(c)、(g)、(k)、(l))适用围岩条件较差，且外水压力较大，用掘进机施工的情况。

无压隧洞的断面尺寸主要根据其泄流能力要求及洞内水面线来确定。流速较低、通气良好的隧洞,要求水面以上净空不小于洞身断面面积的15%～25%,冲击波波峰高不应超过城门洞形断面的直墙范围。在确定隧洞断面尺寸时,还应考虑到洞内施工和检查维修等对最小尺寸的要求。

2.1.2 有压隧洞的断面形式

有压隧洞承受的荷载主要是内水压力。圆形断面受力条件好,其水力特性也最佳,与其他形式断面相比,面积一定时过水能力最大。施工尚方便,最适用于掘进机开挖。当洞径和内、外水压力不大时,也可采用更便于施工的其他断面形式。洞身断面尺寸应根据隧洞用途通过计算确定。考虑到施工的需要,圆形有压隧洞,其内径不宜小于1.8 m。

有压隧洞的断面尺寸应根据泄流能力要求以及沿程压坡线情况来确定。

2.2 洞身衬砌

2.2.1 衬砌的功用

多数水工隧洞都是有衬砌的。衬砌是指沿隧洞开挖断面四周或一部分做成的人工护壁。其主要功用有:①阻止围岩变形的发展,保证围岩的稳定;②承受围岩压力、内水压力和其他荷载;③防止渗漏;④保护围岩免受水流、空气、温度、干湿变化等的冲蚀破坏作用;⑤平整围岩,减小表面糙率。

隧洞衬砌并不是在任何情况下都是必需的。当围岩坚硬完整、透水性小,且内水外渗不致影响相邻建筑物及围岩和山坡的稳定时,通过技术分析比较,也可采用不衬砌隧洞。不衬砌隧洞可显著缩短工期、减小投资、提前发挥工程效益。不衬砌隧洞用于导流、低流速放空时,有明显的经济效益,应优先研究不衬砌的可能性,但不衬砌隧洞水头损失较大。

2.2.2 衬砌的类型及基本尺寸

2.2.2.1 抹平衬砌(也称护面)

用混凝土、喷混凝土和浆砌石做成的护面,它不承受荷载,仅起到平整隧洞表面、减小糙率、防止渗漏、保护岩石不受风化的作用。

2.2.2.2 单层衬砌

单层衬砌用混凝土(见图7-10(a))、钢筋混凝土(见图7-10(b)、(c)、(d))或浆砌石等做成。单层衬砌适用于中等地质条件,隧洞断面较大,水头及流速较高的情况,混凝土和单层钢筋混凝土衬砌的厚度不宜小于25 cm,双层钢筋混凝土衬砌的厚度不宜小于30 cm,由计算核定。

2.2.2.3 喷锚衬砌

喷锚支护是喷混凝土支护、锚杆支护、喷混凝土锚杆支护、喷混凝土锚杆钢筋网支护和喷混凝土锚杆钢拱架支护等支护型式的统称。它适用于不同地层、不同断面大小、不同用途的地下洞室。喷锚支护可在洞室开挖后,紧随开挖面适时喷上一层混凝土(3～5 cm),必要时加设锚杆以稳定岩体,作临时支撑,以后再加喷混凝土至设计厚度。喷锚支护可用作临时支护,也可用作永久性支护结构。

2.2.2.4 预应力衬砌

预应力衬砌是对混凝土、钢筋混凝土衬砌的外壁施加预压应力,以便在运用时抵消内水压力产生的拉应力(见图7-10(k)、(l))。预应力衬砌多用于高水头有压隧洞。

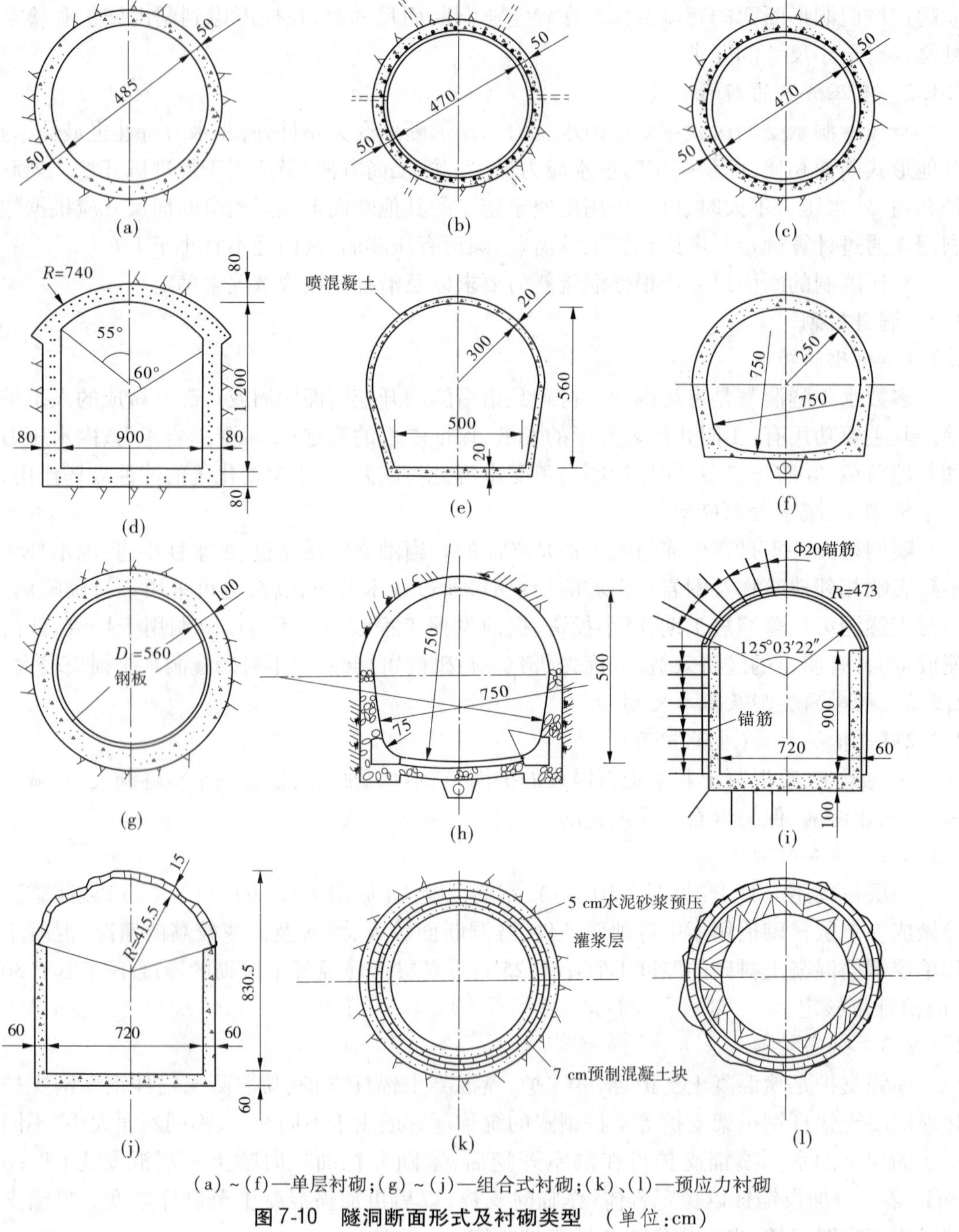

(a)～(f)—单层衬砌；(g)～(j)—组合式衬砌；(k)、(l)—预应力衬砌

图 7-10　隧洞断面形式及衬砌类型　（单位：cm）

2.2.2.5　组合式衬砌

在开挖断面周边不同部位采用不同的衬砌材料组合而成。如内层为钢板、钢筋网喷浆，外层为混凝土或钢筋混凝土（见图 7-10（g））；如顶拱为混凝土，边墙和底板采用浆砌

石(见图7-10(h));顶拱为喷锚支护,边墙及底板为混凝土及钢筋混凝土(见图7-10(i))等。

3 出口段及消能设施

有压隧洞的出口常设有工作闸门及启闭机室,闸门前有渐变段,出口之后即为消能设施。无压隧洞出口仅设有门框,其作用是防止洞脸及其以上岩石崩塌,并与扩散消能设施的两侧边墙相衔接,具体布置如图7-11所示。常见的消能方式有以下几种。

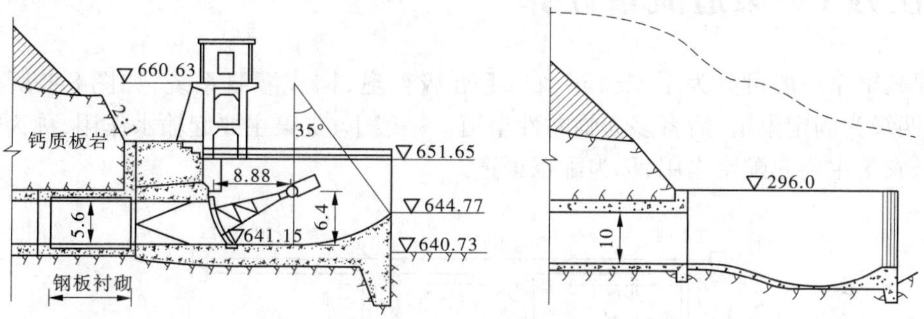

图7-11 有压隧洞与无压隧洞的出口形式 (单位:m)

3.1 挑流消能

当隧洞出口高程高于或接近下游水位,且地形地质条件允许时,采用挑流消能比较经济合理,因为它结构简单,施工方便,国内外泄洪隧洞、排沙隧洞广泛采用这种消能方式。目前,挑流鼻坎的方式主要有横向扩散挑坎、斜切式挑流鼻坎、收缩式窄缝挑坎。

3.2 底流消能

当隧洞出口高程接近下游水位时,也可采用扩散式底流水跃消能。底流消能具有工作可靠、消能比较充分、对下游水面波动影响范围小的优点,但缺点是开挖量大、施工复杂、材料用量多、造价高。

3.3 洞中突扩消能

洞中突扩消能也称为孔板消能,它是在有压隧洞中设置过流断面较小的孔板,利用水流流经孔板时突缩和突扩造成的旋滚,在水流内部产生摩擦和碰撞,消减大量能量。小浪底工程的压力泄洪洞,在直径为 $D = 14.5$ m 的洞中布置了三道孔板,孔板间距为 $3D = 43.5$ m,经过三级孔板消能,可将140 m水头消煞去60 m水头,洞内平均流速仅10 m/s。

项目 8　渠道与渠系建筑物

任务 1　渠道流量计算

灌溉渠系一般可分为干、支、斗、农、毛五级渠道，构成灌溉系统，如图 8-1 所示。其中，前四级为固定渠道，后者多为临时性渠道。一般干、支渠主要起输水作用，称为输水渠道；斗、农渠主要起配水作用，称为配水渠道。

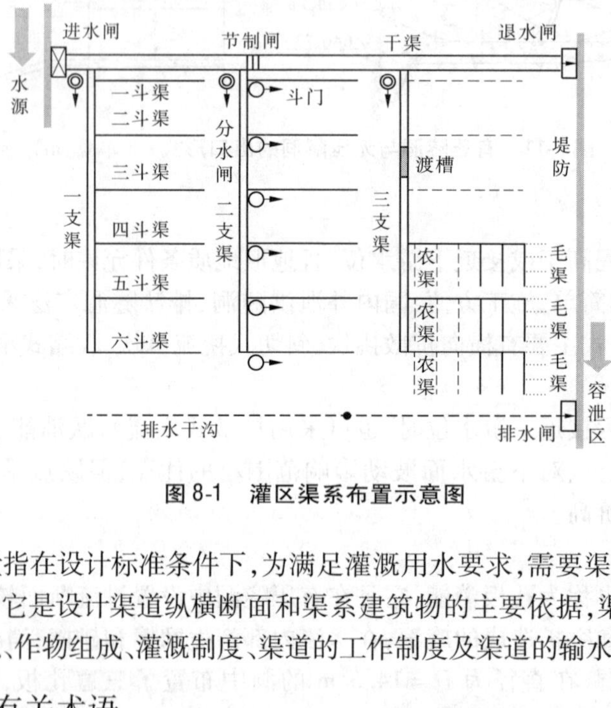

图 8-1　灌区渠系布置示意图

渠道设计流量指在设计标准条件下，为满足灌溉用水要求，需要渠道输送的最大流量，也称为正常流量。它是设计渠道纵横断面和渠系建筑物的主要依据，渠道的设计流量与渠道控制的灌溉面积、作物组成、灌溉制度、渠道的工作制度及渠道的输水损失等因素有关。

1　渠道流量的有关术语

灌溉水从渠首引入并经各级渠道送到田间，各处的流量都不相同，因而在渠道流量计算中就会遇到不同的流量术语和概念，为以后叙述方便，先介绍如下：

（1）渠道田间净流量。是指渠道应该送到田间的流量，或者说田间实际需要的渠道流量，用 $Q_{田净}$ 表示。

（2）渠道净流量和毛流量。对一个渠段而言，段首处的流量为毛流量，段末处的流量为净流量；对一条渠道来说，该渠道引水口处的流量为毛流量，同时自该渠道引水的所有下一级渠道分水口的流量之和为净流量。毛流量和净流量分别用 Q_d 和 Q_{dj} 表示。渠道的设计流量应该是毛流量。

(3)渠道损失流量。是指渠道在输水过程中损失掉的流量,用 Q_L 表示。很显然,渠道的毛流量、净流量和损失流量之间有如下的关系:

$$Q_d = Q_{dj} + Q_L \tag{8-1}$$

2 渠道输水损失及计算方法

渠道输水损失包括水面蒸发损失、漏水损失和渗水损失三部分。水面蒸发损失是指由渠道水面蒸发掉的水量,其数量很小,一般只占输水损失的1.5%左右,可以忽略不计。漏水损失是指由于地质条件不良、施工质量较差、管理维修不善以及生物作用等因素而形成的漏洞、裂隙,或渠堤决口和建筑物漏水等所损失的水量,一般占输水损失的15%左右。这些损失应该是可以避免的,如提高施工质量,加强管理养护等,其数值可以大大减少。漏水损失的具体数值,可根据渠道的实际情况估算确定,在渠道流量计算时,一般不予计入。经渠床土壤的渗水损失是渠道输水损失的主要部分,是经常存在的、不能完全避免的水量损失,一般占输水损失的80%以上。渠道的输水损失估算主要是渗水损失的估算,并把它近似地作为渠道的总输水损失。

渠道输水损失,在已成灌区的管理运用中,应通过实测确定;在新建灌区的规划设计中,可用经验公式或经验系数估算输水损失。

渗水损失是指通过渠床土壤孔隙渗漏掉的水量。影响渗水损失的主要因素有渠床土壤物理性质、渠床断面形式和渠中水深、沿渠地下水埋深和出流情况、渠道工作制度、渠道施工质量和淤积情况以及渠道的防渗措施等。另外,渠道的渗水损失还随着渠道的渗流过程而变化。现将渠道的渗流过程及渗水损失的估算方法简介如下。

2.1 渠道渗流过程

渠道渗流过程一般可分为自由渗流和顶托渗流两个阶段,见图8-2。

2.1.1 自由渗流阶段

渠道的渗流不受地下水的顶托,在渗流过程中渠道内的水流(地面水)与地下水不形成连续的水流。这种渗流情况发生在渠道开始放水的初期,或者是地下水位离地面较深以及具有良好的地下水出流条件的地区。

自由渗流又可分成两个阶段:

(1)湿润渠道下部土层的阶段。渗流水借重力和毛细管作用湿润自渠底至地下水面之间的土层。在这种情况下,渠道渗流呈不稳定状态,渗流量随湿润土层的深度与时间而变化。在地下水位不深,且地下水出流条件不好的情况下,这一阶段的持续时间很短。

(2)渠道下形成地下水峰阶段。一般在渗流的初期,由于地下水出流坡度很小,渠道的渗流量 Q_φ 大于地下水向两侧的出流量 Q_c 时,就发生地下水峰,逐渐向上扩展。

自由渗流过程中的第一个阶段,往往发生于进行轮灌的渠道,或在灌溉放水初期;自由渗流中的第二个阶段,往往发生在连续工作的渠道。

2.1.2 顶托渗流阶段

当地下水峰继续上升至渠底,地下水与地面水即连成一片,在这种情况下,渠道的渗流将受到地下水的顶托影响。连续工作的大型渠道,在地下水位不深、地下水出流很小的情况下,自由渗流阶段往往持续不久,随即发生顶托渗流。

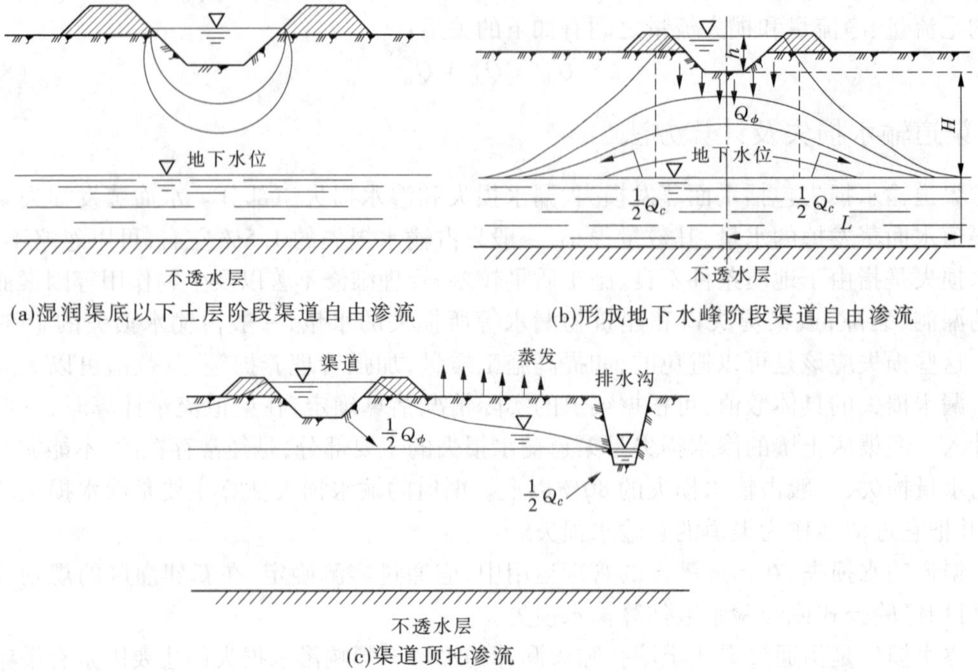

图 8-2　渠道渗流过程示意

2.2　渠道输水损失的计算

渠道输水损失，在已成灌区的管理中，应通过实测确定；在拟建灌区的规划设计中，可用经验公式或经验系数估算输水损失。

渠道输水损失流量按下式计算：

$$Q_1 = \sigma L Q_{dj} \tag{8-2}$$

式中　Q_1——渠道输水损失流量，m^3/s；

L——渠道长度，km；

σ——渠道单位长度水量损失率，%/km，应根据渠道渗流条件和渠道衬砌防渗措施分别确定：

（1）土渠不受地下水顶托的条件下，可采用下式渠道单位长度水量损失率：

$$\sigma = \frac{K}{Q_{dj}^m} \tag{8-3}$$

式中　K——渠床土壤透水性系数；

m——渠床土壤透水性指数；

σ——渠道单位长度水量损失率，%/km；

Q_{dj}——渠道净流量，m^3/s。

（2）土渠渗透受地下水顶托的条件下，可按公式（8-4）修正，即

$$\sigma' = \varepsilon' \sigma \tag{8-4}$$

式中　σ'——受地下水顶托的渠道单位长度水量损失率，%/km；

ε'——受地下水顶托的渗水损失修正系数。

(3)衬砌渠道可用公式(8-5)修正,即

$$\sigma_0 = \varepsilon_0 \sigma \tag{8-5}$$

式中 σ_0——衬砌渠道单位长度水量损失率,%/km;

ε_0——衬砌渠道渗水损失修正系数。

2.3 渠道水损失的计算系数

总结已成灌区的水量量测资料,可以得到各条渠道的毛流量和净流量以及灌入农田的有效水量,经分析计算,可以得出以下几个反映水量损失情况的经验系数。

2.3.1 渠道水利用系数

某渠道的净流量与毛流量的比值称为该渠道的渠道水利用系数,用符号 η_0 表示,可用公式(8-6)计算:

$$\eta_0 = \frac{Q_{dj}}{Q_d} \tag{8-6}$$

渠道水利用系数反映一条渠道的水量损失情况,或反映同一级渠道水量损失的平均情况。全灌区同级渠道的渠道水利用系数代表值可取用该级若干条代表性渠道的渠道水利用系数平均值,代表性渠道应根据过水流量、渠长、土质与地下水埋深等条件分类选出。

2.3.2 渠系水利用系数

灌溉渠系的净流量与毛流量的比值称为渠系水利用系数,用符号 η_s 表示。渠系水利用系数的数值等于各级渠道水利用系数的乘积,可用公式(8-7)计算:

$$\eta_s = \eta_{干} \cdot \eta_{支} \cdot \eta_{斗} \cdot \eta_{农} \tag{8-7}$$

渠系水利用系数反映整个渠系的水量损失情况。它不仅反映出灌区的自然条件和工程技术状况,还反映出灌区的管理工作水平。《灌溉与排水工程设计标准》(GB 50288—2018)规定,全灌区渠系水利用系数设计值不应低于表8-1,否则采取措施予以提高。

表8-1 渠系水利用系数

灌区面积(万亩)	>30	30~1	<1
渠系水利用系数	0.55	0.65	0.75

2.3.3 田间水利用系数

田间水利用系数是实际灌入田间的有效水量(对旱作农田,指蓄存在计划湿润层中的灌溉水量;对水稻田,指蓄存在格田内的灌溉水量)和末级固定渠道(农渠)放出水量的比值,用符号 η_f 表示,可用公式(8-8)计算:

$$\eta_f = \frac{m_n A_{农}}{w_{农净}} \tag{8-8}$$

式中 $A_{农}$——农渠的灌溉面积,hm^2;

m_n——净灌水定额,m^3/hm^2;

$w_{农净}$——农渠供给田间的水量,m^3。

田间水利用系数是衡量田间工程状况和灌水技术水平的重要指标。旱作农田的田间

水利用系数设计值不应低于0.90，水稻田的田间水利用系数设计值不应低于0.95。

2.3.4 灌溉水利用系数

灌溉水利用系数是实际灌入农田的有效水量和渠首引入水量的比值，用符号 η 表示。它是评价渠系工作状况、灌水技术水平和灌区管理水平的综合指标，可用公式(8-9)、式(8-10)计算：

$$\eta = \eta_s \eta_f \tag{8-9}$$

或

$$\eta = \frac{Am_j}{W} \tag{8-10}$$

式中 A——某次灌水全灌区的灌溉面积，亩；

m_j——净灌水定额，m^3/hm^2；

W——某次灌水渠首引入的总水量，m^3；

其他符号意义同前。

以上这些经验系数的数值高低，与灌区的大小、渠土质和防渗措施、渠道长度、田间工程状况、灌水技术水平及管理工作水平等因素有关，在引用别的灌区的经验数据时，应注意条件要相近。选定适当的经验系数之后，就可根据净流量计算相应的毛流量。

3 渠道工作制度

渠道的工作制度就是渠道的供水秩序，又叫渠道的配水方式，分为轮灌和续灌两种。

3.1 轮灌

同一级渠道在一次灌水延续时间内轮流输水的工作方式叫轮灌，实行轮灌的渠道称为轮灌渠道。

轮灌的优点是，渠道流量集中，同时工作的渠道长度短，输水时间短，输水损失小，有利于与农业措施结合和提高灌水工作效率。其缺点是，渠道流量大，渠道和建筑物工程量大；流量过于集中，会造成灌水和耕作时劳力紧张；在干旱季节还会影响各用水单位受益均衡。

轮灌的方式有如下两种：

(1)分组集中轮灌。按相邻的渠道进行编组，上级渠道自下而上的按组依次轮流供水，见图8-3(a)。

(2)分组插花轮灌。将渠道插花交叉编组，上级渠道按组轮流供水，见图8-3(b)。

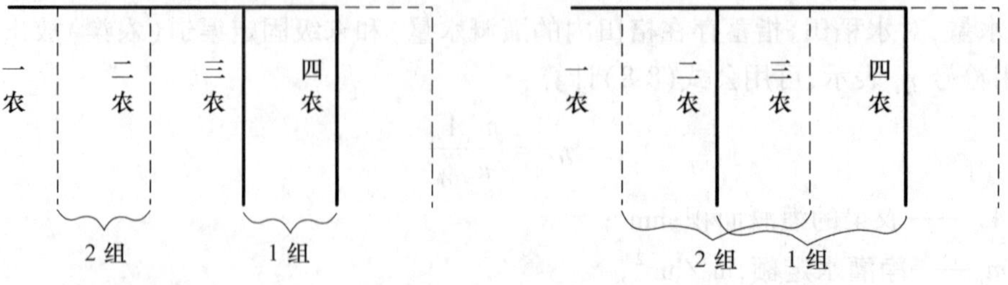

(a)分组集中轮灌　　(b)分组插花轮灌

图8-3 轮灌方式

分组集中轮灌,上级渠道的工作长度短,输水损失小,但可能引起劳力紧张和用水单位受益不均衡,分组插花轮灌的优缺点与集中轮灌的相反。

划分轮灌组的原则如下:

(1)应使各轮灌组的灌溉面积基本相等,供水量宜协调一致,以利于配水。

(2)应使轮灌组内的渠道相对集中,以缩短渠道工作长度,减少输水损失,提高水的利用系数。

(3)尽量使各用水单位受益均衡。

(4)不致使渠道流量过大,以减少工程量和降低工程造价。

(5)要照顾农业生产条件和群众用水习惯,尽量把一个生产单位的渠道划分在一个轮灌组内,以利于与农业措施和灌水工作配合,便于调配劳力和组织灌水。

(6)对已成灌区,还应与渠道的输水能力相适应。轮灌组的数目不宜过多或过少,一般以2~3组为宜。

3.2 续灌

在一次灌水延续时间内,自始至终连续输水的渠道称为续灌渠道。这种输水工作方式称为续灌。

为了各用水单位受益均衡,避免因水量过分集中而造成灌水组织和生产安排的困难,一般灌溉面积较大的灌区,干、支渠多采用续灌。续灌的优缺点与轮灌相反。

3.3 配水方式的选择

选择配水方式,应根据灌区实际情况,因地制宜地确定。在规划设计阶段,为了减少输水损失,节省工程量,便于管理和满足各用水单位的用水要求,一般万亩以上灌区应采用干、支渠续灌,斗、农渠轮灌。在管理运用阶段,如遇天气干旱,水源供水不足,干、支渠也可实际轮灌,一般当渠首引水流量低于正常流量的40%~50%时,干、支渠即应进行轮灌。

4 渠道设计流量推算

渠道的工作制度不同,设计流量的推算方法也不同,下面分别予以介绍。

4.1 轮灌渠道设计流量的推算

由于轮灌渠道不是在整个作物灌水延续时间内连续输水,而是集中过水,所以它的设计流量大小,不仅取决于它本身灌溉面积的大小,而且还取决于上一级渠道供水流量的大小和轮灌组内的渠道数目多少。因此,轮灌渠道的设计流量,不能用灌水率乘灌溉面积求田间净流量,再逐级加损失流量求毛流量的方法来推算,而只能采用自上而下逐级分配田间净流量,再自下而上逐级加损失流量求毛流量的方法进行推算。现以干、支渠续灌,斗、农渠轮灌,斗渠轮灌组内有 n 条斗渠,农渠轮灌组内有 K 条农渠的情况,说明轮灌渠道设计流量的推算方法。

4.1.1 自上而下分配末级续灌渠道的田间净流量

(1)计算支渠田间净流量:

$$Q_{支田净} = A_{支} q_s \tag{8-11}$$

(2)计算斗渠田间净流量:

斗渠轮灌组内 n 条斗渠的灌溉面积相等时

$$Q_{斗田净} = \frac{Q_{支田净}}{n} \tag{8-12}$$

斗渠轮灌组内各斗渠的灌溉面积不相等时,为使各斗渠的灌水时间相等,应按各斗渠的灌溉面积大小分配支渠田间净流量:

$$Q_{斗田净} = \frac{Q_{支田净}}{A_{斗组}}A_{斗i} \tag{8-13}$$

(3)计算农渠田间净流量。该流量和计算斗渠田间净流量的道理相同,分别为

$$Q_{农田净} = \frac{Q_{斗田净}}{k} = \frac{Q_{支田净}}{nk} \tag{8-14}$$

或

$$Q_{农田净} = \frac{Q_{斗田净}}{A_{农组}}A_{农} = \frac{Q_{支田净}A_{斗i}A_{农}}{A_{斗组}A_{农组}} \tag{8-15}$$

上述各式中 $A_{支}$,$A_{斗组}$,$A_{斗}$,$A_{农组}$,$A_{农}$——支渠、斗渠轮灌组、某条斗渠、农渠轮灌区、某条农渠的灌溉面积;

q_s——设计灌水率;

n、k——轮灌组内斗渠和农渠的条数。

4.1.2 自下而上推算各级渠道的设计流量

(1)计算农渠的净流量。先由农渠的田间净流量计入田间损失水量,求得田间毛流量,即农渠的净流量,按公式(8-16)计算:

$$Q_{农净} = \frac{Q_{农田净}}{\eta_f} \tag{8-16}$$

(2)各级渠道的设计流量(毛流量)。根据农渠的净流量自下而上逐级计入渠道输水损失,得到各级渠道的毛流量,即设计流量。根据渠道净流量、渠床土质和渠道长度用公式(8-17)计算:

$$Q_d = Q_{dj} + \sigma L Q_{dj} = Q_{dj}(1 + \sigma L) \tag{8-17}$$

式中 L——最下游一轮灌组灌水时渠道的平均工作长度,km,计算农渠毛流量时,可取农渠长度的一半进行估算;

其他字母意义同前。

L 的确定方法如下:计算农渠毛流量时,可取农渠长度的一半进行估算;计算斗渠毛流量时,平均工作长度为斗渠内最下游一轮灌组前至斗口的渠长加该轮灌组所占斗渠长度的一半;支渠工作长度为 L_1 与 αL_2 之和,L_1 为支渠引水口至第一个斗口的长度,L_2 为第一个斗口至最末一个斗口的长度,α 为长度折算系数,可视支渠灌溉面积的平面形状而定,面积重心在上游时 $\alpha = 0.60$,在中游时 $\alpha = 0.80$,在下游时 $\alpha = 0.85$。

在大、中型灌区,支渠数量较多,支渠以下的各级渠道实行轮灌。如果都按上述步骤逐条推算各条渠道的设计流量,工作量很大。为了简化计算,通常选择一条有代表性的典型支渠(作物种植、土壤性质、灌溉面积等影响渠道流量的主要因素具有代表性)按上述方法推算支、斗、农渠的设计流量,计算支渠范围内的灌溉水利用系数 η_s,以此作为扩大

指标,用下式计算其余支渠的设计流量:

$$Q_s = \frac{q_s A_{支}}{\eta_s} \tag{8-18}$$

式中 Q_s——支渠的设计流量,m^3/s;

q_s——设计灌水率,$m^3/(s \cdot hm^2)$;

$A_{支}$——该支渠灌溉面积,hm^2;

η_s——支渠至田间的灌溉水利用系数。

4.2 续灌渠道设计流量的计算

一般干渠流量较大,上、下游流量相差悬殊,这就要求分段推算设计流量,以便各渠段设计不同的断面尺寸,以节省工程量。

由于渠道水利用系数的经验值是根据渠道全部长度的输水损失情况统计出来的,它反映出不同流量在不同渠段上运行时输水损失的综合情况,而不能代表某个具体渠段的水量损失情况。所以,在分段推算干渠设计流量时,一般不用经验系数估算输水损失水量,而用经验公式估算,计算公式如下:

$$Q_{段设} = Q_{段净}(1 + \sigma L_{段}) \tag{8-19}$$

4.3 渠道最小流量和加大流量的计算

4.3.1 渠道最小流量的计算

渠道最小流量是指在设计标准条件下,渠道在正常工作中输送的最小灌溉流量。用修正灌水率图上的最小灌水率值和设计灌溉面积为依据进行计算。计算的方法步骤和设计流量的计算方法相同,不再赘述。应用渠道最小流量可以校核对下一级渠道的水位控制条件和不淤流速,并确定节制闸的位置。

对于同一条渠道,其设计流量(Q_d)与最小流量(Q_{min})相差不要过大,否则在用水过程中,有可能因水位不够而造成引水困难。为了保证对下级渠道正常供水,根据《灌溉与排水工程设计标准》(GB 50288—2018)有些灌区规定渠道最小流量以不低于渠道设计流量的40%为宜;相应的渠道最小水深等于或大于70%的设计水深。在实际灌水中,如某次灌水定额过小,可适当缩短供水时间,集中供水,使流量大于最小流量。

4.3.2 渠道加大流量的计算

考虑到在灌溉工程运行过程中,可能会出现规划设计时未能预料到的情况,如作物种植比例变更、灌溉面积扩大、气候特别干旱、渠道发生事故后需要短时间加大输水等,都要求渠道通过比设计流量更大的流量,通常把在短时增加输水的情况下,渠道需要通过的最大灌溉流量称为渠道的加大流量,它是设计渠道堤顶高程的依据,并依此校核渠道输水能力和不冲流速。

渠道加大流量的计算是以设计流量为基础,给设计流量乘以加大系数即得,按公式(8-20)计算:

$$Q_{max} = JQ_d \tag{8-20}$$

式中 Q_{max}——渠道加大流量,m^3/s;

J——渠道流量加大系数;

Q_d——渠道设计流量,m^3/s。

任务 2　渠道断面设计

1　渠道的纵、横断面设计

渠道的断面设计包括横断面设计和纵断面设计，两者是互相联系、互为条件的。在实际设计中，纵、横断面设计应交替，并且反复进行，最后经过分析比较确定。

1.1　渠道横断面设计

1.1.1　渠道横断面的形状

渠道横断面的形状常见的有梯形、矩形、U 形等。一般采用梯形，它便于施工，并能保持渠道边坡的稳定；在坚固的岩石中开挖渠道时，宜采用矩形断面；当渠道通过城镇工矿区或斜坡地段，渠宽受到限制时，可采用混凝土等材料砌护。

为了提高渠道的稳定性、提高水的利用率、减少渗漏损失、缩小渠道断面，一般采取各种防渗措施，防渗渠道断面形式如图 8-4 所示。

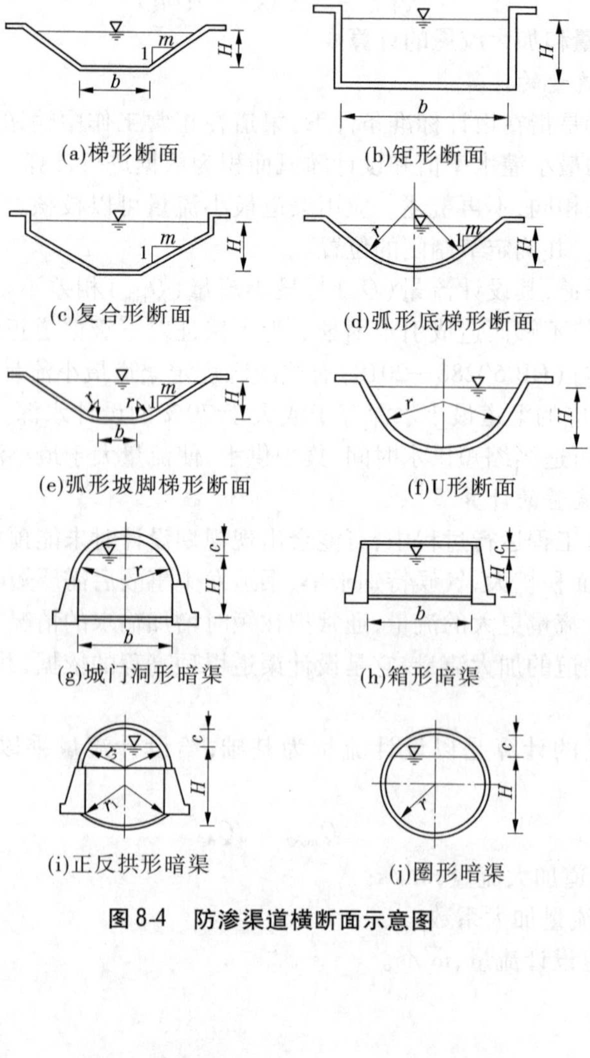

图 8-4　防渗渠道横断面示意图

1.1.2　渠道横断面结构

渠道横断面结构有挖方断面、填方断面和半挖半填断面三种形式，主要是渠道过水断面和渠道沿线地面的相对位置不同造成的。规划设计中，常采用半挖半填的结构形式，或尽量做到挖填平衡，以避免深挖、高填，以减少工程量，降低工程费用。渠道横断面结构示意图如图 8-5 所示。

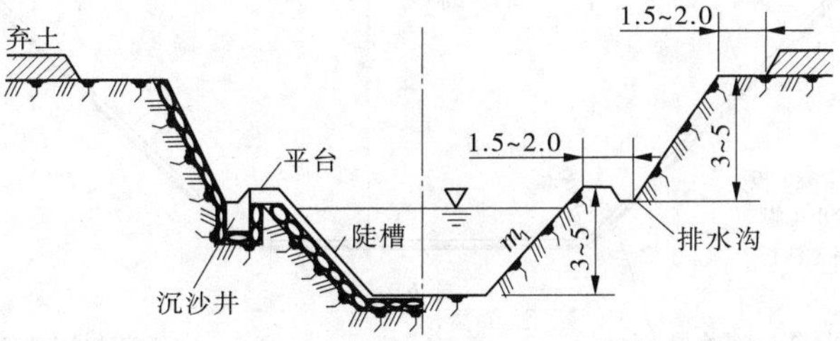

(a)挖方渠道横断面示意图

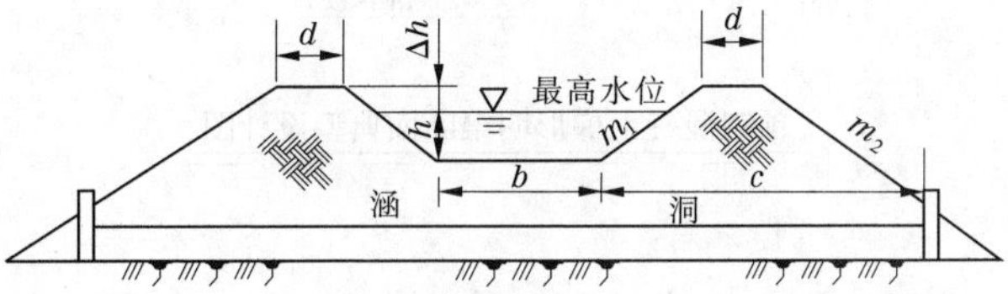

(b)填方渠道横断面示意图

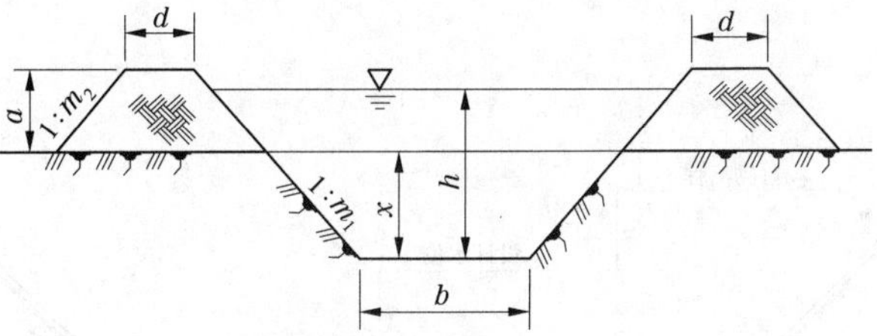

(c)半挖半填渠道横断面示意图

图 8-5　渠道横断面结构示意图　（单位：m）

1.1.3　渠道横断面设计

渠道横断面设计主要内容是确定渠道设计参数，通过水力计算确定横断面尺寸。对于梯形渠道，横断面设计参数主要包括渠道流量、边坡系数、糙率、渠底比降、断面宽深比以及渠道的不冲、不淤流速等。当渠道的设计参数已确定时，即可根据明渠均匀流公式确定渠道横断面尺寸。梯形渠道、U 形渠道定型设计如图 8-6、图 8-7、图 8-8 所示。

1.2　渠道纵断面设计

灌溉渠道不仅要满足输送设计流量的要求，而且要满足水位控制的要求。渠道纵断面设计的任务是根据灌溉水位要求确定渠道的空间位置。一般纵断面设计主要内容包括：确定渠道纵坡比降、设计水位线、最低水位线、最高水位线、渠底高程线、渠道沿程地面高程线和堤顶高程线，绘制渠道纵断面图。渠道的纵断面如图 8-9 所示。

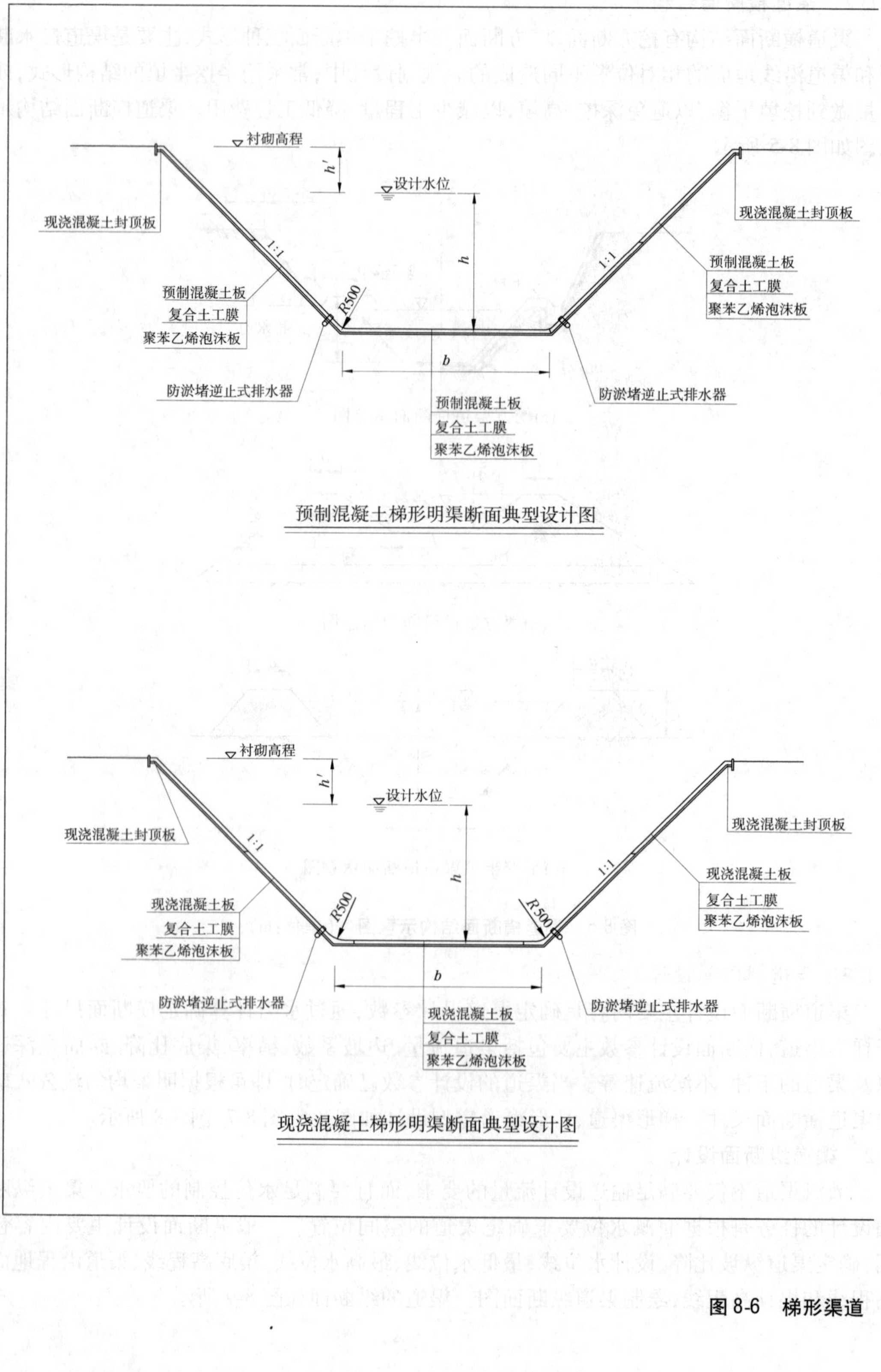
衬砌高程
h'
设计水位
h
现浇混凝土封顶板
1:1
预制混凝土板
复合土工膜
聚苯乙烯泡沫板
R500
b
防淤堵逆止式排水器
预制混凝土梯形明渠断面典型设计图
衬砌高程
h'
设计水位
h
现浇混凝土封顶板
1:1
现浇混凝土板
复合土工膜
聚苯乙烯泡沫板
R500
b
防淤堵逆止式排水器
现浇混凝土梯形明渠断面典型设计图

图 8-6 梯形渠道

混凝土梯形明渠断面要素表

设计流量Q (m^3/s)	项目	设计边坡	纵比降	设计边坡	纵比降	设计边坡	纵比降
		1 : 1	1/3 000	1 : 1	1/4 000	1 : 1	1/5 000
0.1	设计底宽b (m)	0.4		0.45		0.4	
	设计水深h (m)	0.35		0.35		0.4	
	安全超高h'(m)	0.2		0.2		0.2	
0.3	设计底宽b (m)	0.65		0.8		0.75	
	设计水深h (m)	0.5		0.5		0.55	
	安全超高h'(m)	0.2		0.2		0.2	
0.5	设计底宽b (m)	0.5		0.7		0.6	
	设计水深h (m)	0.7		0.7		0.8	
	安全超高h' (m)	0.2		0.2		0.2	
0.8	设计底宽b (m)	0.7		0.8		0.8	
	设计水深h (m)	0.8		0.9		0.9	
	安全超高h'(m)	0.3		0.3		0.3	
1.0	设计底宽b (m)	0.7		0.9		0.9	
	设计水深h (m)	0.9		0.9		1.0	
	安全超高h' (m)	0.5		0.5		0.5	

注：混凝土板糙率为0.015。

说明：

1.本图为现浇或预制混凝土梯形明渠断面典型设计图，图中所示尺寸单位为mm。

2.渠道断面结构综合考虑了防渗、防冻胀、防扬压等多种因素，采用现浇或预制混凝土板衬砌、复合土工膜防渗、聚苯乙烯泡沫板保温、逆止式排水器减压。实际应用中应视不同地区具体情况相应取舍。例如,南方等气温相对较高的地区，可不设置保温层；对于地下水位相对较低的地区可去掉减压排水设施；对于黏土等渗透系数较小的渠道可去掉防渗层。

3.混凝土板强度等级C20，寒冷地区抗冻等级F150，严寒地区抗冻等级F200。现浇混凝土板厚度为8 ~ 10 cm,尺寸应不大于3 m × 3 m;预制混凝土板厚度为6 cm,预制板可选用长方形、正六边形等，大小应方便人工搬运施工，质量以不大于25 kg为宜。复合土工膜采用一布一膜，也可根据渠道土质等要求采用土工膜，膜厚不小于0.3 mm；聚苯乙烯泡沫板厚度可视当地气温计算确定，也可根据当地气候条件采用砂石换填等其他保温措施；防淤堵逆止式排水器间距一般为20 ~ 40 m。

4.对于设计流量小于0.5 m^3/s的梯形明渠，由于水深较浅，地下水扬压力相对较小，可以去掉(一些)减压排水设施。

图名	梯形明渠断面典型设计图	图号	

定型设计图

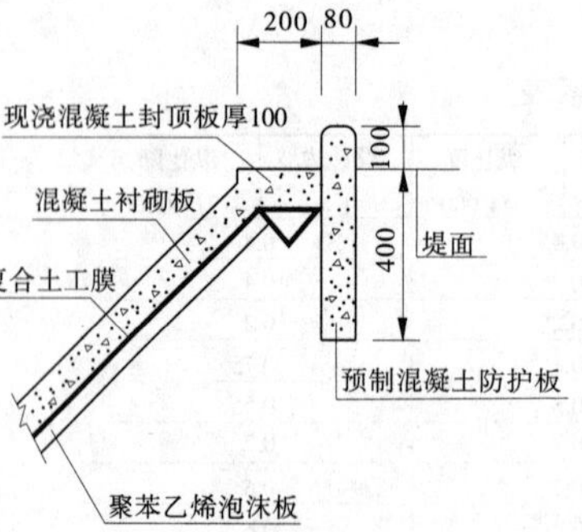

现浇混凝土封顶板、防护板大样图1:20

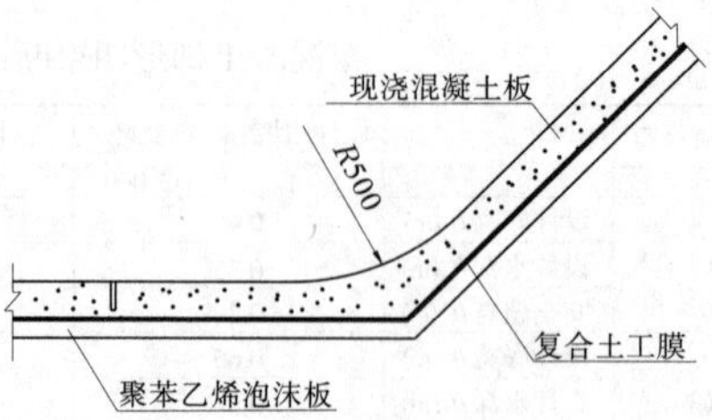

现浇混凝土板坡脚大样图1:20

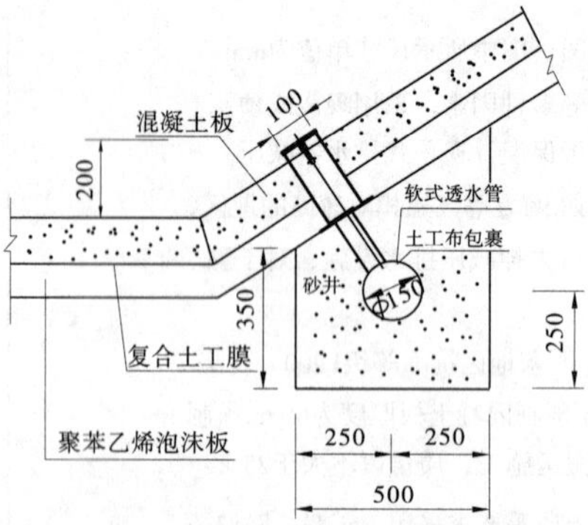

防淤堵逆止式排水器大样图1:20

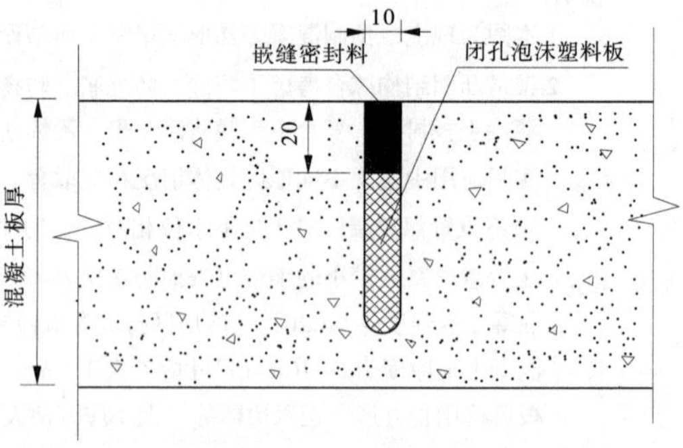

混凝土板伸缩缝构造图一 1:2

图 8-7　梯形渠道

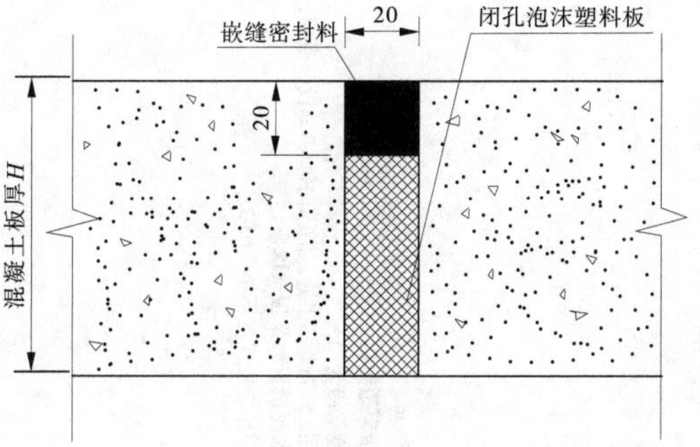

混凝土板伸缩缝构造图二 1∶2

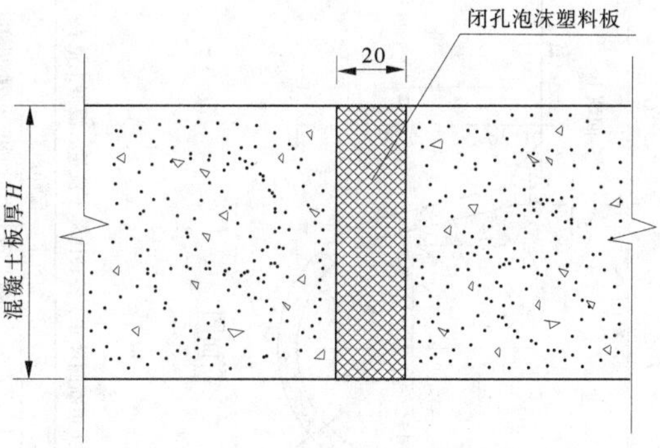

混凝土板伸缩缝构造图三 1∶2

说明：

1.本图为梯形明渠细部结构大样图，图中所示尺寸单位为mm。

2.现浇混凝土板伸缩缝深度为现浇混凝土板厚度的75%，上部采用嵌缝密封料填充，如双组分聚硫胶、聚氨酯、硅胶等，下部采用闭孔泡沫塑料板填充。横向伸缩缝一般每3 m设置一条半缝（构造图一），每30 m设置一条通缝（构造图二）。

3.预制板伸缩缝可根据需要按构造图二、图三选用。

图名	梯形明渠断面典型设计图	图号	

定型设计图

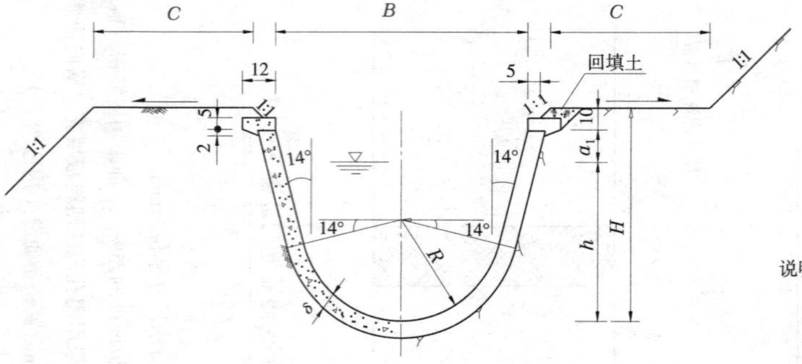

断面图

说明：

1.尺寸单位为cm。
2.本图以Ⅲ级渠道绘制。
3.混凝土强度等级为C15。
4.伸缩缝采用2.5 cm宽的半缝，沿纵向每4.0 m设一横缝，用 1∶1.4水泥沥青砂浆板条填塞。
5.填方段渠道土方压实度不小于0.93。

混凝土U形渠道断面尺寸、各种比降下流量、混凝土量表

渠道级别	断面尺寸（cm）							流量(m^3/s)						混凝土量
	R	C	δ	h	a_1	H	B	1/100	1/200	1/500	1/800	1/1000	1/1800	(m^3/m)
Ⅰu	20	60	5	40	10	60	51.2	0.363	0.224	0.141	0.111	0.099	0.053	0.079
Ⅱu	30	80	6	50	10	70	71.8	0.792	0.498	0.314	0.251	0.226	0.128	0.113
Ⅲu	40	100	7	65	15	90	94.9	1.515	1.020	0.658	0.515	0.468	0.180	0.165
Ⅳu	55	120	8	95	15	120	133.3	3.163	2.730	1.720	1.360	1.220	1.000	0.313

图名	现浇U形衬砌渠道断面图	图号	

图8-8 U形渠道定型设计图

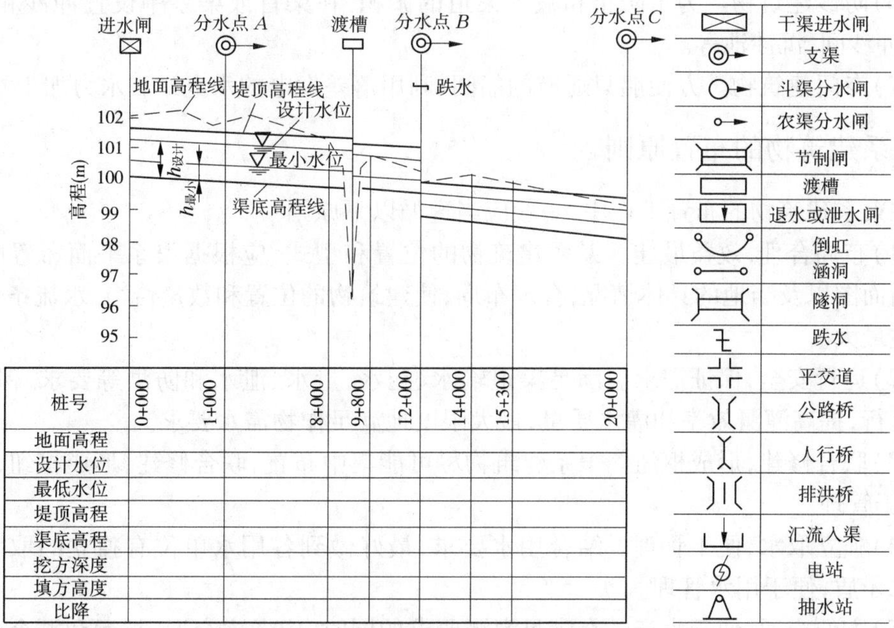

图8-9　渠道纵断面示意图与渠系建筑物图例

任务3　渠系建筑物

输配水渠道一般线路长，沿线地形起伏变化大，地质情况复杂，为了准确调节水位、控制流量、分配水量、穿越各种障碍，满足灌溉、水力发电、工业及生活用水的需要，在渠道上兴建的水工建筑物，统称为渠系建筑物。

1　渠系建筑物的种类和作用

渠系建筑物的种类较多，按其主要作用可分为以下几种：

(1)控制建筑物。主要作用是调节各级渠道的水位和流量，以满足各级渠道的输水、配水和灌水要求，如进水闸、节制闸、分水闸等。

(2)泄水建筑物。主要作用是保护渠道及建筑物安全，用以排放渠中余水、入渠的洪水或发生事故时的渠水，如退水闸、溢流堰、泄水闸等。

(3)交叉建筑物。渠道经过河谷、洼地、道路、山丘等障碍时所修建的建筑物，主要作用是跨越障碍、输送水流，如渡槽、倒虹吸管、桥梁、涵洞、隧洞等。常根据建筑物运用要求、交叉处的相对高程，以及地形、地质、水文等条件，经比较后合理选用。

(4)落差建筑物。渠道通过地面坡度较大的地段时，为使渠底纵坡符合设计要求，避免深挖高填，调整渠底比降，将渠道落差集中所修建的建筑物，如跌水、陡坡等。

(5)量水建筑物。为了测定渠道流量，达到计划用水、科学用水而修建的专门设施，如量水堰、量水槽、量水喷嘴等。工程中，常利用符合水力计算要求的渠道断面或渠系建筑物进行量水，如水闸、渡槽、陡坡、跌水、倒虹吸等。

(6)防沙建筑物。为了防止和减少渠道的淤积,在渠首或渠系中设置冲沙和沉沙设施,如冲沙闸、沉沙池等。

(7)专门建筑物。方便船只通航的船闸、利用落差发电的水电站和水力加工站等。

2 渠系建筑物的布置原则

在渠系建筑物的布置工作中,一般应当遵循以下原则:

(1)布局合理,效益最佳。渠系建筑物的位置和型式,应根据渠系平面布置图、渠道纵横断面图以及当地的具体情况,合理布局,使建筑物的位置和数量恰当,水流条件好,工程效益最大。

(2)运行安全,保证需求。满足渠道输水、配水、量水、泄水和防洪等要求,保证渠道安全运行,提高灌溉效率和灌水质量,最大限度地满足作物需水要求。

(3)联合修建,形成枢纽。渠系建筑物尽可能集中布置,联合修建,形成枢纽,降低造价,便于管理。

(4)独立取水,便于管理。结合用水要求,最好做到各用水单位有独立的取水口,减少取水矛盾,便于用水管理。

(5)方便交通,便于生产。在满足灌溉要求的同时,应考虑交通、航运和群众的生产、生活的需要,为提高劳动效率和建设新农村创造条件。

3 渠系建筑物的定型设计

渠系建筑物一般多为小型建筑物,在其设计过程中,可以直接使用定型设计图集中的尺寸和结构,不再进行复杂的水力和结构计算。采用定型设计,不仅可以缩短设计时间,而且可以保证工程质量,加快施工进度,节省工程费用。

实际工程中,建筑物轮廓和控制性尺寸的确定,常以简单的水力计算为主进行验算。对一般构件的构造和尺寸,可参考工程设计经验拟订。

为了总结灌区渠系建筑物的建设经验,提高工程设计质量,促进水利建设,更好地发挥工程效益,我国已经出版了多种渠系建筑物设计图册。这些图册中的设计图件,都经过实践的检验,它们技术先进,经济合理,运行安全可靠,在同类建筑物中具有一定典型性和代表性。在使用定型设计图件时,一定要根据各地区的具体条件,因地制宜,取其所长。

3.1 控制建筑物

控制建筑物的作用在于控制渠道的流量和水位,如进水闸、分水闸、节制闸等。

3.1.1 进水闸和分水闸

进水闸是从灌溉水源引水的控制建筑物,分水闸是上级渠道向下级渠道配水的控制建筑物。进水闸布置在干渠的首端,分水闸布置在其他各级渠道的引水口处,见图 8-10,其结构型式有开敞式和涵洞式两种。斗、农渠上的分水闸常叫斗门、农门。

3.1.2 节制闸

节制闸主要有三个方面的作用:一是抬高渠中水位,便于下级渠道引水;二是截断渠道水流,保护下游建筑物和渠道的安全;三是实行轮灌。节制闸应垂直于渠道中心线布置在下列地点:

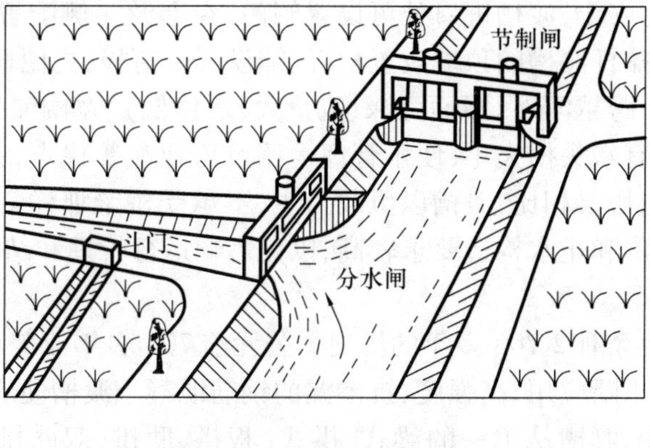

图 8-10　节制闸与分水闸

（1）上级渠道水位低于下级渠道引水要求水位的地方。

（2）下级渠道引水流量大于上级渠道的1/3时，常在分水闸前造成水位显著降落，亦需修建节制闸。

（3）重要建筑物、大填方段和险工渠段的上游，常与泄水闸联合修建。

（4）轮灌组分界处。

3.2　交叉建筑物

渠道穿越河流、沟谷、洼地、道路或排水沟时，需要修建交叉建筑物。常见的交叉建筑物有渡槽、倒虹吸、涵洞和桥梁等。

3.2.1　渡槽

3.2.1.1　渡槽的作用

渡槽又称过水桥，是用明槽代替渠道穿越障碍的一种交叉建筑物。它具有水头损失小、淤积泥沙易于清除、维修方便等优点。

其适用条件是：①渠道与道路相交，当渠底高于路面，而且高差大于行驶车辆要求的安全净空（一般应大于4.5 m）时。②渠道与河沟相交，渠底高于河沟最高洪水位时。③渠道与洼地相交，为避免填方，或洼地中有大片良田时。

渡槽是渠道跨越山谷、河流、道路等的架空输水建筑物，其主要作用是输送水流。根据水利工程的不同需要，渡槽还可以用于排洪、排沙、导流和通航等，见图8-11。

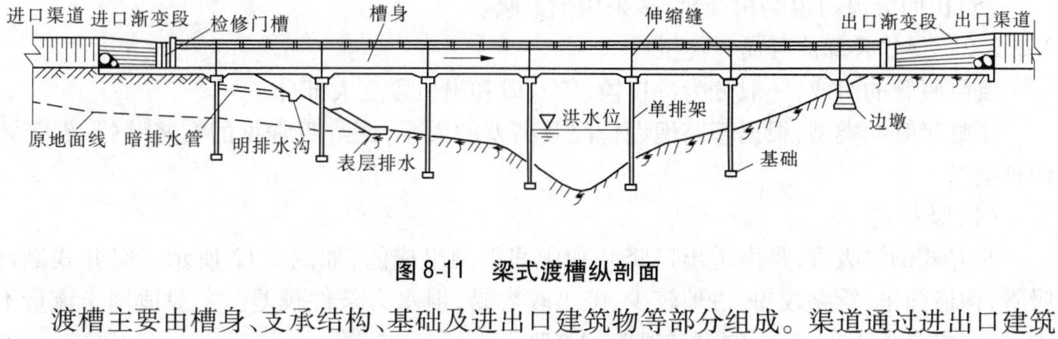

图 8-11　梁式渡槽纵剖面

渡槽主要由槽身、支承结构、基础及进出口建筑物等部分组成。渠道通过进出口建筑物与槽身相连接，槽身置于支承结构上，槽中水重及槽身重通过支承结构传给基础，再传至地基。为确保运行安全,渡槽进口处可设置闸门,在上游一侧配置泄水闸;为方便群众生产生活,可以在有拉杆渡槽的顶端设置栏杆、铺设人行道板,方便群众出行。

渡槽一般适用于跨越河谷(断面宽深、流量大、水位低)、宽阔滩地或洼地等情况。与倒虹吸管相比,它具有水头损失小、便于管理运用及可通航等优点,是交叉建筑物中采用最多的一种型式。与桥梁相比,渡槽以恒载为主,不承受桥梁那样复杂的活载,故结构设计相对简单,但对防渗和止水构造要求较高,以免影响运行管理和结构安全。

3.2.1.2　渡槽的类型

人类应用渡槽距今有2 700多年的历史。公元前700多年亚美尼亚人就运用石块砌造渡槽,随着水泥的不断应用,高强度、抗渗漏的钢筋混凝土渡槽便应运而生,随着混凝土渡槽形式的不断演变,渡槽从单一的梁式、拱式(板拱、肋拱、双曲拱、箱形拱、桁架拱、折线拱)、斜拉式、悬吊式,发展到组合式(拱梁和斜撑梁组合式等)。

渡槽按槽身断面形式分类,有U形、矩形、梯形、椭圆形和圆形等;按支承结构分类,有梁式、拱式、桁架式、悬吊式、斜拉式等;按所用材料分类,有木制渡槽、砖石渡槽、混凝土渡槽、钢筋混凝土渡槽、钢丝网水泥渡槽等;按施工方法不同,有现浇整体式、预制装配式及预应力渡槽。

3.2.2　倒虹吸

3.2.2.1　倒虹吸的作用

倒虹吸是用敷设在地面或地下的压力管道输送渠道水流穿越障碍的一种交叉建筑物。其缺点是:水头损失较大;输送流量受到管径的限制;管内积水不易排除,寒冷地区易受冻害;清淤困难,管理不便。但它可避免高空作业,施工比较方便,工程量较少,节省劳力和材料,不受河沟洪水位和行车净空的限制,对地基条件要求较低,单位长度造价较小,故仍被广泛采用。

其适用条件如下:

(1)渠道流量较小,水头富裕,含沙量小,穿越较大的河沟,或河流有通航要求时。

(2)渠道与道路相交,渠底虽高于路面,但高差不满足行车净空要求时。

(3)渠道与河沟相交,渠底低于河沟洪水位,或河沟宽深,修建渡槽下部支承结构复杂,而且需要高空作业,施工不便,或河沟的地质条件较差,不宜作渡槽时。

(4)渠道与洼地相交,洼地内有大片良田,不宜作填方时。

(5)田间渠道与道路相交时,多采用倒虹吸。

3.2.2.2　倒虹吸管的组成和类型

倒虹吸管的组成,一般分为进口段、管身段和出口段三大部分。

倒虹吸管的类型,根据管路埋设情况及高差的大小,倒虹吸常见的有竖井式、斜管式两种类型。

(1)竖井式。

竖井式倒虹吸管,是由进出口竖井和中间平洞组成的,如图8-12所示。竖井式倒虹吸管,构造简单、管路较短、占地较少、施工较容易,但水力条件较差。一般适用于流量不大、压力水头小于3~5 m的穿越道路倒虹吸。

竖井断面为矩形或圆形,一般采用砖、石或混凝土砌筑,其尺寸稍大于平洞,竖井底部

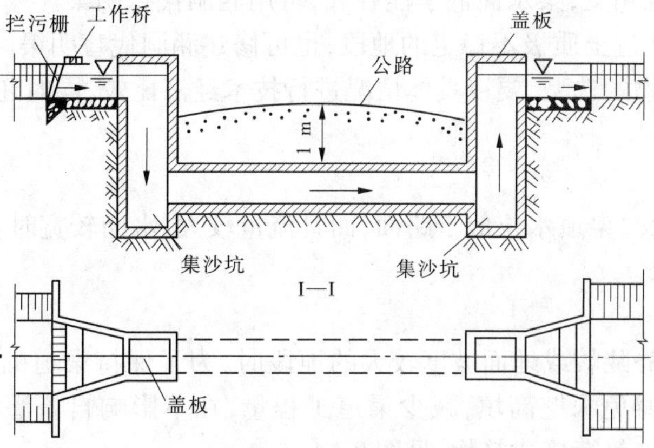

图 8-12 竖井式倒虹吸管

设置深约 0.5 m 的集沙坑,以便于清除泥沙及检修管路时排水。

平洞的断面一般为矩形、圆形或城门洞形。为了改善平洞的受力条件,管顶应埋设在路面以下 1.0 m 左右。

(2)斜管式。

斜管式倒虹吸管,进出口为斜卧段,中间为平直段,如图 8-13 所示。它一般用于穿越渠道、河流而两者高差不大,且压力水头较小、两岸坡度较平缓的情况。

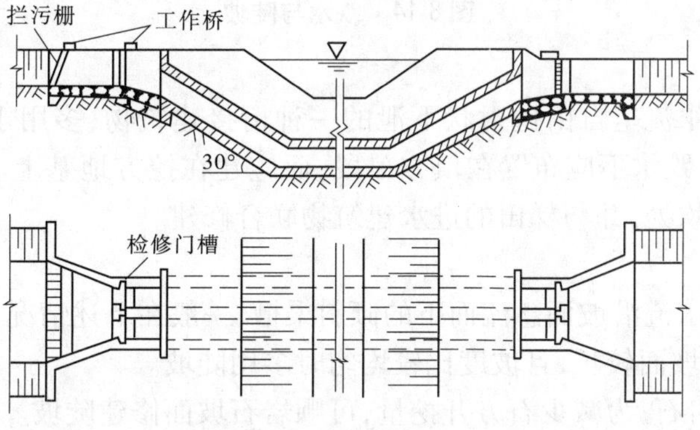

图 8-13 斜管式倒虹吸管

斜管式倒虹吸管,与竖井式相比,水流畅通,水头损失较小,构造简单,实际工程中采用的较多。但是,斜管的施工较为不便。

3.2.3 涵洞

涵洞是渠道穿越障碍时常用的一种交叉建筑物。它适用于以下情况:

(1)渠道与道路相交,渠水面低于路面,渠道流量较小时用涵洞,渠道流量较大且水面较宽时用桥梁。

(2)渠道与河沟相交时,渠道的水面线低于河底的最大冲刷线,可在河沟底部修输水涵洞,以输送渠水通过河沟,而河沟中的洪水仍自原河沟泄走。

(3)渠道与洼谷相交,渠水面低于洼谷底,可用涵洞代替明渠。

(4)挖方渠道通过土质极不稳定的地段,也可修建涵洞代替明渠。

上述交叉建筑物的选型,要视具体情况进行技术经济比较,同时还要适当考虑社会效益。

3.2.4　桥梁

渠道与道路相交,渠道水位低于路面,而且流量较大,水面较宽时,要在渠道上修建桥梁,以满足交通要求。

3.3　衔接建筑物

当渠道通过地势陡峻或地面坡度较大的地段时,为了保持渠道的设计比降和设计流速,防止渠道冲刷,避免深挖高填,减少渠道工程量,在不影响自流灌溉控制水位的原则下,可修建跌水、陡坡等衔接建筑物,见图 8-14。

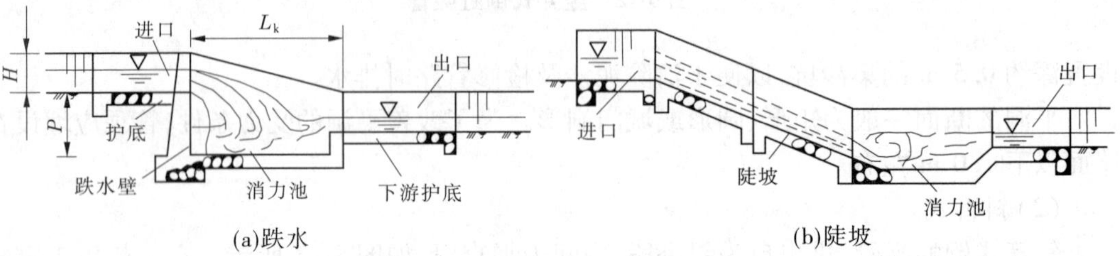

图 8-14　跌水与陡坡

3.3.1　跌水

跌水是使渠道水流呈自由抛射状下泄的一种衔接建筑物,多用于跌差较小(一般小于 3 m)的陡坎处。跌水不应布置在填方渠段,而应建在挖方地基上。在丘陵山区,跌水应布置在梯田的堰坎处,并与梯田的进水建筑物联合修建。

3.3.2　陡坡

陡坡是使渠道水流沿坡面急流而下的倾斜渠槽,一般在下述情况下选用:

(1)跌差较大,坡面较长,且坡度比较均匀时多用陡坡。

(2)陡坡段系岩石,为减少石方开挖量,可顺岩石坡面修建陡坡。

(3)陡坡地段土质较差,修建跌水基础处理工程量较大时,可修建陡坡。

(4)由环山渠道直接引出的垂直等高线的支、斗渠,其上游段没有灌溉任务时,可沿地面坡度修建陡坡。

3.4　量水建筑物

灌溉工程的正常运行需要控制和量测水量,以便实施科学的用水管理。在各级渠道的进水口需要量测入渠水量,在末级渠道上需要量测向田间灌溉的水量,在退水渠上要量测渠道退泄的水量。可以利用水闸等建筑物的水位—流量关系进行量水,但建筑物的变形以及流态不够稳定等因素会影响量水的精度。

项目9 渠系建筑物设计

任务1 自然条件

夹马口引黄管理局是在原夹马口扬水工程管理局、小樊扬水工程管理局和浪店水源工程建设管理局的基础上于2001年成立的。该工程位于运城市西部的临猗县和永济市境内,水源站位于黄河小北干流龙门下游64.5 km的吴王渡口附近。夹马口一级站位于黄河小北干流中段左岸的夹马口村附近,上游距龙门72.5 km,下游距潼关60 km。小樊一级站位于夹马口下游4 km。该灌区设计提水流量18.5 m^3/s,共安装机组43台,总装机容量为23 550 kW,主要灌溉临猗县33万亩和永济市17.3万亩农田(原小樊灌区),受益人口25万人。

本工程主要任务是解决运城市峨眉台垣上50余万亩农田灌溉问题,受益范围为临猗县耽子、北辛、卓里、闫家庄、北景、三管、临晋、猗氏、嵋阳9个乡镇和万荣县皇甫乡共10个乡镇,83个行政村,设计灌溉面积40.6万亩(临猗县35.64万亩,万荣县4.96万亩),其中新增灌溉面积33.36万亩,改善灌溉面积7.24万亩。

1 地形地貌

扩建灌区位于运城市峨眉台垣,西起临猗县耽子镇陶唐村、周家窑,东至万荣县皇甫乡陈闫庄、周家庄,南至夹马口一级干渠,北至临猗县赵村、程家庄和万荣县皇甫乡马家庄,灌区东西长30 km,南北宽15 km。灌区总体地形是北高南低,地面高程为417.0~550.0 m。

2 气象条件

本区属干旱、半干旱大陆性季风气候,全年受季风活动影响,从每年10月至翌年5月,受西伯利亚干冷气流控制,盛行西北风,最大风速达17 m/s,气候特点为多风少雨。汛期为6~9月,以7月、8月为主,特点是降水集中,且多暴雨和雷阵雨,多年平均降水量约500 mm,汛期降水量占全年60%以上,降水量年、季变化很大。年平均气温为13 ℃,最高气温达42 ℃,无霜期210 d,多年平均蒸发量在2 000 mm左右,最大冻土深50 cm。年日照时数为2 350 h,热量丰富,光照充足。灾害天气以干旱为主,且出现频繁,持续时期长。

3 工程概况

二级干渠的4条支渠位于临猗县峨眉台垣上的北辛、耽子、卓里乡境内,该区主要为黄土台垣,土壤以褐土类为主。当地气候温和,光照充足,土地肥沃,适宜农作物生长,再加上当地昼夜温差大,尤其适宜优质苹果的种植,发展农业生产极为有利,是山西省粮、棉和水果生产基地。

4 工程地质及水文地质

一~四支渠在地貌上属黄土台垣前缘斜坡区,地势由北向南倾斜,高程为550.5~504.2 m。地质为第四系上更新统冲积物(Q_3^{al}),岩性为粉土,呈坚硬状态,具中偏高压缩性土。一支、三支、四支为Ⅱ级(中等)自重湿陷性黄土;二支为Ⅲ级(严重)自重湿陷性黄土;渠道沿线无地下水影响,对地基采取加固防渗措施,地基土的承载力值$f_{ak}=100$ kPa。

任务2 工程等级和标准

1 工程级别

根据《灌溉与排水工程设计标准》(GB 50288—2018)和《运城市夹马口灌区节水改扩建工程初步设计报告》,并结合工程的规模、效益和各类建筑物的重要性,对二级干渠、一~四支渠的渠道和建筑物级别划分,详见表9-1。

表9-1 二级干渠及支渠等级划分

渠名	控制面积(万亩)	灌溉流量(m^3/s)	工程级别	主要建筑物	次要建筑物
一支渠	4.600 0	1.36	5	5	
二支渠	1.634 2	0.48	5	5	
三支渠	3.067	0.91	5	5	
四支渠	1.892 3	0.56	5	5	

2 地震烈度

二级干渠渡槽为主要建筑物,工程级别为4级,地震设防标准为Ⅶ级。其他建筑物(桥、闸、涵和支渠渡槽等)均属次要建筑物,级别较低,结构简单,不易损坏,且损坏后造成的损失不太严重,为节省工程投资,只在构造上适当考虑加固措施,不按地震等级设防。

任务3 支渠及渠系建筑物设计

夹马口灌区节水改扩建工程共布置支渠16条,长102.577 km,根据工程投资计划安排,本次技设内容为一~四支渠及建筑物,四条支渠共长23.6 km。

1 渠道布线与走向

根据扩建灌区的地形条件,一支和二支沿512 m和540 m等高线布置,长度为8.074

km和4.186 km,控制灌溉面积为4.6万亩和1.63万亩。三支和四支基本垂直于等高线布置,长度为6.667 km和4.668 km,控制灌溉面积为3.067万亩和1.89万亩。

2 渠道纵横断面设计

2.1 渠道纵断面设计

2.1.1 渠道纵坡

渠道直接从干渠取水,平行或垂直于等高线布置,根据地形和实际测量成果,最大限度地控制田面高程,纵坡为1/100~1/1 500。

2.1.2 渠道水位及其衔接

2.1.2.1 上下级渠道水位

为便于田间作物灌溉,支渠采用半挖半填,渠中水位高出地面为0.2~0.3 m,但在无分出下一级渠道的渠段,允许低于地面。

2.1.2.2 纵横断面水位衔接

由于沿途分水后流量逐渐减小,渠道水力断面也随之减小,为了使不同断面水位能够衔接,保证斗渠稳定的引水水位,本次设计采用变断面不变水深的连接方式。

2.2 渠道横断面设计

支渠横断面选用目前普遍使用的U形渠,它具有以下优点:

(1)水力条件好,近似最佳水力断面,可减少衬砌工程量,输沙能力强,有利于输沙输水。

(2)在冻胀性和湿陷性地基上有一定的适应地基不均匀变形的能力。

(3)渠口窄,节省土地,减少挖填方量。

(4)整体性强,防渗效果优于梯形渠道。

(5)便于机械化施工,可加快施工进度。

2.2.1 水力计算

根据明渠均匀流公式计算

$$Q = AC\sqrt{Ri}$$

$$C = \frac{1}{n}R^{1/6}$$

$$R = \frac{A}{\chi}$$

式中 Q——流量,m^3/s;

A——过水断面面积,m^2;

C——谢才系数;

n——取0.015;

R——水力半径;

χ——湿周;

i——渠道纵坡。

经计算:支渠水力要素见表9-2。

表 9-2　支渠水力要素及断面尺寸

渠名	桩号	流量 (m^3/s)	控制面积 (万亩)	长度 (m)	纵坡 (I)	半径 R(m)	倾角 (°)	渠深 (m)	水深 (m)	口宽 (m)	流速 (m/s)	糙率	衬砌厚度 (m)
支渠	0+000~4+950.9	1.36	4.6	4 950.9	1/1 500	0.8	17	1.3	0.99	1.98	1.02	0.015	0.1
	4+950.9~5+506.9			556	1/200	0.5	14	1.1	0.72	1.33	2.15		0.07
	5+506.9~6+633.6			1 126.7	1/1 500	0.8	17	1.3	0.99	1.98	1.02		0.1
	6+633.6~6+919.5			285.9	1/100	0.5	14	0.9	0.58	1.23	2.85		0.07
	6+919.5~7+478.6			559	1/200	0.5	14	1.1	0.72	1.33	2.15		0.07
	7+478.6~8+074.9			595.8	1/100	0.5	14	0.9	0.58	1.23	2.85		0.07
二支渠	0+000~1+954.9	0.48	1.63	1 954.9	1/1 500	0.5	14	1.0	0.70	1.28	0.79	0.015	0.07
	1+954.9~4+186.1			2 231.2	1/200	0.4	13	0.8	0.44	1.01	1.68		0.07
三支渠	0+000~0+312.3	0.91	3.067	312.3	1/100	0.5	14	0.8	0.46	1.18	2.58	0.015	0.07
	0+312.3~4+951.5			4 639.2	1/1 000	0.6	15	1.2	0.82	1.56	1.07		0.08
	4+951.5~6+667.5			1 716	1/100	0.5	14	0.8	0.46	1.18	2.58		0.07
四支渠	0+000~2+748	0.56	1.89	2 748	1/1 500	0.5	14	1.1	0.77	1.33	0.81	0.015	0.07
	2+748~4+122.5			1 374.5	1/150	0.4	13	0.8	0.44	1.01	1.96		0.07
	4+122.5~4+555.8			433.3	1/1 500	0.5	14	1.1	0.77	1.33	0.81		0.07
	4+555.8~4+668.3			112.5	1/150	0.4	13	0.8	0.44	1.01	1.96		0.07

2.2.2 横断面设计

支渠断面均为U形,采用现浇C15混凝土衬砌,厚0.07~0.1 m,每隔4 m设一伸缩缝,宽2 cm,缝内用聚氯乙烯胶泥和1:1:4沥青水泥砂浆填塞。为便于渠道管理和维护,两侧渠堤宽2.0 m和1.5 m。

3 支渠建筑物

本次新建支渠4条,共布置各种建筑物167座。其中,渡槽6座,公路桥5座,机耕桥37座,跌水18座,单斗口41座,节制单斗口37座,倒虹14座,洪涵5座,量水槽4座。

3.1 渡槽

一~四支渠上共布置渡槽6座。一支渠渡槽2座,分别位于桩号2+618~2+674,长56 m,共6跨;2+925~2+961,长36 m,共4跨。三支渠1座,位于桩号5+984~6+030,长46 m,共5跨。四支渠3座,位于桩号2+648~2+684,长36 m,共4跨;3+487~3+523,长36 m,共4跨;桩号3+795~3+871,长76 m,共8跨。6座渡槽中间跨跨度均为10 m,边跨跨度为8 m。

六座渡槽均采用水力条件好,纵向刚度大的U形钢筋混凝土薄壳渡槽,其槽宽1.01~1.98 m,槽深0.8~1.3 m,纵坡为1/100~1/150,半径为0.4~0.8 m,倾角为13°~17°。由进出口渐变段、槽身和支承结构等组成。

与渠道相连的进出口渐变段,进口长度为1.8~4.0 m,出口渐变段长2.8~6.0 m,均为现浇C20混凝土,厚0.07 m和0.1 m。槽身为预制C25钢筋混凝土U形结构,中跨长均为9.96 m,边跨长7.96 m,槽身厚0.07 m和0.1 m。为满足结构受力要求,对槽底弧形段予以加厚,以加大纵向刚度。槽身上部设人行道,两侧设钢管栏杆,槽身每1.6 m长设一拉杆,拉杆宽0.3 m,厚0.08 m。槽身支撑结构为双排架,排架高6.0 m和7.0 m,排架柱断面为30 cm×40 cm,每2.0 m高设一横向联系梁,梁宽0.3 m,高0.3 m,均为现浇C25钢筋混凝土结构。排架基础为1.0 m厚2:8灰土垫层和现浇C15混凝土垫层,上部为现浇C25钢筋混凝土放大基础,长2.0 m,宽3.5~3.0 m,高0.8 m。渡槽边墩为M7.5水泥砂浆砌石,底宽1.4 m,顶宽1.4 m,高1.5 m,边墩上部为现浇C20混凝土,厚0.2 m。槽身与排架支撑面设250 mm×250 mm×8 mm和600 mm×300 mm×8 mm的钢垫板,两槽身间留-3 cm宽结构缝,缝下部用沥青麻丝充填,表面为8 mm厚环氧树脂、6 mm厚止水橡皮和沥青砂浆。

3.2 桥梁

一~四支渠上共布置桥梁42座,其中公路桥5座,机耕桥35座,拱桥2座。

3.2.1 公路桥

公路桥5座,位于一支桩号6+989.4、二支桩号1+184.9、1+424.6、2+926,三支桩号4+677.9处,均为平板桥。设计荷载为"汽-15",校核荷载为"挂-80",桥面净宽8.0 m,总宽8.5 m,均为一跨,板长2.5 m。桥板为预制C25钢筋混凝土,板上为8 cm厚C25细石混凝土铺装层,并按1%坡向两侧,桥墩为M7.5水泥砂浆砌石,底宽1.35 m,顶宽0.95 m,台帽为现浇C15混凝土,两侧路缘石高4.8 m,宽0.25 m,为M7.5水泥砂浆砌砖,并用1:2水泥砂浆抹面。

3.2.2　机耕桥

机耕桥35座,其中一支渠11座,二支渠5座,三支渠12座,四支渠7座,均为钢筋混凝土平板桥,设计荷载为“汽－10”,校核荷载为“履带－50”,桥面净宽5.0 m,总宽5.5 m,板长2.0 m、2.5 m、3.0 m。桥板为预制C20钢筋混凝土,板厚0.18 m,板上为6 cm厚C25细石混凝土铺装层,并按1%坡向两侧,桥墩为M7.5水泥砂浆砌石,底宽1.35 m,顶宽0.95 m,台帽为现浇C15混凝土,两侧路缘石高0.47 m,宽0.25 m,为M7.5水泥砂浆砌砖,并用1∶2水泥砂浆抹面。

3.2.3　拱桥

拱桥2座,位于一支桩号2+042.6、二支桩号0+949.3。由于渠道挖深较大,采用拱桥,桥面总宽5.5 m,净宽5.0 m。设计荷载同机耕桥。跨度为4.5 m,矢跨比为1/4,拱圈为M7.5水泥砂浆砌砖,厚0.37 m,桥台为M7.5水泥砂浆砌石,宽1.5 m,高1.0 m,拱圈上部为夯填土和6 cm厚混凝土路面,两侧挡土墙和路缘石为M7.5水泥砂浆砌砖,厚0.25 m。

3.3　跌水

一～四支渠共设跌水18座,其中一支渠5座,二支渠4座,三支渠4座,四支渠5座。跌水均为单级跌水,根据实际地形,跌差为1.0 m、1.5 m、2.0 m、2.5 m、3.0 m、4.0 m,共6种类型。由进口、跌水墙、消力塘和出口四部分组成,进口渐变段与上游渠道相连,长3.0 m,跌水胸墙为重力式结构,顶宽0.5 m,底宽由跌差和设计流量而定,消力塘横断面为矩形,侧墙为挡土墙式,顶宽0.3 m,底宽由实际计算而定,底板厚0.5 m,出口由渐变段与下游渠道相连,长4.0 m,均为M7.5水泥砂浆砌石结构。

3.4　过路倒虹

一～四支共布设倒虹14座,其中一支渠5座,二支渠2座,三支渠4座,四支渠3座。它主要由进出口段和管身组成。

进出口段采用竖井式,竖井断面为1.5 m×1.2 m(长×宽),竖井侧墙为M7.5水泥砂浆砌石,顶宽0.3 m,底宽1.0 m,竖井底板厚0.5 m,下部为0.3 m厚3∶7灰土垫层,竖井上部为0.12 m厚预制C20钢筋混凝土盖板,平段为ϕ800 mm～ϕ1 200 mm钢筋混凝土排水管,每节长2 m,管长6 m,管床为现浇C15混凝土,厚0.2 m,管顶为1.2 m夯填土,路面为0.3 m厚3∶7灰土和8 cm厚沥青路面,或0.2 m厚泥结路面。竖井与两侧渠道采用渐变段相连,为现浇C15混凝土,渐变段长2.0 m和2.5 m。

3.5　节制分水闸及斗口

根据渠系布置情况,一～四支渠共布置节制分水闸37座,其中一支渠12座,二支渠7座,三支渠13座,四支渠5座。布置单斗口41座,其中一支渠14座,二支渠7座,三支渠9座,四支渠11座。具体情况详见设计图见附图1～附图6。由于数量多,规格小,均采用定型设计。

节制分水闸及单斗口均采用现浇混凝土结构,闸底渠底相齐平,为避免闸门完全开启时,壅水高度影响上游建筑物,闸孔过水断面均取与渠道过水断面相等或稍大。由于渠道流量较小,均采用单孔闸。闸室、底板为现浇C20混凝土,启闭机梁,工作桥板为C20钢筋混凝土结构,斗口及分水口均采用无压涵洞式。斗口闸门为铸铁门,规格为30 cm×35 cm,启闭机型号为 LQP－0.3T,节制分水闸闸门规格为 80 cm×80 cm、90 cm×80 cm、90 cm×100 cm、100 cm×100 cm、110 cm×120 cm、120 cm×90 cm、140 cm×130 cm,启闭机型号为 LQP－1T、LQP－2T。

3.6 洪涵

渠道沿线冲沟较多,为防止洪水冲毁渠道,应设置立体交叉的排洪建筑物,以保证设计洪水顺畅通过。

二干支渠共布置排洪涵 5 座,均位于一支渠。涵洞断面为矩形,断面尺寸为 2.5 m×2.0 m,侧墙顶宽 0.4 m,底宽 1.4 m,高 1.5 m,底板厚 0.5 m。侧墙、底板均为 M7.5 水泥砂浆砌石结构,顶板为预制 C20 钢筋混凝土,厚 0.15 m。纵坡为 1/1 000,在涵洞进出口设 M7.5 水泥砂浆砌石渐变段。进出口砌石长 3.75 m,涵顶填土厚度依据地形及渠顶高程而定,渠堤外边坡为 1∶1.0。

3.7 量水槽

为便于水量计量和提高量水精度,在各支渠进口后 80 m 处设一量水槽,共 4 座,并将渠道 0＋000～0＋080 段做成弧底梯形断面。量水槽均采用了结构形式简单、工程经济、水头损失小,又不易淤积的巴歇尔量水槽。其结构由进口、出口及槽身三部分组成。为现浇 C15 混凝土结构,底板及侧墙厚 0.2 m,进出口翼墙长度及喉道宽度等尺寸由所在渠道的流量及断面尺寸而定,在量水槽左侧侧墙上、下游设标尺。

项目10 水利工程管理

任务1 水利工程管理的任务与内容

水利作为国民经济的基础产业历来受到重视。国家建设了一大批水利水电工程，为抵御水旱灾害和保护人民生命财产发挥了重要作用。常言道："三分建，七分管。"水利工程管理得好，工程效益就高；工程管理得差，就可能达不到设计效益，甚至会给人民生命财产带来不可估量的损失。由于长期以来我们"重建设，轻管理"，致使许多水利工程和设备老化失修，带病运行，效益衰减，严重影响了工程效益的发挥，所以要以已建成的水利系统为对象，用水利技术作基础，靠现代管理科学手段，来搞好工程管理工作。

1 水利工程管理的任务

水利工程管理通过合理调水用水，除害兴利，最大限度发挥水资源的综合效益；通过检查观测，了解建筑物的工作状态并及时发现隐患；通过养护和修理，保持工程处于良好工作状态；通过科学研究，提高管理水平并逐步实现工程管理现代化。

因此，水利工程管理的主要任务是：确保工程的安全、完整，充分发挥工程和水资源的综合效益。

2 水利工程管理的内容

2.1 调度运用及自动化管理

根据已批准的调度运用计划和指标，结合工程实际情况与用水部门的要求，参照近期水文气象预报资料进行洪水调度和兴利调度。通过大坝安全自动监控系统、防洪调度自动化系统、调度通信和警报系统及供水调度自动化系统等现代化手段，为工程管理科学化与规范化、防汛抢险、保障工程安全、发挥工程效益及降低运行管理费用提供技术保障。

2.2 检查观测及资料积累

管理人员通过现场观察和仪器测量，掌握建筑物变形、渗流、应力、温度、水流、冰情、泥沙、崩塌、库区浸没等方面的变化规律，来达到以下目的：为工程正确运用提供科学依据；及时发现异常迹象，确保工程安全；根据观测数据和变化规律，验证原设计正确性；对水质变化动态做好预报；积累、分析及应用技术资料，建立技术档案。

2.3 养护修理

为保证水利工程的完整状态和正常运用，对建筑物、机电设备、管理设施及其他附属工程进行日常维护和定期修理。养护和修理并无本质差别，若不注意对建筑物及机电设备的养护，就会逐渐出现各种损害并导致严重破坏，这时就需要修理。

2.4 防汛抢险

防汛抢险是为了防止洪水灾害，确保工程及防护区安全地度过汛期，而进行的一项重要工作。汛期时，要及时了解气象水文状况，预报水情，必要时下达警报；巡查和守护防洪工程，运用防洪系统各项措施，依据水情和工程状况以及防汛调度计划，控制调度洪水，遇有险情立即抢护；当发生超标准洪水时，请示上级同意后采取紧急措施（如分洪、撤离分洪区居民等）以减小损失。

2.5 科学研究及应用

为了提高水利工程管理水平，就需要研究如何保证水利工程的安全运行、如何提高工程的经济和社会效益、如何延长工程设施的使用寿命、如何降低运行成本……通过开展科学试验，研究新技术、新材料和新工艺，并把这些成果应用到水利工程管理当中。

任务2 水工建筑物的检查与观测

由于影响水利工程的自然因素十分复杂，而水工理论和技术仍处于发展阶段，水利工程的施工条件又十分困难且工程量巨大，这就使得工程规划、勘测、设计、施工难免有不符合实际之处，导致建筑物本身存在不同程度的缺点、弱点和隐患。另外，水工建筑物经常受到水和各种荷载的作用，随着时间推移将向不利方向转化，这种变化往往比较隐蔽、缓慢且不易察觉。因此，需要预埋一定的观测设备和仪器，在施工及正常运用期进行经常的、系统的观察和量测，对水工建筑物的状态进行监测。

1 水工建筑物的检查

水工建筑物检查主要是用眼看、耳听、手摸等直观方法并辅以简单的工具，观察建筑物外露部分，以发现一切不正常现象，并分析、判断引起该现象的内部原因。

1.1 检查的分类

水工建筑物的检查工作主要包括：

(1)经常检查。一种制度式检查，一般一个月1~2次。

(2)定期检查。较全面的检查，如每年汛前、汛后的检查或用水期前后的检查。

(3)特别检查。当发现建筑物有安全隐患时进行的专门的、有针对性的检查。

(4)安全鉴定。初蓄期每隔3~5年鉴定一次，老化期每隔6~10年鉴定一次。

1.2 检查的内容

1.2.1 土石建筑物

土石坝、堤防等土石建筑物的检查包括：①体内有无裂缝；②有无散浸和集中渗流现象，有无管涌、流土和沼泽化现象；③有无滑坡现象；④护坡和表面有无破坏；⑤排水沟、截水沟、集水井等有无损坏及阻塞等现象；⑥防浪墙、路面、测桩是否损坏；⑦坝体有无动物洞穴及活动迹象；⑧观察水质是否有环境污染现象；⑨对溢洪道、涵管等进行定期检查。

1.2.2 混凝土建筑物

对坝、闸、泄洪建筑物分别进行检查，观察伸缩缝有无卡塞、填料流失；坝面有无磨损冲刷等现象；排水设施有无堵塞和破坏；基础有无破坏造成集中渗漏；上游漂浮物是否造成建筑物破坏或影响运用等。

1.2.3 金属结构

检查金属结构各部位是否有磨损、锈蚀或变形等现象；运行时有无超载、振动、气蚀等造成的破坏；检查支撑行走和转动部分的磨损情况；各部位有无裂缝以及焊缝开焊、铆钉松动等现象。

2 水工建筑物的观测

水工建筑物的观测需要借助专门的仪器设备进行定量观测，以获得比较精确的数据。虽然观测比检查更准确，但也存在局限性。首先，测点往往布设在一些典型断面和个别部位上，内部异常情况却不会恰好就发生在该点；其次，仪器观测是定时进行的，而异常情况可能就发生在观测间隔期间。因此，检查和观测各有利弊，需要相互补充。水工建筑物观测的项目包括变形观测、裂缝观测、应力及温度观测、渗流观测和水流观测等。

2.1 变形观测

大坝在自重、水压力等荷载作用下，会产生不同程度的变形，各部位发生变形的原因在于组成该部位的点发生了位移。空间一点的位移有三个方向，因此大坝某一点位移可分为水平位移和垂直位移，水平位移又具体分为垂直坝轴线的横向水平位移和平行坝轴线的纵向水平位移。位移量的大小除受荷载影响外，也与坝体材料、结构型式、施工质量、地基状况等因素有关。

变形观测的目的在于掌握变形的变化规律，研究有无裂缝、渗漏、滑坡等趋势，是判断水工建筑物运行状态的一项重要的观测项目。

2.1.1 水平位移

视准线法（见图10-1）是广泛运用的测定水平位移方法，适用于各种直线形大坝。首先要在大坝两端岸坡上稳定可靠的基岩中布设固定工作基点，左右岸的两个固定工作基点的连线就是视准线。因为工作基点不受大坝变形影响，所以视准线就可以作为观测大坝水平位移的基准线。然后选择坝体的最大坝高处、合龙段、有泄水底孔处、地基坡度和地质情况突变处的横断面为观测断面，并在观测断面上有代表性的部位埋设位移标点。最后用经纬仪观测位移标点偏离视准线的距离。同一位移标点两次观测值之差就是该位移标点的水平位移值。

混凝土和砌石坝的水平位移还可以用引张线法（见图10-2）测量。首先在廊道内坝体两端的基点间拉紧一根钢丝作为基准线，然后测量坝体上各测点相对于基准线的偏离值，进而计算水平位移量。另外，混凝土及砌石坝水平位移沿坝体高程不一样，高程越高位移越大，还需要观测坝体水平位移沿高程的分布，并绘制成图，即坝体的挠度，一般用正垂线或倒垂线来观测。

激光作为一种新型光源得到广泛运用，它具有方向性强、单色性好、亮度高、相干性好等特点。大坝水平位移也可以应用激光来进行观测，这种方法精度高，同时也为观测自动化创造了条件。目前，应用较多的是激光经纬仪准直法。普通经纬仪上安装一个激光管后就成为激光经纬仪。观测时在一个工作基点上架设激光经纬仪，激光管发射一条可见的红色激光束照准对岸的另一个工作基点，就构成了一条可见的准直射线。光电接受靶是

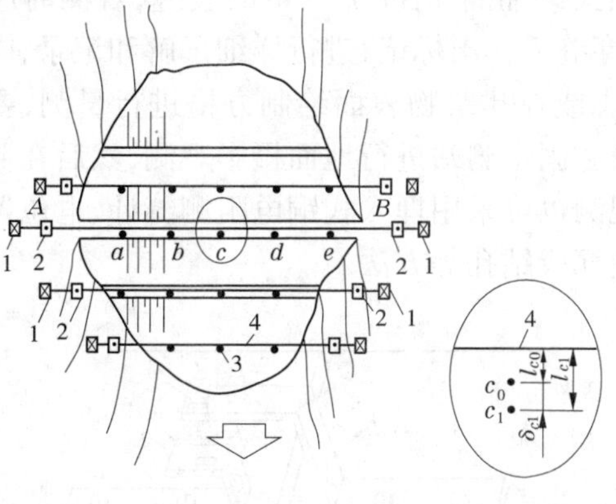

1—校核基点；2—工作基点；3—位移标点；4—视准线

图10-1　视准线法观测水平位移原理图

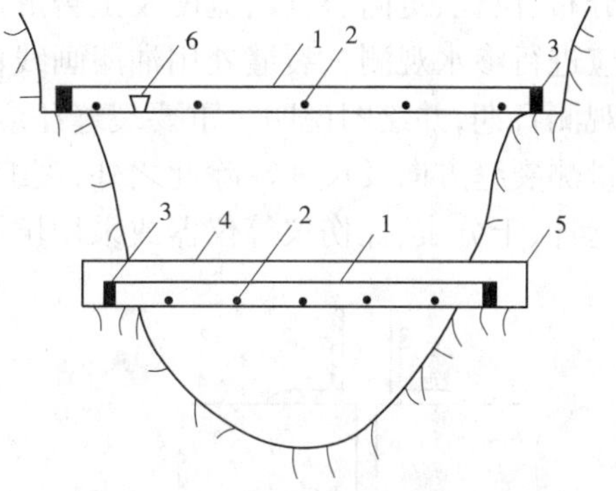
1—引张线；2—测点；3—端点；4—廊道；5—隧洞；6—坝顶

图10-2　引张线布置示意图

测量位移标点与准直射线间距离的装置。靶上安装了硒光电池，只有当激光光斑正好照准硒光电池中心时，与之连接的电流表指针才指向零。将光电接受靶安置在位移标点上，转动靶上的测微鼓使之移动至电流表为零处，表示对准了准直射线，然后在测微鼓读出游标数，表示位移标点与准直射线的偏离值。同一测点相邻两次偏离值之差即位移值。

2.1.2　垂直位移观测

土石坝由于土的固结及库水位变化引起的地基沉陷会导致坝体发生沉降。为了解土石坝的沉降情况就需要进行土石坝垂直位移观测。垂直位移测点与水平位移测点常结合在一起，只需在水平位移测点顶部的观测盘上加制一个圆顶的金属标点头。然后用水准仪定期测定各标点的高程，计算同一标点两次高程之差即得垂直位移值。

垂直位移可以使我们掌握坝体和坝基总的沉降量，这对于分析坝体变形仍然不够，还需要知道坝体自身的固结总量及分层固结量，进而总结固结规律，因此需要进行土石坝的固结观测。首先选择坝体内有代表性的断面为观测断面，然后在各测点逐层埋设沉降仪，观测各测点的高程变化，即可知分层固结量。沉降仪有横梁式（见图10-3）、电磁式、干簧管式、水管式等多种。

2.2　伸缩缝和裂缝观测

混凝土建筑物本身设有伸缩缝，同时干缩、沉陷等原因也会使建筑物产生各种裂缝，这些缝隙随着外部荷载及混凝土温度等因素的变化而开合。伸缩缝观测通常需要在坝顶、坝面和廊道内的测点位置埋设金属标点，测点一般布置在最大坝高处、地质情况复杂处或进行应力应变观测坝段的伸缩缝上。金属标点可以采用单向测缝标点（见图10-4）或型板式三向（开合、错动、高差）测缝标

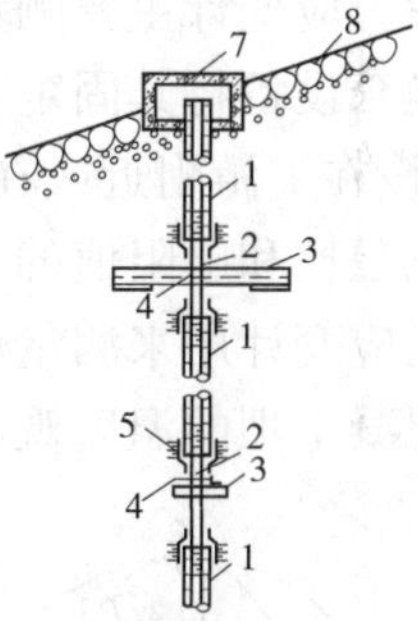
1—套管；2—带横梁的细管；3—横梁；
4—U形螺栓；5—浸以柏油的麻袋布或棕皮；
6—管座；7—保护盒；8—块石护坡；
9—岩石；10—混凝土底座

图10-3　横梁式沉降仪结构

点(见图 10-5),用游标卡尺量测。对于混凝土坝非正常情况下产生的裂缝,观测时应对其分布、位置、走向、长度、宽度及是否形成贯穿缝等作出标记,进行详细了解和记录,同时还应进行渗水观测。裂缝处用油漆画线作标志或在建筑物表面绘制方格进行量测,要注明观测日期,并绘图说明。重要裂缝还应当设立固定测站进行地面摄影观测,然后在照片上量测裂缝方向及尺寸。除此之外,裂缝的观测也可采用埋入式铜电阻测缝计、电位器式测缝计、千分表、探伤仪等仪器或采用坑探、槽探或钻孔等方法。

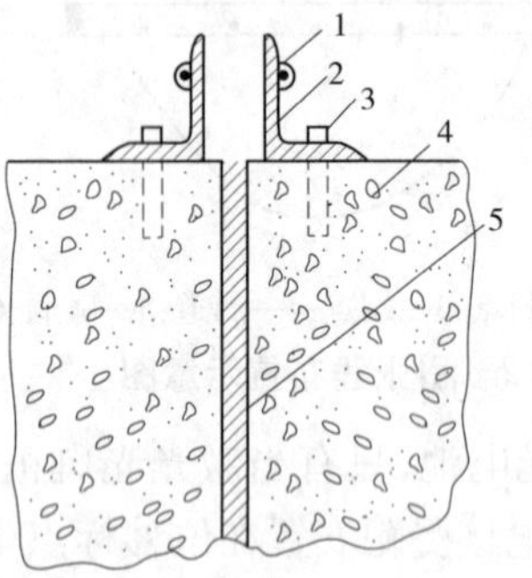

1—标头;2—角钢;3—螺栓;4—混凝土;5—伸缩缝

图 10-4　单向测缝标点

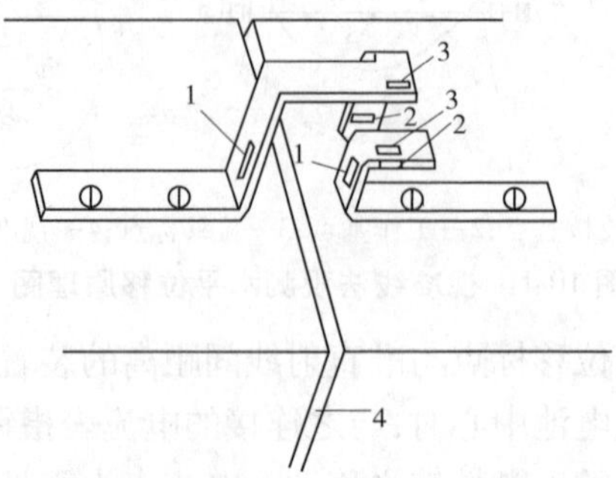

1—观测 x 方向的标点;2—观测 y 方向的标点;
3—观测 z 方向的标点;4—伸缩缝

图 10-5　型板式三向测缝标点

2.3　应力与温度观测

混凝土应力与温度观测的目的是为了掌握其分布和变化情况,分析内部状态变化和工作情况是否正常,并为工程控制运用、验证设计和科学研究提供资料。观测常用仪器包括大应变计、小应变计、钢筋计、压应力计、孔隙压力计、埋入式铜电阻温度计、电阻比电桥和集线箱等。应变计主要测量内部或表面的应变,在浇筑混凝土时埋入,需要专用的支柱和支杆等配套设备将其固定在埋设位置并保持一定的方向,如图 10-6 所示。温度计损坏率较高,埋设在上游附近或在水下使用时应注意密封完好。电阻比电桥是量测差动电阻式仪器的电阻比和电阻值的专用接收仪表。集线箱是专门用于连接传感器以便切换测点的设备。无应变计用来测量应变计组附近混凝土因温度、湿度和化学变化所引起的非应力变形。混凝土坝的温度观测一般采用铜电阻温度计,差动电阻式仪器也可兼测温度。

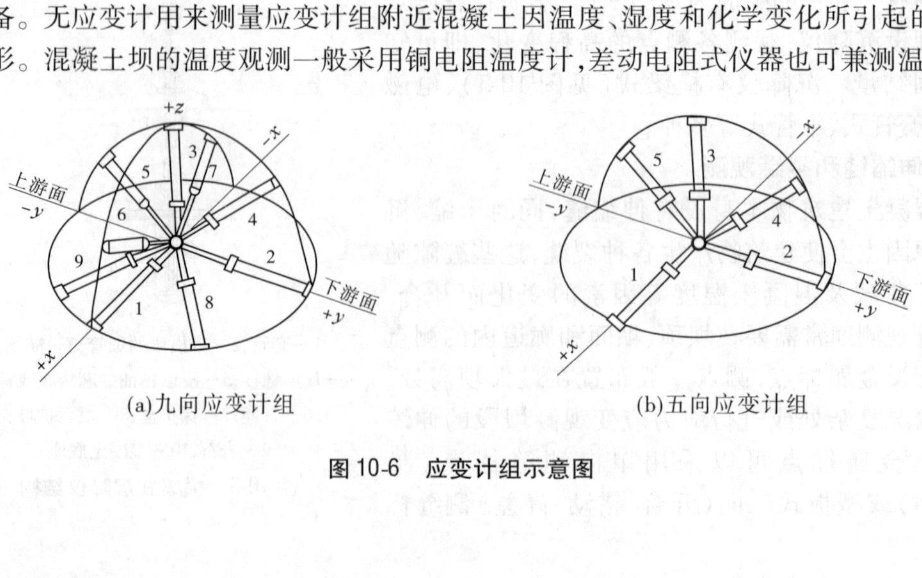

图 10-6　应变计组示意图

土坝要对土压力及土的空隙水压力进行观测。土压力观测常用土压力计,有钢弦式和差动电阻式两种;按使用部位也可分为边界式和埋入式两类,前者用于测量土与混凝土建筑物表面接触处的压力,后者用于测量土坝体内填土的内部土压力。空隙水压力观测的目的是了解土石坝坝身或坝基产生的空隙水压力的大小、分布和消散情况。在施工阶段可以了解孔隙水压力对质量、进度的影响,在大坝运用期间可以掌握渗流状态和坝身稳定状况以确保大坝安全。空隙水压力观测应与变形观测、土压力观测配合进行,并应同时观测上下游水位、降雨量和地下水位的情况。对空隙水压力的观测资料,应及时整理分析,绘制成果曲线,并和计算值对比论证,结合施工运用分析空隙水压力变化速率、范围和趋势,提出对设计、施工和运用的意见和建议。

2.4 渗流观测

水库建成蓄水后,在上下游水头差作用下坝体和坝基会出现渗流现象,分为正常渗流和异常渗流两种情况。正常渗流从防渗排水设施渗出,只要逸出坡降小于允许值并不会造成破坏。还有些渗流则会引起土体渗透破坏或影响蓄水兴利,称之为异常渗流。在一定外界条件下,正常渗流也可能转化为异常渗流。因此,需要进行认真的检查观测,以保证水库正常运用。

土石坝渗流观测的主要项目包括:坝体浸润线的位置变化、坝基的渗流动水压力及导渗减压的效能、绕坝渗流情况、渗流量及渗水温度等。

2.4.1 浸润线观测

一般使用测压管来进行浸润线观测,如图10-7所示。测压管大多在土石坝竣工后钻孔埋设,布置在重要、有代表性、能控制主要渗流情况或可能发生问题的地方。常用金属管、塑料管或无沙混凝土管,分为进水管、导管和管口保护设备三部分(见图10-8)。测压管安装好后应做注水试验,检查其灵敏度。观测时,用测深钟或者电测水位器测定测压管中的水位,然后根据测量结果绘制曲线就可得到浸润线。

2.4.2 渗流量观测

虽然浸润线观测能测出坝体和坝基的渗透状况和变化过程,但因测压管埋设数量有限,局部渗流可能不易察觉,而内部渗透变化与渗透水量之间存在联系,因此通过渗流量观测作补充就可综合反映坝的渗透状况和工作情况。通常在坝下游设集水沟,将渗流水引至沟中集中量测。观测时将某一时段渗水引入容器内测量的方法称为容积法;在沟中设置薄壁堰用水力学公式计算渗流量的方法称为量水堰法。正常情况下,渗流量随上下游水位差的增减而变化,即水位差增大渗流量增加,水位差减小渗流量也随之减少。进行渗流量观测,对于判断渗流是否稳定、防渗排水设施是否正常具有重要意义。

2.4.3 绕渗观测

岸坡中存在强透水层或岸坡因过陡产生裂缝,渗流会绕过大坝两端向下游流出;当土石坝与混凝土或砌石建筑物的连接部位没有处理好,渗流会沿着接触面向下游流出,以上两种情况称为绕坝渗流。绕坝渗流通过在两岸山体和土石坝与混凝土或砌石建筑物连接部位埋设测压管进行观测,其布置如图10-9所示。

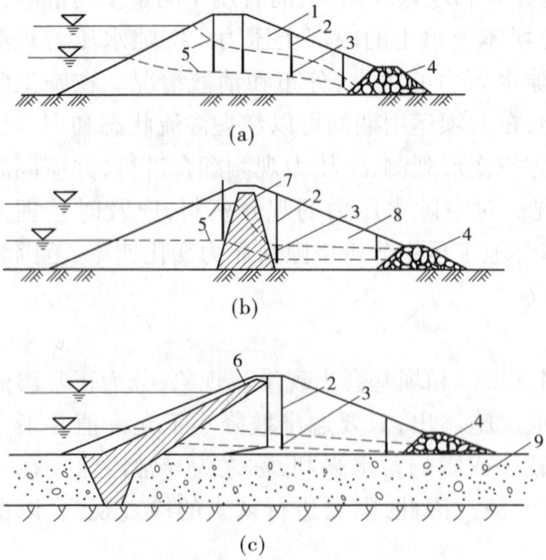

1—土石坝;2—测压管;3—进水管段;
4—排水体;5—浸润线;6—斜墙;
7—心墙;8—透水料;9—透水层

图 10-7 测压管布置示意图

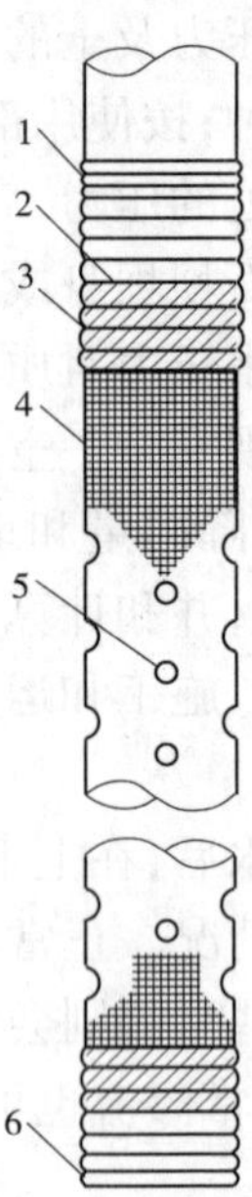

1—缠绕铅丝;2—两层麻布;3—第二过滤层;
4—第一过滤层;5—进水孔;6—封闭管底

图 10-8 测压管进水管结构

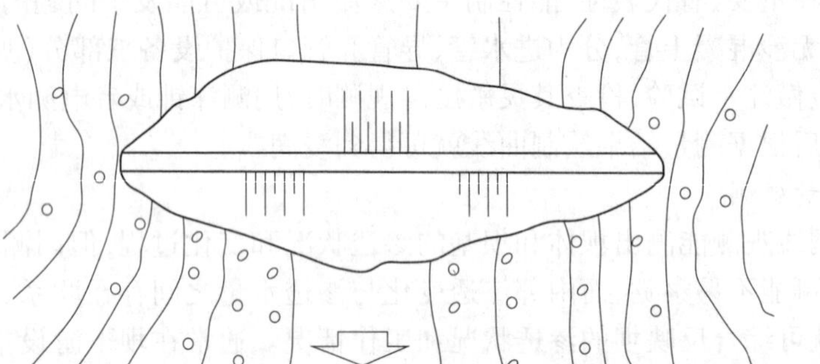

图 10-9 绕坝渗流测压管平面布置图

混凝土建筑物除进行渗流量和绕坝渗流观测外,还要进行基础扬压力观测。水工建筑物要受到上下游水位差和尾水浮力的共同作用,该作用是通过水在向下游渗透过程中产生的水压力来达到的。这种对基础产生的向上的水压力叫做基础扬压力。混凝土建筑物主要依靠自身重力来维持稳定,而扬压力抵消了部分重力,因此需要对基础扬压力进行观测,以保证建筑物的抗滑稳定性。基础扬压力可用测压管或电阻式渗压计进行观测。

2.4.4 透明度检测

由坝体或坝基渗出的水若清澈透明即是正常渗流;反之,若出现浑浊、水中带沙或含可溶盐分,则说明坝体或坝基土颗粒被渗出或溶滤,通常是管涌、内部冲刷或化学管涌的前兆。通常用透明度管进行透明度检测,先将渗水摇匀并注入管中,将印有5号拼音字体的纸片置于管下4 cm处,用管上阀门调节水柱高度直至恰好看清字体,水柱高度值即为渗水透明度。

2.4.5 水流观测

水流形态观测包括水流平面形态、水面线、水跃以及高速水流引起的建筑物振动、气蚀、进气量、脉动压力或负压等,一般采用水文方法观测辅以目测、描述、绘图、摄影、录像等方式进行,应同时记录上下游水位、流量、闸门开度、风力和风向等。

3 信息技术在检查观测中的应用

随着现代科技的发展,以计算机和通信网络为核心的信息技术革命正深刻地改变着人类的生活和工作方式。作为国民经济基础产业的水利行业同样面临着信息化建设的问题,水利信息化是水利现代化的基础和标志。水利工程检查观测正从传统观测方式向集中遥测、遥感、自动记录和数据处理、自动显示和闭路电视等自动化、信息化方向发展。

3.1 水工建筑物监测系统

水工建筑物监测系统是指通过充分利用当今计算机先进的软件技术、国内外先进的工程监测成果和经验,开发出的一套在原型观测技术方面具有先进性、可靠性、通用性和可扩充性的,并能进行自动监测和数据处理分析,保存和辅助观测设备的网络集合,所以也称为工程安全监测分析评价预报系统。这种系统使工程安全监测分析评价预报和管理实现监测的自动化、网络化,可以使水利水电工程部门和流域电力系统等上级管理部门及时掌握工程的实际状态,进行工程安全评价,及时指导水利水电工程的安全运行,提高管理水平,充分发挥工程的经济效益和社会效益。

3.2 3S技术

3S(GPS/GIS/RS)技术在防洪减灾、水灾旱情评估、水土流失监测、水资源规划、农业节水等诸方面得到广泛应用,是一种以处理地球表面信息为主要特征的空间信息系统技术。GPS(全球定位系统)可以对地表空间任一位置准确定位,在水下地形测量、防汛抢险适时指挥等方面有广泛应用;GIS(地理信息系统)是通过计算机技术对各种与地理位置有关的信息进行采集、存储、检索、显示和分析,将水利专业属性数据与空间位置直观地联系起来,为水利信息可视化表达提供了强有力的技术手段;RS(遥感)是采用卫星、雷达等航天观测技术,对地球表面进行连续观测,并经过一系列分析处理获得地球表况特征信息的一种新技术。

任务3 水工建筑物的养护与维修

水工建筑物建成后要逐渐老化,同时在复杂的自然条件和各种外力的作用下会发生各种形式的破坏。通过检查和观测发现隐患后,要及时采取措施防止病害进一步恶化。养护工作能够延缓建筑物老化的速度,修理能使建筑物破坏的部位得到恢复。水利工程的养护与修理应该坚持以防为主、防重于修、修重于抢的原则,做到小坏小修,随坏随修,以确保工程的安全和完整。

1 水工建筑物的养护

1.1 土坝的养护

土坝的养护工作主要包括：

(1)严格遵守安全管理规定。坝面不得进行农作物种植、放牧、铲草皮以及搬动护坡的砂石材料等活动；坝顶、坝坡和戗台不得堆放重物以免引起不均匀沉陷或局部塌陷；坝面不得作为码头停靠船只或装卸货物；上下游安全距离范围内不得任意挖坑、取土、打井、爆破；禁止在水库内炸鱼。

(2)水库运用时应控制水位降落速度以免引起滑坡，上游布置铺盖的土坝不宜放空水库，以免铺盖干裂或冻裂。

(3)坝顶应保持平整并具有一定排水坡度；路面经常养护；防浪墙、路沿石、栏杆、台阶、灯柱及线路遇损坏应及时修补。

(4)护坡块石松动、翻动或滚落以及反滤层、垫层流失时，应及时修复；护坡石块过小难抵抗风浪淘刷，可在石块间隙中填充水泥砂浆或勾缝；混凝土护坡伸缩缝填充料流失，应冲洗干净后按原设计补充；草皮护坡的局部损坏应在适当季节补植。

(5)岸坡与坝面排水系统应保持完好和畅通无阻，及时清除淤积并修复损坏部位；防止下游浑水倒灌或回流冲刷对坝体滤水设施和坝后减压设施的破坏。

(6)土坝减压井应高于地面以防止地表水倒灌。减压井淤积，应用掏淤、洗井、抽水的方法使其恢复正常，如已损坏无法修复可把原井用滤料填实后另打新井。

(7)坝体若有兽洞、蚁穴的应设法捕捉害兽和灭杀白蚁，并对兽洞和蚁穴进行适当处理。

(8)观测设备和仪器应妥善保护。

1.2 混凝土、砌石和钢筋混凝土建筑物的养护

混凝土、砌石和钢筋混凝土建筑物的养护工作主要包含以下内容：

(1)保持建筑物表面清洁完整，防止出现磨损、冲刷、剥蚀、风化、裂缝等现象。

(2)建筑物的预留伸缩缝应防止出现被杂物卡塞、堵料流失或止水破坏的情况。

(3)利用每年水库水位下降机会修补上游面浆砌石的勾缝；修补砌石坝其他部位的灰缝。

(4)泄洪建筑物泄洪前后，渡槽、倒虹吸管过水前后均应进行检查，发现问题应及时处理；厂房、隧洞、涵管、跌水与陡坡、船闸、鱼道等建筑物等的养护均应制定专门而又详尽的养护制度。

(5)泥沙量大的河流上的水工建筑物，泄水底孔应定期泄水排沙，防止因淤积而影响闸门开启。

(6)经常清理输水洞上下游漂浮物，防止阻水、卡堵门槽或冲坏消能工。

(7)妥善保护各种观测设备。

1.3 钢结构的养护

水利工程的钢结构在工作时受到水、空气、日光等介质和水生物的侵蚀，以及高速水流、泥沙、冰凌等的冲击摩擦会发生腐蚀。在干湿交替环境下工作易产生化学腐蚀作用，

特别当钢结构本身质地不纯时,在电解作用下还会发生电化学侵蚀。腐蚀的结果是钢材成片剥落或穿孔,严重的可导致整个构件报废。因此,钢结构应进行定期养护。

防治钢结构直接化学腐蚀的常用方法是在表面涂上涂料(俗称油漆)形成连续而牢固的覆盖层,隔绝金属与外界介质的接触,起到防护和装饰作用。这种方法工艺简单,费用低廉,适应性广,但是保护周期较短,维护工作耗用劳力较多。

防止金属电化学侵蚀,可将锌、铝、铬、镍等电位较高的金属镀在钢结构表面,使之成为微电池阳极,镀层金属会比铁优先腐蚀,这样作为阴极的钢结构就得到了保护。除此之外,也可采用外加电流与涂料联合作用的电化学保护的办法。

1.4 启闭与动力设备的养护

在日常工作中,闸门、拦污栅、吊梁等设备应定点存放并保持严格的次序,保证管理人员能够自由、安全、方便地进行工作。动力部分要求有足够容量的电源,电动机及仪表应保持性能良好;电动机要防尘、防潮、外壳保持清洁;传动部件应灵活;接线相序正确,接地可靠。传动部分的变速箱、变速齿轮、蜗轮、蜗杆、联轴器、滚动轴承、轴瓦等部件,应加注润滑油;液压传动装置应保证油泵运行正常,油液质量良好,油箱、管道和阀组无漏油或堵塞。

1.5 木结构的养护

木结构易发生腐烂、虫蛀、翘曲和开裂等现象,应尽量保持干燥通风,定期涂油漆或沥青进行防腐处理,个别损坏构件应及时更换。

2 水工建筑物的维修

2.1 土坝的维修

2.1.1 土坝的裂缝

土坝的裂缝,按其部位可分为表面裂缝、内部裂缝;按产生的原因可分为变形裂缝、滑坡裂缝、干缩裂缝、冻融裂缝、水力劈裂缝、塑流裂缝、震动裂缝;按方向可分为垂直坝轴线的横向裂缝、平行坝轴线的纵向裂缝以及无规律的龟纹裂缝。裂缝可采用开挖回填和灌浆的方法进行处理。开挖回填法先将土坝出现裂缝部位完全挖除,保护好坑口和接合面,然后选用塑性较大的土料分层夯实。灌浆法处理裂缝可在裂缝中灌注纯水泥浆或水泥黏土浆,不仅可以起到充填坝体裂缝的作用,而且浆液在灌浆压力作用下可将裂缝两侧坝内土体挤压密实,周围与灌浆裂缝不相连通的裂缝也可因此而闭合。

2.1.2 土坝的渗漏

土坝渗漏的常见形式有散浸、集中渗漏、管涌、斜墙或心墙击穿等。应按“上截下排”原则对渗漏进行处理。“上截”是指封堵坝渗漏入口以截断渗漏途径,“下排”是指使已进入坝体的渗水在不带走土颗粒的前提下迅速排出。处理渗漏在坝轴线以上可采用建造防渗墙、黏土贴坡、黏土截水槽、黏土铺盖或灌浆等方法;同时在下游要采取导渗和滤水等措施。

2.1.3 土坝的滑坡

土坝的滑坡是指坝坡局部因失去稳定而滑动,发生上部坍塌下部隆起并脱离原来位置向下滑移的现象。滑坡发生的根本原因在于滑动面上的土体滑动力超过抗滑力,按性质可分为剪切性滑坡、塑流性滑坡和液化性滑坡。滑坡之前会出现裂缝及变形、孔隙水压力、浸润线、渗流量异常等征兆,这时就应该特别注意,及时采取抢护和处理措施,防止险情恶化。滑坡可采用放缓坝坡、堆石(抛石)固脚、开沟导渗滤水还坡等措施进行处理。

2.2 混凝土、砌石建筑物的维修

2.2.1 表面损坏的维修

水利工程混凝土建筑物表面会出现蜂窝、麻面、接缝不平、磨损、冻融和风化引起的疏松脱壳等现象;砌石建筑物表面出现缺损、破裂以及灰缝和勾缝开裂与剥落等现象。因水流边界条件差所引起的损坏,应采取改善水流边界条件的措施进行补救。混凝土表面已损坏部分应人工凿除,然后根据不同情况采用普通混凝土、喷混凝土、压浆混凝土或真空作业混凝土回填,预缩砂浆或环氧砂浆修补,环氧石膏填补等方法进行处理。修补的混凝土强度不得低于原混凝土,水灰比应尽量小。砌石建筑物表面勾缝剥落,应先清除缝内松动的原砂浆体并用水冲洗干净,露出砌石后再用高标号水泥砂浆填塞压实并抹光表面。

2.2.2 裂缝的处理

混凝土和砌石建筑物的坝体由于应力、不均匀沉陷、温度等原因,当应力和变形达到一定程度超过建筑材料本身的抵抗能力时,坝体表面或坝体内就会产生裂缝。对于表面裂缝,采取的处理方法有:

(1)表面涂抹:用水泥浆、水泥砂浆、防水快凝砂浆或环氧砂浆涂抹在建筑物表面有裂缝的部位,适用于非溢流表面的堵缝截漏。

(2)表面粘补:将橡皮、玻璃丝布等材料用胶黏剂粘贴在表面裂缝处,起到封闭裂缝和防渗堵漏的作用。这种方法适用于裂缝尚未稳定且对建筑物的强度没有影响的情况,尤其在伸缩缝及温度裂缝修补时使用。

(3)凿槽嵌补:沿裂缝凿一条深槽,槽内嵌填环氧砂浆、沥青油膏、干硬性砂浆、聚氯乙烯胶泥、预缩砂浆等防水材料,以防止内水外渗或外水内渗。凿槽嵌补主要用于对结构强度没有影响的裂缝。

(4)喷浆修补:对混凝土表面裂缝部位进行凿毛处理,然后喷射一层密实而高强度的水泥砂浆,达到封闭裂缝和防渗堵漏或提高混凝土表面抗冲耐蚀能力的目的。根据裂缝的部位、性质和修理要求等情况可采用无筋素喷浆、挂网喷浆、挂网喷浆与凿槽嵌补相结合的方法。根据裂缝的性质、开度和施工条件等具体情况选用适合的灌浆材料:水泥灌浆适用于开度大于0.3 mm的裂缝;化学灌浆适用于开度小于0.3 mm的裂缝;若裂缝中渗透流速大于600 m/d或裂缝受温度变化影响比较大,只能采用化学灌浆。化学灌浆应注意选用材料的性质:甲凝多用于灌注干燥或处理后无渗水的细微裂缝或低温灌浆;环氧树脂多用于灌注0.3 mm左右干燥或处理后无渗水的裂缝;水玻璃、铬木素、丙凝多用于渗水裂缝的堵水止漏。

2.3 堤防的维修

堤防与土坝一样都是挡水的土工建筑物,养护和修理的方法也与土坝大致相同。但堤防工程主要防御流动的洪水,江、河、湖的水位不像水库水位那样容易控制。另外,堤身长度比土坝要长得多,且绵延于旷野,因此堤防的维修有其特殊的地方。

堤防容易出现渗漏引起的管涌、岸坡崩塌、堤坡损坏、蚁穴和兽洞等隐患,造成堤防不能达到原来的防洪标准,应及时养护修理。堤基管涌处理可采用薄抓斗成槽、射水法成槽、锯槽等技术建造防渗墙,也可在堤后用吹填技术设盖重,或在堤后导渗等多种方法。堤防崩岸的治理可采用抛石、铰链混凝土块、土工膜袋、土工织物软体排、四面六边透水框架等多种防护技术。

参考文献

[1] 中华人民共和国水利部. 水利水电工程等级划分及洪水标准:SL 252—2017[S]. 北京:中国水利水电出版社,2017.
[2] 中华人民共和国水利部. 碾压混凝土坝设计规范:SL 314—2018[S]. 北京:中国水利水电出版社,2018.
[3] 中华人民共和国水利部. 小型水利水电工程碾压式土石坝设计规范: SL 189—2013[S]. 北京:中国水利水电出版社,2013.
[4] 中华人民共和国水利部. 混凝土重力坝设计规范:SL 319—2018[S]. 北京:中国水利水电出版社,2018.
[5] 中华人民共和国水利部. 水工建筑物荷载设计规范:SL 744—2016[S]. 北京:中国水利水电出版社,2016.
[6] 中华人民共和国住房和城乡建设部. 灌溉与排水工程设计标准:GB 50288—2018[S]. 北京:中国计划出版社,2018.
[7] 中华人民共和国水利部. 溢洪道设计规范:SL 253—2018[S]. 北京:中国水利水电出版社,2018.
[8] 中华人民共和国水利部. 水闸设计规范:SL 265—2016[S]. 北京:中国水利水电出版社,2016.
[9] 杨勇,田利萍,张保同. 水工建筑物[M]. 郑州:黄河水利出版社,2017.
[10] 焦爱萍,陈诚. 水工建筑物 [M]. 3 版. 北京:中国水利水电出版社,2015.
[11] 王长运,白继中,水工建筑物设计与习题[M]. 西安:西安地图出版社, 2006.
[12] 杨帮柱,焦爱萍. 水工建筑物 [M]. 2 版. 北京:中国水利水电出版社,2009.
[13] 陈胜宏. 水工建筑物[M]. 北京:中国水利水电出版社,2014.
[14] 陈德亮. 水工建筑物 [M]. 5 版. 北京:中国水利水电出版社,2008.
[15] 林继镛. 水工建筑物 [M]. 5 版. 北京:中国水利水电出版社,2009.
[16] 王长运,刘进宝,刘惠娟. 水利水电工程概论 [M]. 2 版. 郑州:黄河水利出版社,2019.
[17] 梅孝威. 水利工程管理 [M]. 2 版. 北京:中国水利水电出版社,2013.
[18] 张耀先,丁新求. 水力学 [M]. 2 版. 郑州:黄河水利出版社,2008.